Quantitative Betriebswirtschaftslehre in der Praxis

Herausgegeben von
Prof. Dr. Johannes M. Ruhland
Universität der Bundeswehr München
Prof. Dr. Klaus D. Wilde
Katholische Universität Eichstätt

R. Oldenbourg Verlag München Wien

Die Deutsche Bibliothek – CIP-Einheitsaufnahme

Quantitative Betriebswirtschaftslehre in der Praxis / hrsg. von
Johannes M. Ruhland ; Klaus D. Wilde. – München ; Wien :
Oldenbourg, 1994
ISBN 3-486-22799-8

NE: Ruhland, Johannes [Hrsg.]

Gesamtherstellung: Huber KG, Dießen

ISBN 3-486-22799-8

Inhaltsverzeichnis

Vorwort

Wie kaum eine andere betriebswirtschaftliche Disziplin ist das 'operations research' in den letzten Jahren in das Kreuzfeuer der Kritik geraten. "OR stirbt" ist zum geflügelten Wort geworden. Während eine übertriebene Mathematisierung betriebswirtschaftlicher Zusammenhänge zurecht kritisiert werden kann, muß gleichzeitg gesehen werden, daß neben der Forschungsrichtung eines mathematisch-abstrahierenden OR eine zweite quantitative Betriebswirtschaftslehre entstanden ist.

Charakteristisch für deren Ausrichtung ist

- die Orientierung an Realproblemen und damit an der empirischen Arbeit
- die Fokussierung der Interessen auf die Modellierung und den Modellbildungsprozeß sowie in jüngster Zeit auf Implementierungsfragen
- die umfassende Nutzung des gesamten Methodenrepertoires des OR, aber auch der Statistik, Wahrscheinlichkeitstheorie oder psychographischer Verfahren
- gleichberechtigte Bedeutung objektiver und subjektiver Datenquellen
- Hintenanstellung der Theorienbildung zugunsten eines eher kasuistisch-induktiven Vorgehens, wie es für den angelsächsischen Sprachraum typisch, in der Deutschen BWL aber eher selten ist.

Die so ausgerichtete quantitative BWL beginnt sich als Symbiosepartner der Wirtschaftsinformatik zu etablieren. Sichert leistungsfähige Hardware gepaart mit Datenbanksoftware und den Instrumenten der Datenmodellierung der quantitativen BWL die Datengrundlage, liefern andererseits deren Entscheidungsmodelle - eingestellt in Methoden- und Modellbanken - die Verfahren, um aus Ansammlungen von Daten entscheidungsrelevantes Material, die Information im eigentlichen Sinne des Wortes, zu deduzieren.

Die so charakterisierte quantitative Richtung ist in Deutschland untrennbar mit dem Namen von Friedrich Hanssmann verbunden. Mit diesem Werk wollen seine Schüler, der für das Fach typischen kasuistischen Ausrichtung folgend, schlaglichtartig den Stand der Forschung dokumentieren und Anwendungsbreite, Leistungspotential und Operationalität des Zugangs in Fallstudien belegen.

In ihrem Anspruch, in erster Linie Entscheidungsvorbereitung zu leisten, ist die quantitative BWL eindeutig der entscheidungsorientierten BWL zuzurechnen. Hammann unterzieht in seinem Beitrag dieses allgemeine Paradigma einer kritischen Würdigung und lobt dabei insbesondere ihren funktionsübergreifenden und -integrierenden Charakter. Er beklagt gleichzeitig, daß in Bereichen wie F&E und Marketing die Entwicklung hinter der der Produktionswirtschaft zurückgeblieben sei.

Es erscheint auf den ersten Blick überraschend, daß gerade die quantitative Orientierung hier Fortschritte liefern kann. So befassen sich allein drei Beiträge (die von Meyer zu Selhausen und die der Herausgeber) mit Aspekten des Marketing, der Beitrag von Liebl et al. mit F&E-Management. Während eine voll quantitative Theorie dieser Bereiche wohl auf Dauer Illusion bleibt, zeigen diese Studien doch die große Schlagkraft auf, die maßgeschneiderter Modellierung in ihrer Verknüpfung mit methoden-pluralistischem Vorgehen innewohnt.

Das von Hammann konstatierte wieder erstarkte Interesse an der Logistik dokumentiert für die quantitative BWL die Arbeit von Diruf.

Schober widmet sich mit dem Bürobereich einem in der betriebswirtschaftlichen Forschung noch weitgehend stiefmütterlich behandelten Bereich der betrieblichen Leistungserstellung.

Henzler erweitert die unternehmerische um die industriepolitische Perspektive.

Auch die branchenmäßige Betrachtung offenbart die Breite des Leistungspotentials. Neben 'klassischen' Industriebetrieben behandeln die Fallstudien so diverse Sektoren wie Banken, die chemisch-pharmazeutische Industrie und den Bereich der Non-Profit-Organisationen.

Insgesamt gesehen, hoffen die Autoren hiermit, die Vitalität der so verstandenen quantitativen BWL zu belegen.

Die Herausgeber wollen an dieser Stelle allen, die am Zustandekommen dieses Buches Anteil hatten, herzlich danken. Stellvertretend für viele seien genannt Frau Franziska Binder, Herrn Dr. Alfred Schweiger von der Katholischen Universität Eichstätt und Herrn Weigert vom Oldenbourg-Verlag, der die Publikation dieses Sammelbandes ermöglicht hat.

Vor allem aber danken sie - zusammen mit allen Autoren dieses Buches - Ihrem verehrten akademischen Lehrer Friedrich Hanssmann, dessen wissenschaftliche wie auch menschliche Qualitäten sie in den Jahren der Zusammenarbeit schätzen gelernt haben. Ihm sei dieses Buch zu seinem 65. Geburtstag gewidmet.

München und Ingolstadt, 1994

Prof. Dr. J.M. Ruhland | Prof. Dr. K.D. Wilde

1. Die Bedeutung des entscheidungsorientierten Programms für die deutsche Betriebswirtschaftslehre

Professor Dr. Peter Hammann
Ruhr-Universität Bochum
GC 4/156
Universitätsstraße 150
44780 Bochum

Gliederung:

1. Einleitung
2. Entwicklungsgeschichtlicher Rückblick
3. Grundprobleme der entscheidungsorientierten Betriebswirtschaftslehre
4. Erkenntnisdefizite der entscheidungsorientierten Betriebswirtschaftslehre
5. Ausblick

Literatur

1. Einleitung

Wer im Zeitraum zwischen 1955 und 1965 zum ersten Mal eine betriebswirtschaftstheoretische Vorlesung hörte, fand meist ein "klassisches" Gebiet der Betriebswirtschaftslehre im Zentrum der Betrachtung: die industrielle Produktion und der sich dabei vollziehende Wertverzehr. Die Vorlesungen behandelten eine Materie, die bislang weithin den einzelwirtschaftlich orientierten Nationalökonomen vorbehalten war. Die Fachdidaktik bewegte sich damals ganz im Gefolge Erich Gutenbergs, dessen 1. Band der Grundlagen der Betriebswirtschaftslehre "Die Produktion" erst wenige Jahre zuvor erschienen war und gleich Furore gemacht hatte (Gutenberg 1951). Gutenbergs zentrales Anliegen war es gewesen, der deutschen Betriebswirtschaftslehre, die in den 30er und 40er Jahren dieses Jahrhunderts überwiegend eine Lehre von der Rechnungslegung im Betrieb gewesen war (Schneider 1987, Wöhe 1990), ein neues theoretisches Fundament zu geben und gleichzeitig für einen bislang überwiegend deskriptiv behandelten Funktionsbereich eine neue Richtung aufzuweisen. Dieses Interesse korrespondierte mit den in den USA in den 40er und frühen 50er Jahren zu beobachtenden Tendenzen, die mikroökonomischen Erkenntnisse zu erweitern und zu vertiefen. Gutenberg und seinen Schülern schwebte nichts anderes vor, als eine theoretische Begründung für verschiedene Input-Output-Relationen eines Industriebetriebes zu geben. Meist wurde insbesondere der Anpassung des Unternehmens an Beschäftigungsgradänderungen und ihren kostenmäßigen Konsequenzen Beachtung geschenkt. Den Ursachen der Beschäftigungsschwankungen wurde nur insoweit Rechnung getragen, als sie offenbar marktbedingt und damit mehr oder weniger als gegeben anzusehen war. Den werdenden Betriebswirten sollte am Beispiel zentraler Funktionen des Betriebes gezeigt werden, welcher Entscheidungsspielraum bei derartigen Anpassungsprozessen bestand und wie er im Zuge einer Planungsrechnung zur Ermittlung einer "besten" Handlungsweise zweckmäßig genutzt werden sollte. Es galt zugleich deutlich zu machen, daß die produktionstheoretischen Erkenntnisse dazu verwendet werden müßten, die Lösungen von Produktionsproblemen im Betrieb zu erleichtern und besser zu fundieren. Damit war bereits implizit der Bogen von der Erkenntnis zu ihrer Nutzung bei betriebswirtschaftlichen Entscheidungen gespannt. Die sog. produktionsorientierte Betrachtungsweise Gutenbergs fand sodann eine notwendige Vertiefung bzw. Ergänzung in einer entscheidungsorientierten Sicht. Die empirischen Erkenntnisse drehten sich damals im wesentlichen um die Begründung der Produktionsfunktionen vom Typ A und vom Typ B, d.h. der sog. Gutenberg-Produktionsfunktion (Gutenberg 1983, Busse von Colbe/Laßmann 1991). Speziellere Produktionsfunktionen gab es damals noch nicht (etwa die von Heinen entwickelte Produktionsfunktion vom Typ C).

Die Überlegung, betriebswirtschaftliche Forschung und Lehre stärker auf die Entscheidungen der Unternehmensleitung auszurichten, hatte in Deutschland zum einen Nahrung durch die Heraushebung und Klassifizierung der Unternehmensleitung als dispositiver Faktor durch Gutenberg erhalten (Gutenberg 1983). Zum anderen erfolgte eine Befruchtung auch durch die Bemühungen in den USA, mit Hilfe mathematischer Methoden optimale Lösungen für komplexe Problemstellungen anhand von Modellen zu ermitteln, wie sie fußend auf den Erkenntnissen und Erfahrungen der militärischen Logistik im 2. Weltkrieg gewonnen worden waren. Es ist im übrigen durchaus kein Zufall, daß gerade in den letzten Jahren (etwa seit 1980) der betrieblichen Logistik wieder eine besonders starke Aufmerksamkeit gewidmet wurde (Weber 1991). Die weit verbesserten Möglichkeiten der Datenverarbeitung heute gestatten Problemlösungen und Modellauswertungen, von denen man in den 50er Jahren nur träumen durfte. In den die Vorlesungen ergänzenden produktions- und kostentheoretischen Übungen stand unter dem ausdrücklichen Entscheidungsbezug die lineare Programmierung zur Lösung von Produktionsprogrammplanungsproblemen im Vordergrund, die heute als Propädeutikum an den meisten wirtschaftswissenschaftlichen Fakultäten in Deutschland gelehrt wird.

Betriebswirtschaftliche Lehr- und Forschungsprogramme des geschilderten Zuschnitts wurden im Zeitraum 1955 bis 1965 noch keineswegs unter dem Stichwort "entscheidungsorientierte Betriebswirtschaftslehre" geführt. Diese Entwicklung bahnte sich erst an, als Edmund Heinen Anfang der 60er Jahre einem Thema in einem monographisch gehaltenen Aufsatz für die Festschrift zum 65. Geburtstag Erich Gutenbergs gesondert nachging, das viele Gemüter bewegte: Das Zielsystem der Unternehmung (Heinen 1962).

Damit war einem in der Empirie vorfindlichen Phänomen Rechnung getragen worden, das Erich Gutenberg (vermutlich zu Zwecken der didaktischen Vereinfachung) bei seinen Überlegungen zum Wirtschaftlichkeitsprinzip der betrieblichen Leistungserstellung in den Hintergrund gedrängt hatte. Für ein und dasselbe Entscheidungsproblem konnten mehrere Ziele relevant sein. Die konsequente Verfolgung der Zielbildung und des Entscheidungsprozesses in den Schriften Edmund Heinens und seiner Schüler geriet dann binnen kurzem unter das Etikett "entscheidungsorientierte Betriebswirtschaftslehre".

2. Entwicklungsgeschichtlicher Rückblick

Die Betrachtungen Edmund Heinens zum Zielsystem der Unternehmung sind indessen nicht denkbar ohne Bezug auf die Veröffentlichungen von Herbert A. Simon, der während seiner Zeit am Carnegie Institute of Technology in Pittsburgh eine Reihe bahnbrechender organisationstheoretischer Untersuchungen publizierte, darunter "Administrative Behavior - A Study of Decision-Making Processes in Administrative Organization", (Simon 1945); sodann der Aufsatz, "Theories of Decision-Making in Economics and Behavioral-Science", (Simon 1959) in der American Economic Review erschienen, "Models of Man - Social and Rational" (Simon 1957) und im gleichen Jahr zusammen mit James March und Harold Guetzkow "Organizations" (March/Simon 1957). In diesen inzwischen berühmten historischen Werken wird erstmals das Gefüge einer Unternehmung nicht nur unter aufbau- und ablauforganisatorischen Prinzipien untersucht, sondern auch der Frage nachgegangen, auf welche Weise Entscheidungen in Unternehmen zustande kommen. Dabei war der empirisch beobachtbaren Tatsache Rechnung getragen worden, daß in Organisationen neben dem Ziel der Einkommensmaximierung (als Ausdruck des Erwerbsstrebens) auch andere Ziele und Motive der Entscheidungsträger bei der Entscheidungsvorbereitung und -umsetzung eine Rolle spielen (können). Selbst dort, wo diese Ziele eine nachrangige Bedeutung hätten, bemühe sich der Entscheidungsträger, diese Ziele durch Höchst- bzw. Mindestanforderungen bei der vom Erwerbsstreben geleiteten Entscheidungsfindung zu berücksichtigen. Man hat dieses Verhalten als "Anspruchsanpassung" bezeichnet und an die Stelle der Optimierungshypothese die Satisfizierungsthypothese treten lassen. Diese erfuhr ihre Begründung unter Heranziehung sozialpsychologischer Erkenntnisse, womit die sozialwissenschaftliche Orientierung betriebswirtschaftlicher Theorien eingeleitet und die Grundlagen einer "Behavioral Theory of the Firm" durch R.M. Cyert und J.G. March (Cyert/March 1959) geschaffen wurden. Simon hatte auch darauf hingewiesen, daß Entscheidungen durchaus nicht nur auf der Leitungsebene, sondern sehr wohl in einer Reihe von Fällen dezentralisiert in hierarchisch nachgeordneten Instanzen gefällt werden, was einen erweiterten Koordinationsbedarf für die Leitungsebene begründet. Simon und Mitarbeiter wurden dabei ferner mit der Frage konfrontiert, wie das Entscheidungsverhalten von Entscheidungsträgern zu erklären sei. Die Behandlung der Frage legte (ob bewußt oder nicht, sei dahingestellt) die Basis für eine eher verhaltenswissenschaftlich ausgerichtete Organisationslehre.

Die Integration der Erkenntnisse von Simon und Mitarbeitern in die im deutschen Sprachraum als "entscheidungsorientiert" bezeichnete Wissenschaftsrichtung hat jedoch (worauf bereits Dieter Schneider hinwies, Schneider 1987) zu einem Mißverständnis geführt, das nach wie vor nicht ausgeräumt erscheint: der Gleichsetzung der dem Rationalitätsprinzip verpflichteten, mathematisch-statistisch begründeten Entscheidungstheorie (fußend auf dem bekannten "Grundmodell") mit der unter dem Blickpunkt beschränkt rationaler Handlungsweise entwickelten "entscheidungsorientierten betriebswirtschaftlichen Theorie" von Gutenberg/Heinen. Dieses Mißverständnis bedarf zumindest der Aufhellung, ehe Aussagen zur Leistungsfähigkeit der entscheidungsorientierten Betriebswirtschaftslehre gemacht werden können.

In der Entwicklungslinie seit 1945 läßt sich die entscheidungsorientierte Betriebswirtschaftslehre zunächst eher als eine idealisierte, formalistische (d.h. auf Systematik, weniger auf Erkenntnis in der Sache abzielende) wissenschaftliche Teildisziplin bestimmen. Sie verdankt ihre Herkunft - zumindest in Deutschland - der dem Rationalprinzip verpflichteten, sachgüterproduktionsorientierten Betriebswirtschaftslehre Erich Gutenbergs, die sich im Grunde als ein Spezialfall einer "entscheidungsorientierten" Betriebswirtschaftslehre verstehen kann. Die Integration mathematisch-statistischer Methoden und Modelle in die Produktions- und Kostentheorie festigt diese Einschätzung.

3. Grundprobleme der entscheidungsorientierten Betriebswirtschaftslehre

Welches sind nun die Grundaufgaben einer "entscheidungsorientierten" Betriebswirtschaftslehre im Verhältnis zu anderen betriebswirtschaftlichen Forschungsrichtungen? Die entscheidungsorientierte Betriebswirtschaftslehre versteht die Betriebswirtschaftslehre als eine praktisch-normative, angeblich weitgehend wertfreie Wissenschaft, welche nicht nur der Förderung der allgemeinen Erkenntnis dient, sondern diese Erkenntnisse auch dazu benutzt sehen möchte, Empfehlungen für praktisches Handeln herzuleiten. Das zentrale Gebot der entscheidungsorientierten Betriebswirtschaftslehre ließe sich etwa wie folgt pragmatisch zusammenfassen:

"Analysiere und bereite Deine Entscheidungen systematisch und umfassend vor, indem Du

- Dir Informationen über die Entstehungsgründe und Konsequenzen Deiner ökonomischen Probleme verschaffst,
- diese Probleme strukturierst,
- die Problemstruktur in einem möglichst einfachen, aber robusten Entscheidungsmodell abbildest,
- die optimale oder eine effiziente Lösung aus Deinem Modell ableitest,

und

- diese Lösung umsetzt".

Die Programmatik der entscheidungsorientierten Betriebswirtschaftslehre weist zum einen auf eine Querschnittsperspektive, die die verschiedenen Funktionsbereiche der Unternehmung überspannt. Zum anderen ist ihr formalistisches Konzept in der Hierarchie der Themen übergeordnet und daher von einer gewissen Allgemeingültigkeit. Wenden sich die anderen betriebswirtschaftlichen Teildisziplinen der Ausleuchtung bestimmter funktionaler oder institutionaler Themen zu, so versucht die entscheidungsorientierte Betriebswirtschaftslehre integrativ zu wirken. Dieses Bemühen um Integration hat sie gemeinsam mit einer anderen Forschungsrichtung der Betriebswirtschaftslehre, die etwa gleichzeitig entstand. Es handelt sich um die insbesondere von Hans Ulrich entwickelte "systemorientierte Betriebswirtschaftslehre" (Ulrich 1968). In seiner im Jahre 1968 erstmals erschienenen Schrift "Die Unternehmung als produktives soziales System" ist insbesondere der Interaktion der verschiedenen Funktionsbereiche der Unternehmung und ihrer Mitglieder Rechnung getragen worden, die in der betriebswirtschaftlichen Konzeption von Gutenberg (und später von Heinen) fehlt. Der systemorientierte Ansatz, der von Schanz zu Recht nur als eine sozialkybernetische Version des allgemeinen Systemansatzes bezeichnet wurde (Schanz 1977), hat in der Folge der Übernahme der Ideen von Herbert Simon dem Menschen in der Unternehmung in besonderem Maße Beachtung geschenkt. Der systemorientierte Ansatz von Hans Ulrich ist nicht zu verwechseln mit der an die US-amerikanische Systemwissenschaft angelehnten Entscheidungslehre, die in Deutschland vornehmlich von Friedrich Hanssmann und seinen Schülern vertreten wird (Hanssmann 1985). In letzterer wird die umfassende, alle entscheidungsrelevanten Aspekte eines Problems erfassende Strukturierung verstanden, die die amerikanische Konzeption einer "Management Science" aufgreift.

Sie gründete sich auf die in den USA (unter Nutzung von militärischen Planungserfahrungen aus dem 2. Weltkrieg) entwickelte System-Analyse (system analysis), die mit den Namen McKean (McKean 1958), Hitch/McKean (Hitch/McKean 1961) und Ackoff (Ackoff 1961/1962) verbunden ist. Hitch hat in einem 1963 in Operations-Research erschienen Aufsatz die Paradigmen der Systemforschung wie folgt beschrieben: "System analysis is simply a method to get before the decision-maker the relevant data, organized in a way most useful to him. It is no substitute for sound and experienced ... judgement and is but one of the many inputs to the decision maker" (Hitch 1963). Im Zentrum der Betrachtung stehen Zielkonflikte und die sie berücksichtigenden effizienten Lösungsvorschläge für Entscheidungsprobleme. Die Frage des Zustandekommens von Entscheidungen (in Gruppen) tritt dabei in den Hintergrund (Hanssmann 1968, Magee/Ernst 1961).

In der Wissenschaftspolitik vergangener Tage sind oftmals die entscheidungsorientierte Betriebswirtschaftslehre Heinens und der systemorientierte Ansatz von Hans Ulrich gegeneinander ausgespielt worden. Man tut m.E. beiden Forschungsrichtungen keinen Gefallen, wenn man sie in dieser Art separiert. Denn im entscheidungsorientierten Ansatz ist das Systemdenken letztlich miteingeschlossen, was Edmund Heinen in seiner Stellungnahme zum Wissenschaftsprogramm und den Ausbildungszielen der Betriebswirtschaftslehre in der von Gert von Kortzfleisch 1971 herausgegebenen Aufsatzsammlung deutlich machte (Heinen 1971). Andererseits hat auch Hans Ulrich stets auf den Entscheidungsbezug in sozialen Systemen verwiesen (Ulrich 1971), so daß die beiden verschiedenen Ansätze sich im Grunde komplementär zu einander verhalten.

Die Entwicklung der entscheidungsorientierten Betriebswirtschaftslehre hat wesentlichen Anteil daran, daß heute die Gesamtdisziplin als eine Wissenschaft von den Entscheidungen von Personen bzw. Gruppen von Personen in Unternehmungen über die Gewinnung bzw. den Einsatz von nur in begrenztem Umfang verfügbaren, tauglichen Mitteln zur Erreichung der Ziele der Unternehmung verstanden wird. Diesem Postulat vermag die Betriebswirtschaftslehre in vielem, wenn auch nicht in allem zu entsprechen. Die entscheidungsorientierte Betriebswirtschaftslehre hat insbesondere darauf aufmerksam gemacht, daß zur Lösung von Entscheidungsproblemen Handlungsalternativen (meist Mittelkombinationen) zu entwickeln sind, die zur Erreichung von Zielen ergriffen werden können. Sie hat ferner dazu beigetragen, daß der Monismus der Zielsetzungen zugunsten einer Pluralität aufgegeben wurde. Das Denken in Entscheidungsmodellen, aus denen Lösungen abgeleitet werden können, hat implizit dieser Zielvielfalt bereits Rechnung getragen, wenn im Falle von Optimierungsmodellen etwa ein Ziel als "freies" Ziel in der sog. Zielfunktion verankert wurde, während andere relevante Zielsetzungen, die auf einem bestimmten Niveau festzuhalten sind, Eingang in die Nebenbedingungen gefunden haben.

Um eine Lösung für ein Entscheidungsproblem bei Mehrfachzielsetzungen ermitteln zu können, bedarf es - ebenso wie bei der Entwicklung der Handlungsalternativen - zahlreicher Informationen über Ziel-Mittel-Relationen (d.h. die möglichen Entscheidungsfolgen), über Mittelrestriktionen (d.h. Bestände) sowie über Zielrestriktionen. Die entscheidungsorientierte Betriebswirtschaftslehre setzt den zur Lösung von Entscheidungsproblemen benötigten Informationsstand (wie die mathematisch-statistische Entscheidungstheorie auch) uneingeschränkt voraus. In den Entscheidungsmodellen, die ihrer Betrachtungsweise zugrunde liegen, ist auch das Problem der Zielgewichtung bereits gelöst. Die Unterscheidung in das dominante Ziel einerseits sowie die Zieldominanten andererseits zeigt dies deutlich. Bezüglich des Informationsstandes wird auf die in der mathematisch-statistischen Entscheidungstheorie geläufige Unterscheidung zurückgegriffen, wonach der Informationsstand des Entscheidungsträgers entweder sicher oder ungewiß ist. Im Falle der Ungewißheit kann es Wahrscheinlichkeitsaussagen zu den Entscheidungsfolgen geben, sie können jedoch auch fehlen. Das Instrumentarium der mathematisch-statistischen Entscheidungstheorie läßt eine Behandlung aller dieser Fälle unter sehr restriktiven Prämissen zu. Die zentralen Prämissen sind:

- Vollkommene Information über das Eintreten einer Umweltlage aus einer erschöpfenden Menge solcher Umweltlagen;
- Vorhandensein einer bis auf eine lineare Transformation eindeutigen Zielfunktion;
- Wahl zwischen sich gegenseitig ausschließenden Entscheidungsalternativen.

In dieser Hinsicht befindet sich die entscheidungsorientierte Betriebswirtschaftslehre Heinens keineswegs mehr in Übereinstimmung mit der mathematisch-statistischen Entscheidungstheorie. Die Mehrdeutigkeit der Zielfunktion macht eine Kongruenz beider Theorien letztlich zunichte. Die Erkenntnis der womöglich zu engen Prämissensetzung einer auf das Rationalitätsprinzip bei gegebenen Zielen sich gründenden Entscheidungslehre veranlaßte Heinen (der sich mehrfach auf Nicklisch im Hinblick auf das Erfordernis praktisch-normativer Handlungsempfehlungen durch die Wissenschaft bezog, Heinen 1976a), eine Erweiterung des Prämissenrahmens vorzunehmen, die sich mit den Paradigmen der auf Daniel Bernoulli, Bayes, John von Neumann, Oscar Morgenstern und Abraham Wald zurückzuführenden Entscheidungstheorie nicht vertrug. Daß die "entscheidungsorientierte" Betriebswirtschaftslehre dennoch weiter Anhängerschaft fand, lag offenbar am Versuch der Synthese einer formalen Entscheidungslehre mit den Erfordernissen der Praxisorientierung ihres Problemverständnisses (im Sinne einer Lehre "anwendbarer" Forschungsergebnisse, d.h. einer "angewandten Wissenschaft").

Die entscheidungsorientierte Betriebswirtschaftslehre hat aber nicht nur zur Modellierung von Entscheidungssituationen wesentliche Beiträge geleistet und der Frage der Mehrfachzielsetzungen Aufmerksamkeit geschenkt, vielmehr ist ihr auch eine systematische Durchdringung des Entscheidungsprozesses zu verdanken, welche die Komplexität des Erarbeitens und Umsetzens von Entscheidungen verdeutlicht hat. In der Regel werden sieben Entscheidungsprozeßphasen unterschieden (Heinen 1976b, Simon 1960):

1. Problemformulierung (mit Symptombeschreibung und Diagnose),

2. Wahl der Entscheidungskriterien,

3. Festlegung der Entscheidungsalternativen,

4. Definition der relevanten Umweltlagen,

5. Ermittlung der Handlungskonsequenzen,

6. Auffindung einer Lösung (einschließlich Sensitivitäts- und Sensibilitätsanalysen),

7. Umsetzung der Lösung.

Die Phasen 1 bis 4 werden im allgemeinen unter dem Stichwort "Strukturierung" (bzw. Modellierung) zusammengefaßt. Ihnen hat im Verständnis der entscheidungsorientierten Betriebswirtschaftslehre (wie auch im Systemansatz von Friedrich Hanssmann) das Augenmerk zu gelten.

Hatte noch in den ersten Jahren dieses Jahrhunderts Eugen Schmalenbach Zweifel darüber haben können, ob die Betriebswirtschaftslehre doch eher nur als Kunstlehre zu verstehen sei (Schmalenbach 1911), so dürfte mit der entscheidungsorientierten Betriebswirtschaftslehre (nicht zuletzt auch wegen einer verstärkten Mathematisierung der Disziplin) solchen Spekulationen im wesentlichen der Boden entzogen sein.

4. Erkenntnisdefizite der entscheidungsorientierten Betriebswirtschaftslehre

Die Entwicklung, die die Betriebswirtschaftslehre im Zuge dieser Umorientierung (ich würde es nicht einen Paradigmenwechsel nennen) erfahren hat, darf jedoch nicht darüber hinwegtäuschen, daß die Verfolgung des entscheidungsorientierten Wissenschaftsprogramms der Betriebswirtschaftslehre in vielem mehr Fragen aufgeworfen als beantwortet hat. Dem Verständnis der entscheidungsorientierten Betriebswirtschaftslehre folgend genügt es, die Entscheidungsprozesse auf die Planung (d.h. die Strukturierung) der Entscheidung sowie das Kalkül (d.h. das Errechnen einer Lösung aus einem Modell) zu reduzieren. Diese viel Transparenz schaffende Reduktion hat den Vertretern der entscheidungsorientierten Betriebswirtschaftslehre viel Sympathie eingetragen, nicht zuletzt auch von den Mitgliedern nicht-ökonomischer Disziplinen, die seit langem auf der Suche nach einem Anwendungsfeld ihrer wissenschaftlichen Erkenntnisse waren. Mathematik und Datenverarbeitung sowie die Ingenieurwissenschaften waren z.T. begeisterte Korrespondenten der entscheidungsorientierten betriebswirtschaftlichen Fachvertreter. Ihnen allen kam gewiß sehr zupaß, daß man sich bei Anwendung von mathematischen Modellen und Methoden bei der Entscheidungsfindung auf das "Mechanische" beschränken konnte. Die Erkenntnis in der Sache konnte offenbleiben oder sich auf das beschränken, was in einem naturwissenschaftlichen Sinne meßbar war. Diese Perspektive mußte sich daher nachgerade (nicht zuletzt auch unter dem Aspekt praktisch-normativen Empfehlens) als zu eng erweisen. Die

Entscheidungsmodelle der entscheidungsorientierten Betriebswirtschaftslehre fußen in der Regel auf Erklärungsmodellen, die nur im Ausnahmefall hinreichend validiert sind. Die Erklärungsmodelle pendeln zwischen den Polen der einerseits validierten (insbesondere produktionstheoretisch fundierten) und andererseits nicht validierten, prämissenentlehnten "Erklärungen". Zu sehr wurde das Bemühen um die Findung und Prüfung von Hypothesen zurückgedrängt, die Sehnsucht nach der Deduktion (allerdings bei Aufgabe des Rationalprinzips) gewann die Oberhand.

Die Findung und Prüfung von Hypothesen hat letztlich mit dem Grundproblem der entscheidungsorientierten Betriebswirtschaftslehre zu tun: der Gewinnung von Informationen zur Lösung des Entscheidungsproblems. Zur Lösung des Entscheidungsproblems werden im allgemeinen folgende Informationen benötigt:

1. Informationen über die Zielgewichtung,
   d.h. zur Lösung des Entscheidungsproblems muß ein Zielsystem vorliegen, das erlaubt, Prioritäten von Zielen bei der Lösung von Entscheidungsproblemen zu formulieren. Erst in neuerer Zeit (1980) ist unter dem Stichwort "The Analytical Hierarchy Process" von Thomas Saaty der Versuch gemacht worden, auf empirischem Wege Zielbeziehungen zu ermitteln, zu validieren und Zielhierarchien zu überprüfen (Saaty 1980)

2. Unter- bzw. Obergrenzen der Zielerreichung,
   d.h. Informationen über die Anspruchsniveaus, die bezüglich einzelner Zielsetzungen geltend gemacht werden.

3. Informationen über mögliche und wählbare Handlungsalternativen.

4. Informationen über das Ausmaß der Wirkungen der Entscheidungsalternativen,
   d.h. geprüfte Hypothesen über die Zusammenhänge zwischen Mitteln und Zielen.

5. Informationen über die Bewertung des Eintretens alternativer Umweltlagen.

Alle diese Informationen müssen - dabei nicht immer unter Gewißheit - von der entscheidungsorientierten Betriebswirtschaftslehre als gegeben unterstellt werden. Über ihre Ermittlung fehlen die Anhaltspunkte. Die einzelnen Funktionsdisziplinen der Betriebswirtschaftslehre sind aufgerufen, für die jeweiligen Entscheidungsprobleme, die ihren Bereich betreffen, die notwendigen Informationen auf der Basis geprüfter Hypothesen bereitzustellen. Zumindest in dem Bereich, den ich am besten zu übersehen vermag, dem Bereich des Marketing, ist dieses Informationsproblem zentrales Anliegen, wobei gelegentlich die Grenzen zu den sozialwissenschaftlichen Nachbarwissenschaften überschritten werden.

Allerdings kann es sich dabei - wie Dieter Schneider gezeigt hat (Schneider 1987) - aufgrund unterschiedlicher methodologischer Basisentscheidungen nur um eine Nutzung verhaltenswissenschaftlicher Erkenntnisse für die Errichtung betriebswirtschaftstheoretischer Modelle handeln und somit nicht um die Fundierung von Prognosen über das Eintreten potentieller Entscheidungsfolgen oder um die Nutzung als deren Ausgangsgröße.

Die entscheidungsorientierte Betriebswirtschaftslehre hat sich bis auf den heutigen Tag zum Problem der Umsetzung von einmal getroffenen Entscheidungen ausgeschwiegen. Die Umsetzungsproblematik, die neuerdings auch unter dem Stichwort Principal-Agent-Theorie (Ordelheide/Rudolph/Büsselmann 1991) diskutiert wird, hat insbesondere die Führungstheoretiker und die Personalwissenschaftler unserer Disziplin stärker beschäftigt. Auch sie sind - auf dem steinigen Weg der Informationsbeschaffung über Zusammenhänge und Wirkungshypothesen - vom Pfade der auf Produktion und Rechnungslegung ausgerichteten älteren Betriebswirtschaftslehre (und für viele daher vom Pfade der Tugend) abgewichen.

Das zentrale Problem, das sich letztlich hinter dem Eingeständnis von Defiziten der entscheidungsorientierten Betriebswirtschaftslehre verbirgt, ist die Tatsache, daß diese Forschungsrichtung den wirtschaftenden Menschen als beherrschbaren Potentialfaktor bzw. dispositiven Faktor in ihrem Wissenschaftsgebäude berücksichtigt hat, der, soweit er ausführende Tätigkeiten erledigt, Werkverrichtungen abgibt, soweit er dispositive Tätigkeiten verrichtet, leitet. Die entscheidungsorientierte Betriebswirtschaftslehre beschränkt sich in den ökonomischen Funktionen auf die Ausübung der Entscheidungsbefugnis, sie negiert jedoch den Menschen als primäre Quelle der Ungewißheit, insbesondere im Vollzug (d.h. der Umsetzung) der getroffenen Entscheidung. Nun trifft es zwar zu, daß die Betriebswirtschaftslehre seit ihren Anfängen den internen Informationen (aus der Kosten- und Leistungsrechnung, der Betriebsstatistik, den Meßinformationen über Wirkungsgrade von Produktionsfaktoren usw.) durchaus Aufmerksamkeit geschenkt hat. Diese Ergebnisse beziehen sich aber auf im wesentlichen mechanistische Abläufe, in denen der Mensch letztlich als störendes, weil die Abläufe behinderndes Element, bewußt ausgespart wird.

Der Beschaffung externer Informationen (insbesondere aus den zahlreichen Märkten, mit denen die Unternehmung verbunden ist) hat die Betriebswirtschaftslehre (und insoweit nicht nur die entscheidungsorientierte Betriebswirtschaftslehre) immer vergleichbar wenig Aufmerksamkeit gewidmet. Der größte Teil der Informationen, die ein Entscheidungsträger in einer Unternehmung benötigt, um sachgerecht Entscheidungen (auf strategischer oder taktischer Ebene) zu fällen, entstammen den Märkten. Weder den Faktormärkten noch den Leistungsmärkten hat die produktionsorientierte bzw. die entscheidungsorientierte Betriebswirtschaftslehre nachhaltiges Augenmerk geschenkt. Weder die Bedürfnisse der Marktpartner, die Verfügbarkeit von Mengen (bzw. Transaktionsvorräten), situative Einflüsse, der Rechts- und Staatsrahmen in seinen Einflußmöglichkeiten, das Zustandekommen von Preisen (bzw. Nutzenvorstellungen) oder der Umfang und die Kosten der Markttätigkeit (die neuerdings Transaktionskosten genannt werden) haben diese betriebswirtschaftliche Forschungsrichtung nachhaltig beschäftigt.

Man kann damit feststellen, daß die entscheidungsorientierte Betriebswirtschaftslehre trotz ihres weitreichenden Einflusses substantiell die Betriebswirtschaftslehre nur in Grenzen vorangebracht hat. Weite wissenschaftliche Felder liegen nach wie vor brach. Die entscheidungsorientierte Betriebswirtschaftslehre war somit sicher kein Irrweg, aber sie hat diejenigen in die Irre geleitet, die den Verheißungen des Decision Making zu früh erlagen. Sie hat jedoch den Boden für die heute so vielseitig gelehrte strategische Unternehmensführung und Planung bereitet.

5. Ausblick

Blickt man auf die vergangenen 50 Jahre betriebswirtschaftlicher Forschung und Lehre zurück, so kann man insgesamt feststellen, daß die Betriebswirtschaftslehre nach wie vor große Probleme an den "Rändern" ihres institutionellen Erkenntnisgegenstandes hat. Die Betriebswirtschaftslehre verfügt über keine hinreichenden Erkenntnisse über die Beschaffungs- und Absatzmärkte. Die Vielfalt der Bemühungen auf diesen Gebieten hat noch nicht zur Errichtung eines einheitlichen Wissenschaftsgebäudes geführt. Die Fülle der Erkenntnisse in den einzelnen Teildisziplinen, namentlich der Produktion, der Finanzierung, des Rechnungswesens sowie der Planung und Organisation ist durchaus groß. Aber die Betriebswirtschaftslehre weist Defizite in den Bereichen der Beschaffung von sächlichen Produktionsfaktoren und investiven Dienstleistungen, der Forschung und Entwicklung, des Humankapitals (im Gegensatz zum Geldkapital) und der Informationen auf. Sie zeigt auch Defizite im Bereich der Vermarktung betrieblicher Leistungen, zumal eine einheitliche Markttheorie fehlt. Die Betriebswirtschaftslehre hat - in der Folge des Erstarkens der entscheidungsorientierten Betriebswirtschaftslehre - aber nicht nur den Marktprozessen (mit Ausnahme derer auf Geldkapitalmärkten, die sich nicht ohne weiteres auf andere Märkte übertragen lassen) zu wenig Aufmerksamkeit geschenkt, sondern auch den Menschen als zentralen Pro- und Reproduktionsfaktor und seinen Einfluß auf das betriebliche Geschehen noch nicht hinreichend gewürdigt. Es kann daher kein Wunder sein, daß insbesondere in den Bereichen der Personalwissenschaft, aber auch im Bereich des Marketing verhaltenswissenschaftliche Ansätze sich als ein Gegengewicht gegenüber der herkömmlichen Betriebswirtschaftslehre zu etablieren begannen. Angesichts der Tatsache, daß das Informationsproblem weithin ungelöst ist, kann eine derartige Entwicklung nicht überraschen. Die verhaltenswisssenschaftlichen Ansätze, die an die Betriebswirtschaftslehre herangetragen werden, sollten der Errichtung "neuer" betriebswirtschaftlicher Theorien dadurch dienen, daß sie Erklärungshypothesen mitformulieren helfen, deren die Entscheidungswissenschaft bedarf. Es geht somit um die Befriedigung des Informationsbedarfs des Entscheidungstheoretikers, der - von seiner eigenen Disziplin nicht hinreichend versorgt - an anderer Stelle suchen muß. Die Problematik kompatibler Wissenschaftssysteme in den Wirtschafts- und Sozialwissenschaften muß uns zu denken geben, wobei wir uns vor einer Bevormundung hüten sollten. Ich halte es für gefährlich, die aus den Verhaltenswissenschaften stammenden Erkenntnisse und Befunde lediglich als Parerga und Paralipomena zu klassifizieren. Die entscheidungsorientierte Betriebswirtschaftslehre benötigt Verhaltenshypothesen, um leistungsfähig zu sein.

Vielleicht hat der Philosoph Georg Christoph Lichtenberg - wie so oft - den Nagel auf den Kopf getroffen, als er im Jahre 1765 den folgenden Aphorismus niederschrieb: "Wir arbeiten öfters daran, einen lasterhaften Affekt zu dämpfen, und wollen dabei unsere übrigen guten alle behalten; dieses kommt aus unserer Methode her, womit wir den Menschen schildern; wir sehen den Charakter desselben nicht als ein sehr richtig zusammengefügtes Ganzes an, das nur in seinen Teilen relative Stellungen einnehmen kann, sondern wir sehen die Affekte wie aufgeklebte Schönheitspflästerchen an, die wir verlegen und wegwerfen könnten. Viele dergleichen Irrtümer beruhen auf den dabei so notwendigen Sprachen - weil diese keine Verbindung notwendig unter sich haben, sondern sie erst durch die beigefügten Erinnerungen bekommen. So kommt die gewöhnlichste Bedeutung uns immer in den Sinn, sobald man die Erinnerung nur ein wenig aus der Acht läßt; daher wenn eine allgemeine Charakteristik erfunden werden soll, so muß notwendig erst eine solche Sprache hervorgesucht werden." (Lichtenberg, 1958, S. 91) Die Betriebswirtschaftslehre und ihre entscheidungsorientierten Fachvertreter sind aufgerufen, weiterhin nach dieser gemeinsamen Sprache zu suchen, auch wenn nochmals mehr als 200 Jahre vergehen sollten.

Literatur:

Ackoff, R.L. (ed.); Progress in Operations Research, Vol. 1, New York 1961.

Ackoff, R.L.; Scientific Method: Optimizing Applied Research Decisions, New York 1962.

Busse von Colbe, W., Laßmann, G.; Betriebswirtschaftstheorie 1, Grundlagen, Produktions- und Kostentheorie, 5. Aufl., Berlin et al. 1991.

Cyert, R.M., March, J.G.; A Behavioral Theory of the Firm, Englewood Cliffs 1963.

Gutenberg, E.; Grundlagen der Betriebswirtschaftslehre, Band 1: Die Produktion, 1. Aufl. 1951, 24. Aufl., Berlin 1983.

Hanssmann, F.; Operations-Research Techniques for Capital Investment, New York et al. 1968.

Hanssmann, F.; Einführung in die Systemforschung, 3. Aufl., München 1987.

Heinen, E.; Der entscheidungsorientierte Ansatz der Betriebswirtschaftslehre, in: v. Kortzfleisch, G. (Hrsg.), Wissenschaftsprogramm und Ausbildungsziele der Betriebswirtschaftslehre, Berlin 1971.

Heinen, E.; Grundfragen der entscheidungsorientierten Betriebswirtschaftslehre, München 1976 (a).

Heinen E.; Grundlagen betriebswirtschaftlicher Entscheidungen, 3. Aufl., Wiesbaden 1976 (b).

Hitch, Ch.J.; Plans, Programs, and Budgets in the Department of Defense, in: Operations-Research, 1963, pp. 1-17.

Hitch, C.J., McKean, R.N.; The Economics of Defense in the Nuclear Age, Cambridge/Mass. 1961.

Lichtenberg, G.C.; Sudelbuch A, in: Deutsche Literaturdenkmale des 18. und 19. Jahrhunderts, hrsg. von Albert Leitzmann, zitiert nach: derselbe, Aphorismen, hrsg. von May, Rychner, Zürich 1958.

Magee, J.F., Ernst, M.L.; Progress in Operations Research: The Challenge of the Future, in: Ackoff, R.L. (ed.): Progress in Operations Research, Vol. 1, New York 1961, Chapter 11, pp. 465-492.

March, J.G., Simon, H.A.;Organizations, New York 1957.

McKean, R.N.; Efficiency in Government through Systems Analysis, New York 1958.

Ordelheide, D., Rudolph, B., Büsselmann, E. (Hrsg.); Betriebswirtschaftslehre und ökonomische Theorie, Stuttgart 1991.

Saaty, Thomas; The Analytical Hierarchy Process - Planning, Priority, Setting, Ressource Allocation, New York et al. 1980.

Schanz, G.; Grundlagen der verhaltensorientierten Betriebswirtschaftslehre, Tübingen 1977.

Schmalenbach, E.; Die Privatwirtschaftslehre als Kunstlehre, in: ZfhH, 6. Jg. (1911/12), S. 304-316.

Schneider, D.; Allgemeine Betriebswirtschaftslehre, 3. Aufl., München 1987.

Simon, H.A.; Administrative Behavior - A Study of Decision-Making in Administrative Organization, New York 1945.

Simon, H.A.; Models of Man - Social and Rational, New York et al. 1957.

Simon, H.A.;The Theories of Decision-Making in Economics and Behavioral-Science, in: American Economic Review, 1959, S. 253-283.

Simon, H.A.; The New Science of Management Decision, New York 1960.

Ulrich, H.;Die Unternehmung als produktives soziales System, Bern et al. 1968.

Ulrich, H.; Der systemorientierte Ansatz in der Betriebswirtschaftslehre, in: v. Kortzfleisch, G. (Hrsg.), Wissenschaftsprogramm und Ausbildungsziele der Betriebswirtschaftslehre, Berlin 1971.

Weber, J.; Schnittstellenüberwindung durch Logistik-Controlling, in: Horváth, P. (Hrsg.): Synergien durch Schnittstellencontrolling, Stuttgart 1991, S. 73-96.

Wöhe, G.; Einführung in die Allgemeine Betriebswirtschaftslehre, 17. Aufl., 1990.

2. Quantitative Methoden in der praktischen Bewährung

2.1 Strategische Logistikplanung für ein Großhandelsunternehmen der Papierbranche

Prof. Dr. Günther Diruf
Lehrstuhl für Betriebswirtschaftslehre,
insbesondere Logistik und logistische Informatik
Otto-Friedrich-Universität Bamberg
Kapuzinerstr. 16
96047 Bamberg

Gliederung:

1. Strategisches Umfeld und planerische Problemstellung

1.1 Strategische Position der Großhandelslogistik in den drei Kernsegmenten des Absatzmarktes

Der Papiergroßhandel bedient insbesondere drei Marktsegmente: den Markt der kleinen und mittelständischen Druckereien (Druckereimarkt), den Markt der Büropapiere für Endverwender (Endverwendermarkt) und den Markt der Streckengeschäfte. Eine Analyse dieser Märkte zeigt, daß die Charakteristiken und strategischen Erfolgsfaktoren in Abhängigkeit vom Segment erheblich differieren (vgl. Tab. 1): Im Druckereimarkt, dem Schlüsselsegment des Papiergroßhandels, dominiert der Qualitätswettbewerb und das Großsortiment mit zahlreichen Spezialpapieren. Erforderlich ist hier eine Hochleistungslogistik mit JIT-Qualität. Der Endverwendermarkt ist durch ein kleines Sortiment von Standardpapieren gekennzeichnet. Hier dominiert der Preiswettbewerb, der eine möglichst kostengünstige Logistik mit mäßigen Lager- und Lieferzeitanforderungen nahelegt. Streckengeschäfte schließlich werden von den Einkäuferfunktionen des Großhandels beherrscht. Die Großhandelslogistik wird bei Streckengeschäften i.d.R. nicht berührt. Streckengeschäfte bleiben deshalb im folgenden außer Betracht.

Zusammenfassend erkennen wir: Die Marktleistungen von Unternehmen des Papiergroßhandels setzen sich aus klassischen Ein- und Verkaufsfunktionen und aus Logistikleistungen zusammen. In den beiden zentralen Marktsegmenten des Papiergroßhandels, dem Druckerei- und dem Endverwendermarkt, sind die Strukturen und Kosten der vom Großhandel gestalteten und eingesetzten Logistiksysteme von herausragender strategischer Bedeutung. Dies wird auch am erheblichen Kostenanteil der Großhandelslogistik deutlich: Logistikkosten umfassen sowohl im Druckerei- als auch im Endverwendersegment etwa zwei Drittel der gesamten Großhandelskosten.

1.2 Chancen und Bedrohungen der neunziger Jahre

Für den Papiergroßhandel, insbesondere für die Großhandelslogistik, sind in den neunziger Jahren bedeutende Herausforderungen zu bewältigen. Besonders hervorzuheben sind:

(1) Verschärfter Leistungs- und Preiswettbewerb auf wachsenden Absatzmärkten

Unbeschadet vorübergehender Konjunktureinbrüche gehen alle langfristigen Nachfrageprognosen von einem überdurchschnittlichen Wachstum der Papiermärkte aus. Dies gilt insbesondere für den Endverwendermarkt. Für kleine und mittelständische Druckereien und damit auch für die Großhandelslogistik werden die bisherigen

Erfolgsfaktoren *Flexibilität, Schnelligkeit und hohe Qualität* steigende Bedeutung gewinnen. Auf den Endverwendermärkten wird sich der Preiswettbewerb verschärfen.

	Druckereimarkt	**Endverwender-markt**	**Streckengeschäft**
Kunden	- etwa 10000 - kleine u. mittelständische Druckereien	- mehrere 10000 - Endverwender, z.B. Behörden, Schulen, Agenturen, Copy-Shops	z.B. Großdruckereien
Sortiment	- Großsortiment - 5000 Artikel - Großformat/Rollen - Spezialpapiere - durchschn. Wertdichte 3 DM/kg	- Kleinsortiment - 100-200 Artikel - Kleinformat - Standardpapiere - durchschn. Wertdichte 2 DM/kg	heterogen
Lieferzeit	24 h teilweise kürzer	24 h bis 48 h	nach Vereinbarung
Lieferquelle	Großhandelslager	Großhandelslager	Papierhersteller
dominante Wettbewerbsfaktoren	- Sortimentsflexibilität - Mengenflexibilität - Schnelligkeit - Papierqualität - Beratungsqualität	- Preis - Lieferzuverlässigkeit	- Preis - Beratungsqualität
Logistiksystem	- Hochleistung - JIT-Qualität	- mittlere Leistung - kostengünstig	- GH-Logistik i.d.R. nicht berührt (nur Einkäuferfunktion)

Tab. 1: Die Kernsegmente des Absatzmarktes im Papiergroßhandel

(2) Sandwichbedrohungen für den freien Papiergroßhandel in Deutschland

Im Rahmen von Strategien der Vorwärtsintegration könnten große Papierhersteller erhebliche Teile des freien deutschen Papiergroßhandels absorbieren. Umgekehrt besteht auch die Gefahr, daß dem Großhandel durch neue Einkaufsgenossenschaften von mittelständischen Druckereien teilweise die Basis entzogen wird.

(3) Steigender Kostendruck in der Großhandelslogistik

Zentrale Kostenkomponenten der Großhandelslogistik zeigen in den neunziger Jahren überdurchschnittliche Steigerungsraten. Dies gilt insbesondere für die Bestandskosten, die Transportkosten und die Kosten für neuen Lagerraum.

(4) Technologische Herausforderungen

Die Großhandelslogistik wird den steigenden Wettbewerbs- und Kostendruck nur überstehen können, wenn sie sich der modernsten computergestützten Abwicklungs-, Kommunikations-, Steuerungs- und Managementsysteme bedient. Ob den automatisierten Lager- und Kommissioniertechniken in den neunziger Jahren im Papierlager der große Durchbruch gelingt, ist heute noch nicht abzusehen.

(5) Probleme und Herausforderungen des Verkehrssektors

Die Deregulierung im Verkehrssektor, die wirtschaftliche Vereinigung Westeuropas und die Öffnung Osteuropas ziehen gravierende Veränderungen im Transportbereich und teilweise auch im Lagerbereich nach sich. Logistische Dienstleister treten auch im Markt der Papierverteilung mit attraktiven Leistungsangeboten auf. Der Papiergroßhandel wird grundlegend überdenken müssen, ob und gegebenenfalls in welcher Form er diese Angebote nutzen will. Entscheidet er sich weiterhin für eigenständige Logistiksysteme, müssen diese zumindest die Leistungsfähigkeit und Effizienz der alternativen Speditionsangebote aufweisen. Andernfalls droht langfristig die Substitution von Logistikbereichen ohne Beteiligung des Großhandels. Eine besondere Bedrohung für die JIT-Logistik im Druckereimarkt ergibt sich aus der allgemein befürchteten völligen Überlastung des deutschen Straßennetzes.

1.3 Strategische Aktionspotentiale im Logistikbereich

Den Herausforderungen der neunziger Jahre stehen insbesondere folgende Aktionspotentiale im Logistikbereich gegenüber:

(1) Optimierung der Bestands-, Lager- und Liefergebietsstruktur

Ein zentrales Problem ergibt sich zunächst aus der Notwendigkeit von Korrekturen der Bestands-, Lager- und Liefergebietsstrukturen. Ob und gegebenenfalls welche gravierenden oder marginalen Korrekturen durchzuführen sind, kann nur fallweise auf Basis modell- und computergestützter Planungen entschieden werden.

(2) Erschließung von Kostensenkungspotentialen durch Service- und Preisdifferenzierung

Es stellt sich die Frage, ob der einheitliche 24-Stunden-Service für alle Sorten und Kunden und eine von den Logistikkosten völlig unabhängige Preisgestaltung auch noch in Zukunft die zweckmäßigste Lösung darstellt. Die ökonomische Vernunft legt hier differenzierte Strategien nahe.

(3) Entwicklung innovativer logistischer Organisationsmodelle und Partnerschaften

Hier bestehen zahlreiche Möglichkeiten, deren Erfolg fallabhängig beurteilt werden muß, z.B. Profitcentermodelle mit marktnahen Verrechnungspreisen und gegebenenfalls Dienstleistungen für Dritte. Auch logistische Partnerschaften mit Dienstleistern, mit Lieferanten oder mit anderen Handelsbetrieben können durch gemeinsame Nutzung von Transport- und Lagerressourcen und durch Spezialisierung Verbesserungspotentiale eröffnen.

(4) Verbesserung des Bestands- und Sortimentsmanagements

Da nicht nur die hohen Kapital- und Lagerraumkosten, sondern auch die Lager/Lager-Transporte mit dem Ausmaß überflüssiger oder falsch lagernder Bestände und Sorten deutlich ansteigen, können gut konzipierte Warenwirtschaftssysteme erhebliche Kostensenkungspotentiale erschließen.

(5) Einsatz moderner Computer-, Kommunikations- und Lagertechniken in der operativen Logistik

Computergestützte Kommunikations-, Abrechnungs-, Steuerungs- und Managementsysteme bieten im Papiergroßhandel und insbesondere in der Großhandelslogistik zahlreiche Möglichkeiten für Leistungssteigerungen und Kostensenkungen. Diese Möglichkeiten werden bisher in zu geringem Ausmaß genutzt, weil sie teilweise einen hohen Organisationsgrad und manchmal nicht unerhebliche Risikoinvestitionen erfordern. Der verschärfte Wettbewerb der neunziger Jahre und die zunehmenden technischen Möglichkeiten lassen jedoch eine Abstinenz in diesem Bereich nicht mehr zu: Der erfolgreiche Einsatz computergestützter Systeme wird zu einem entscheidenden Wettbewerbsfaktor des Großhandelsmanagements.

(6) Möglichkeiten zur Bewältigung von Verkehrsstauungsproblemen

Da die Logistik des Papiergroßhandels nahezu vollständig auf dem Straßenverkehr beruht und ein Ausweichen auf andere Verkehrsträger kaum möglich erscheint, geht von der befürchteten völligen Überlastung deutscher Straßennetze eine besondere Bedrohung aus. Unmittelbare Bedrohungen ergeben sich zunächst aus der Beeinträchtigung der Lieferzuverlässigkeit und der Kosteneffizienz des JIT-Netzes. Mittelbar werden Logistik-Systeme aber auch durch zu erwartende restriktive oder kostentreibende Maßnahmen des Gesetzgebers betroffen. Strategisch wichtig ist die Einsicht, daß mehr dezentralisierte Logistikstrukturen hier weniger verwundbar sind als mehr zentralisierte. Maßnahmen im operativen Bereich konzentrieren sich auf die räumliche oder zeitliche Umfahrung von Staugebieten. Die erforderlichen technischen und organisatorischen Veränderungen und die resultierenden Kostenwirkungen können allerdings erheblich sein.

1.4 Problemstellung einer Planungsstudie für ein führendes Großhandelsunternehmen

Im folgenden soll über eine strategische Planungsstudie berichtet werden, die Ende der achtziger Jahre für ein führendes Unternehmen im Papiergroßhandel durchgeführt wurde.
Hierzu folgende Vorbemerkungen:

(1) Geographisch beschränkt sich diese Studie auf das Gebiet der alten Bundesrepublik. Gestaltung und Integration der Großhandelslogistik für die neuen Bundesländer wurden in einer Folgestudie entwickelt.

(2) Wegen der gebotenen Kürze des vorliegenden Beitrages und aus Gründen der Vertraulichkeit muß die folgende Darstellung relativ summarisch bleiben. Besonderer Wert wird auf die Herausarbeitung wesentlicher Charakteristiken der Planungsproblematik und der Planungsmethodik gelegt.

Die *Ausgangssituation* stellt sich wie folgt dar:

Das Distributionssystem des Unternehmens verfügt über eine historisch gewachsene Lager- und Transportstruktur. Die Leistungs- und Kosteneffizienz dieser Struktur ist nicht hinreichend bekannt. In den nächsten Jahren sind erhebliche Absatzsteigerungen geplant. Einige Läger arbeiten bereits heute an der Kapazitätsgrenze, andere Läger sind aus technischen oder vertraglichen Gründen nur noch begrenzte Zeit nutzbar. Um die Absatzsteigerungen zu bewältigen, werden erhebliche Kapazitätserweiterungen im gesamten logistischen System erforderlich.

Eine weitere Eigenschaft des bisherigen Systems ist die gemeinsame Distributionslogistik für die Bedienung des Druckereimarktes D und des Endverwendermarktes E. Angesichts der unterschiedlichen Leistungs- und Kostencharaktistiken der D-Logistik und der E-Logistik (vgl. Tab. 1) erhebt sich die Frage, ob mittel- bis langfristig eine Ausgliederung der E-Logistik angestrebt werden sollte.

Schließlich zeigen sich im Logistiksystem langfristige Trends, die offensichtlich kosten-treibend wirken, z.B. ein stetiger Anstieg der Lager/Lager-Lieferungen (Interfiliallieferungen), eine ständige Zunahme der Artikelzahl und ein Anwachsen sogenannter Nachmittagslieferungen (vormittags bestellt, nachmittags geliefert).

In Anbetracht der Herausforderungen der neunziger Jahre (vgl. Abschn. 1.2) hält es die Unternehmensleitung für erforderlich, die anstehenden strategischen Entscheidungen durch eine quantitative Planungsstudie zu unterstützen. Folgende *Problemstellung* wurde entwickelt:

(1) Erarbeitung von Basis- und Diagnoseinformationen für die strategische Logistikplanung, insbesondere Erarbeitung von:
- *räumlich differenzierten Absatzprognosen*
- *logistischen Kostenstrukturen*
- *Informationen über die zu erwartenden logistischen Kapazitätsbedarfe, insbesondere die Lagerraumbedarfe*

(2) Überprüfung der Standort-, Zentralisierungs- und Liefergebietsstruktur des Lager- und Distributionssystems auf Kostenoptimalität

(3) *Entwicklung und Bewertung von Strategien zur bedarfsgerechten und kostengünstigen Erweiterung der logistischen Kapazitäten, insbesondere der Lagerkapazitäten*

(4) *Abschätzung der Kapazitäts- und Kostenwirkungen einer Ausgliederung der Endverwender-Logistik*

(5) *Abschätzung der Kostensenkungspotentiale ausgewählter taktischer Verbesserungsmaßnahmen*

2. Strategische Basisannahmen, Kriterien und Alternativen

2.1 Basisannahmen

Die Planungsstudie stützt sich u.a. auf die folgenden Basisannahmen, die auf einem Konsens aller Planungsbeteiligten des Unternehmens beruhen:

(1) *Markt*

- *Wachstumsmarkt*

  Alle Marketing-Fachleute der Firma stimmen darin überein, daß die Märkte, in denen die Unternehmung tätig ist, zumindest bis zum Jahre 2000 Wachstumsmärkte bleiben. Vorübergehende konjunkturelle Einbrüche werden hierbei nicht ausgeschlossen.

  Die Grundannahme *Wachstumsmarkt* hat erhebliche planerische Konsequenzen: Sie schützt uns, wenn sie der Wahrheit entspricht, vor grundsätzlichen Risiken, die ansonsten mit Kapazitätserweiterungen verbunden wären. Hat man die Kapazitäten zu groß geplant, so werden die Leerkapazitäten in wenigen Jahren zuwachsen, so daß der Planungsfehler mit der Zeit "verheilt". Erkennt man, daß das Wachstum langsamer als ursprünglich prognostiziert vonstatten geht, so wird man die schrittweisen Erweiterungspläne strecken, bei schnellerem Wachstum beschleunigen. Man sagt auch: in einem Wachstumsmarkt kann man bezüglich der Gesamtkapazitäten nur "timing errors" begehen. Die Risiken sind gegenüber einem strategisch unsicheren Markt wesentlich gemindert (vgl. Hanssmann 1990, S. 261).

- *Grundlegend unverändertes Bestellverhalten der Kunden*
  Es wird davon ausgegangen, daß sich das Bestellverhalten der Kunden nicht grundsätzlich ändert. So wird etwa ausgeschlossen, daß in Zukunft die Kunden nur noch halb so große Bestellmengen, dafür aber doppelt so häufig bestellen. Ebenso wird z.B. ausgeschlossen, daß in Zukunft die Kunden extrem hohe Anteile ihrer Tonnage als Nachmittagslieferungen bestellen.

(2) *Logistische Servicequalität*
- *Im Druckereimarkt 24 Stunden-Service*
  Generell wird, wie in der Branche üblich, von einem 24-Stunden-Service ausgegangen. In ausgewählten Großstädten sind zusätzliche Nachmittagslieferungen erforderlich, in ausgewählten anderen Regionen erwünscht.

- *Im Endverbrauchermarkt 48-Stunden-Service*
  Marketing-Fachleute waren übereinstimmend der Meinung, daß bei Kleinformaten generell der 48-Stunden-Service genüge. Folgt man dieser Auffassung, so stellt der derzeitige 24-Stunden-Service eine Mehrleistung dar, die vom Markt nicht honoriert wird.

- *Angebot des vollständigen Papiersortiments im gesamten Bundesgebiet*

(3) *Transport*
- *Frachtfreie Anlieferung zu jedem Lager*
  Es wird angenommen, daß die Lieferanten wie bisher frachtfrei an jedes Lager liefern. Die frachtfreie Anlieferung gilt nicht für einen Umschlagspunkt, der tagesgenau und kundenauftragsbezogen vom nächsten Lager zu bedienen ist.

- *Mindestzahl an Lägern oder Umschlagspunkten zur Einhaltung des 24-Stunden-Services*
  Um bei der Bedienung des Druckereimarktes den 24-Stunden-Service zu halten, darf die Zahl der Auslieferungspunkte, d.h. die Zahl der Standorte, die die Firma betreibt (Umschlagspunkte oder Läger), nicht (zumindest nicht wesentlich) unter die derzeitige Anzahl sinken. Ansonsten kann aus technischen Gründen der 24-Stunden-Service nicht allgemein erreicht werden.

(4) *Lager*
- *Keine automatischen Lagertechniken*
  Die Firmenleitung und die Logistikleitung gehen von der grundsätzlichen Annahme aus, daß Investitionen in automatische Lagertechniken, z.B. Investitionen in automatische Hochregallager oder in Kommissionierautomaten,

nach derzeitigem Kenntnisstand dem Unternehmen keine Vorteile bringen. Die folgenden Untersuchungen übernehmen diese Planungsvorgabe und unterstellen generell die bisherigen, nicht automatischen Lagertechniken.

- *Eventuelle Ausnahme: das derzeitige Zentrallager*
  Im derzeitigen Zentrallager wird mittelfristig eine automatische Hochregalanlage in Erwägung gezogen. Um die grundsätzlichen Möglichkeiten und Wirkungen abzustecken, wurden in der Planungsstudie auch einige Logistiksysteme gerechnet, die im Zentrallager eine automatische Hochregalanlage unterstellen. Die Investitionsbeträge, Kostenschätzungen und Personalersparnisse in diesen Rechnungen sind aber spekulativ. Eine Folgestudie zur Klärung der Automatisierungsfrage wurde inzwischen durchgeführt.

2.2 Strategische Kriterien zur Beurteilung von Systemalternativen

Struktur- und Ausbaualternativen für die Unternehmenslogistik müssen sorgfältig beurteilt werden, ehe man Entscheidungen trifft. Die wichtigsten Beurteilungskriterien sind:

(1) Erbringung der geforderten Systemleistung im Planungsjahr

Es erscheint selbstverständlich, daß jene Systemalternativen von der weiteren Betrachtung auszuschließen sind, die die prognostizierten Systemanforderungen nicht erfüllen. Weniger trivial ist allerdings der Nachweis einer Zulässigkeit oder Nichtzulässigkeit. I.d.R. sind umfangreiche Abschätzungen und Berechnungen erforderlich, um zu erkennen, daß bestimmte, zunächst plausibel erscheinende Systeme gewisse Leistungsanforderungen nicht erfüllen. Meist werden die Raumkapazitäten an bestimmten Lagerstandorten überschritten, oder der Umfang des operativen Personals wird zu hoch, oder der 24-Stunden-Service kann nicht eingehalten werden. Art und Umfang der Defizite bringen unmittelbare Hinweise für Verbesserungen.

(2) Logistische Kosten im Planungsjahr

Höhe und Struktur der Logistikkosten sind zentrale Kriterien für eine Beurteilung von Systemalternativen. Betrachtet werden folgende Kostenarten:

- *Primärtransportkosten*
  für Lager/Lager-Lieferungen oder für die Bedienung von Umschlagspunkten

- *Sekundärtransportkosten*
  für Auslieferungstransporte von den Lägern und Umschlagspunkten zu den Kunden

- *Komplettierkosten*
  für den zusätzlichen Handling-Aufwand, der bei Lager/Lager-Lieferungen im empfangenden Lager entsteht

- *Variable Lagerhauskosten*
  für die Bewältigung des Lagerdurchsatzes. Die variablen Lagerhauskosten entstehen durch Tätigkeiten im Wareneingang, in der Kommissionierung und im Warenausgang.

- *Fixe Lagerhauskosten*
  für die echte oder fiktive Warmmiete der Lagerräume. Mit einer fiktiven Warmmiete muß dort gerechnet werden, wo sich Lagerhäuser im Eigentum des Unternehmens befinden. Lagerraumkapazitäten werden vereinfacht in Palettenstellplätzen PSP gemessen.

- *Bestandskosten*
  für die Zinsen des in den Beständen gebundenen Kapitals

(3) Investitionsausgaben

Für die Unternehmensleitung, insbesondere für die Planungen der Finanzabteilung, sind auch die Investitionsausgaben von großem Interesse, die unterschiedliche Expansionsstrategien für Aus- und Neubauten bis zum Planungsjahr erfordern.

(4) Marktpräsenz

Mögliche Indikatoren für die Marktpräsenz sind:

- Der Umfang potentieller Nachmittagsaufträge, die ein Teilsortimenter bedienen kann

- Der Prozentsatz der Aufträge oder Positionen, die ein Teilsortimenter selbst bewältigen kann. Im Regulärfall, z.B. bei normalen Straßenverhältnissen, hat dieser Prozentsatz allerdings nur geringe Bedeutung, weil ein Kunde nicht merkt, ob eine Lagerposition vom naheliegenden Teilsortimenter oder von einem anderen Lager zugeliefert wurde.

- Umfang der Randsortimente (Exoten), bei denen der 24-Stunden-Service nicht eingehalten werden kann

(5) *Operative Einfachheit, Zuverlässigkeit und Flexibilität*

Negativindikatoren, die die Einfachheit, Zuverlässigkeit und Flexibilität der laufenden Logistikoperationen beeinträchtigen können, sind z.B.:

- Inanspruchnahme von Ausweichlagern

- Umfang der täglichen Spitzenbelastung des Lagerpersonals durch Interfilialliefe-rungen

- Umfang der Relationen mit Mehrfachumschlag (z.B. Relationen von einem Vollsortimenter über einen Teilsortimenter und über einen Umschlagspunkt zu den Kunden)

- Starke Abhängigkeit von Interfiliallieferungen über weite Strecken (Problem: Schlechtwetterbedingungen; Autobahnüberlastung)

- Erhebliche Probleme bei der Bewältigung von Tages- und Saisonschwankungen (z.B. bei selbst betriebenen Umschlagspunkten)

(6) *Strategische Verwundbarkeit und strategische Flexibilität*

Wir fragen uns: Wie sind Systemalternativen zu beurteilen, wenn gewisse strategische Risiken oder Chancen, denen eine kleine, aber nicht vernachlässigbare Wahrscheinlichkeit zugemessen wird, tatsächlich eintreten sollten. Beispiele hierfür sind:

- *Die frachtfreie Anlieferung durch die Lieferanten entfällt.* Hier hätten vermutlich höher zentralisierte Systeme einen gewissen Vorteil, weil deren Lagernachschub stärker gebündelt werden könnte.

- *Gewisse Autobahnstrecken sind zeitweise gesperrt.* In diesem Fall wären stärker dezentralisierte Systeme im Vorteil.

- *Die Transport- oder die Zinskosten steigen oder fallen erheblich.* Stark zentralisierte Systeme sind eher transportkostenempfindlich, stark dezentralisierte Systeme sind mehr zinskostenempfindlich.

- *Partnerspeditionen gehen in Konkurs oder werden aufgekauft.* Größere Sicherheit besteht hier bei eigenen Logistiksystemen.

- *Mietraum in Ballungsgebieten wird extrem knapp und teuer; Mieträume werden gekündigt.* Läger im Eigenbesitz oder langfristig geleaste Läger bieten hier größere Sicherheit.

- *Nachmittagslieferungen werden entscheidend wichtig für die Gewinnung von Marktanteilen.* Stärker dezentralisierte Systeme sind hier von erheblichem Vorteil.

2.3 Strategische Systemalternativen

Bereits in der Problemstellung wurden die zu untersuchenden Systemalternativen grob umrissen. Sie umfassen insbesondere:

(1) *alternative Distributionskonfigurationen* (Lager- und Umschlagspunktezahlen, Standorte, Liefergebietsabgrenzungen)

(2) *unterschiedliche Zentralisierungs/Dezentralisierungsgrade* der Lageraktivitäten bei gegebenem Standortsystem:

  - Sortimentierung: An welchen Standorten sollen vollsortimentierte Lager (Vollsortimenter), an welchen Teilsortimenter (mit welchen Sortimentierungsgraden) und an welchen Umschlagspunkte (ohne Lagerbestände) betrieben werden?

  - Lager/Lager-Lieferungen: Wie ist das zugehörige Netz der Interfiliallieferungen zu strukturieren, das die Sortiments- und Fehlmengenergänzungen an allen Standorten sicherstellt?

  - Feinoptimierung der Liefergebiete (und eventuell der Standorte): Sie kann nur bei jeweils bekannter Sortimentierungs- und Interfilialstruktur erfolgen.

(3) *alternative Expansionsstrategien* für die logistischen Kapazitäten, insbesondere für die Lagerkapazitäten mit ihren hohen Investitionsaufwendungen und Planungsvorlaufzeiten

(4) *Alternativen der Teil- oder Vollausgliederung der Endverwender-Logistik* verbunden mit unterschiedlichen Strategien des Speditionseinsatzes

3. Methodik, Modellentwicklung, Datenerhebung und Datenanalyse

3.1 Grundlegende Vorgehensweise

Es leuchtet ein, daß die Fülle an quantitativen Antworten, die unser Planungsproblem erfordert, ohne umfangreiche Modell- und Computerunterstützung nicht zu bewältigen ist. Ferner wird deutlich, daß die beschriebenen Planungsprobleme insgesamt ein äußerst komplexes Strukturgeflecht bilden. Eine erfolgreiche Modellunterstützung setzt deshalb wirksame Methoden zur Komplexitätsreduktion und zur Komplexitätsbewältigung voraus. Im vorliegenden Fall erweisen sich folgende Prinzipien als zweckmäßig:

(1) Entwicklung und Einsatz einer *komparativ statischen Modellstruktur* anstelle einer wesentlich komplexeren dynamischen Modellierung (vgl. Hanssmann 1990, S. 324f)

Konkret werden im vorliegenden Fall alternative Zielzustände des Logistiksystems in einem zukünftigen Planungsjahr modelliert und bewertet. Um dem langfristigen Charakter der betroffenen Investitionen und Strategien Rechnung zu tragen, wird ein *Planungsjahr Ende der neunziger Jahre* gewählt. Besonders interessante Systemalternativen sind darüber hinaus für einen Zwischenschritt Mitte der neunziger Jahre zu untersuchen.

(2) Sicherstellung einer hinreichenden *Einsatzflexibilität der Modellstruktur* zur Unterstützung von *planerischen Lernprozessen* (vgl. Diruf 1984, S. 125 ff)

(3) *Anwendung theoretischer Vorkenntnisse* hinsichtlich der Abhängigkeit und Stabilität optimaler Standortstrukturen als Basis für eine vereinfachte sukzessive Vorgehensweise anstelle einer komplexen Simultanoptimierung aller Entscheidungsvariablen

Insgesamt führen diese Prinzipien zu folgenden *Planungsschritten*:

(1) Prognose der logistischen Bedarfsdaten für die gewählten Planungsjahre

(2) Entwicklung und Kalibrierung einer strategisch-logistischen Modellstruktur für die Prognose der relevanten physischen Größen, Kosten und Investitionsausgaben in Abhängigkeit von den unterstellten Systemalternativen

(3) Groboptimierung der Lager- und Umschlagspunktezahl, der Standorte und der Liefergebiete im Planungsjahr

(4) Lernorientierte Untersuchung zahlreicher Systemalternativen mit unterschiedlicher Belegung (Umschlagspunkte, Teilsortimenter, Vollsortimenter) der in (3) ermittelten Optimalstandorte; Feinoptimierung der Liefergebiete und (falls erforderlich) der Standorte

(5) Quantitative Untersuchung alternativer Strategien der Kapazitätsexpansion und der Teil- und Vollausgliederung der Endverwender-Logistik

(6) Abschätzung der Kostensenkungspotentiale ausgewählter taktischer Verbesserungsmaßnahmen mit Hilfe von Empfindlichkeitsanalysen

(7) Einbringung der Ergebnisse in den strategischen Entscheidungsprozeß

3.2 Prognose der logistischen Bedarfsdaten

Markt und Unternehmenspolitik fordern im Planungsjahr *logistische Leistungsquantitäten und Servicequalitäten,* die es zunächst zu prognostizieren und zu planen gilt. Als wichtigstes Servicequalitätsmaß im strategischen Kontext wurden bereits die Lieferzeiten identifiziert (48-Stunden-Service, 24-Stunden-Service, Nachmittagslieferungen). Die erforderlichen logistischen Leistungsquantitäten werden vom Umfang und von der Struktur zukünftiger Kundenbestellungen bestimmt. Offensichtlich ist es nicht möglich, Hunderttausende von Kundenbestellungen zehn Jahre im voraus zu prognostizieren, andererseits sind die im Marketing üblichen Umsatzschätzungen für logistische Kostenberechnungen zu grob und zu ungenau. Wir entscheiden uns für einen mittleren Aggregationsgrad und ersetzen das fehlende operative Detail durch ein geeignetes statistisches Modell (vgl. Diruf 1984, S. 121). Trotz unserer Aggregierungsanstrengungen sind umfangreiche Datenbestände zu ermitteln.

Für jedes der 500 dreistelligen Postleitzahlengebiete der alten Bundesrepublik und für beide Planungsjahre müssen folgende Daten prognostiziert und geplant werden:

(1) die jährlichen Absatztonnagen im Druckerei- und im Endverwendermarkt

(2) die Sendungszahlen in jeder Sparte

(3) die Bestellpositionen

(4) die Varianzen von Lognormalverteilungen für die Modellierung von Sendungsgrößenstrukturen

zu (1): Die *Absatzprognosen für die Planungsjahre* beruhen zum einen auf umfangreichen Erhebungen und Strukturanalysen der Ist-Absatzzahlen. Zum anderen wurden zusammen mit der Marketingabteilung genaue Marktpotentialanalysen auf der Basis umfassender Kundenerhebungen durchgeführt. Schließlich wurden diese Nachfrageanalysen unter Beteiligung der Unternehmensleitung durch differenzierte Planwerte für künftige Marktanteile ergänzt.

zu (2), (3) und (4): Es leuchtet ein, daß die logistischen Kosten eines Warenstromes mit einer bestimmten Jahrestonnage erheblich von der "Stückelung" dieser Tonnage abhängen: Viele Kleinsendungen und Bestellpositionen verursachen wesentlich höhere Transport-, Kommissionier- und Handlingkosten als wenige Großsendungen und Ganzpaletten-Bestellungen. Empirische Analysen haben gezeigt, daß sich *Verteilungen von Sendungsgewichten meist in guter Näherung durch logarithmische Normalverteilungen* beschreiben lassen. Das Verfahren wurde bereits an anderer Stelle dargestellt (vgl. Diruf 1985, S. 13 ff). Auch in der vorliegenden Planungsstudie wurde die Hypothese logarithmisch normalverteilter Sendungsgrößenstrukturen in guter Näherung bestätigt. Mit Hilfe von Regressionsanalysen konnte ein Zusammenhang zwischen dem mittleren Sendungsgewicht in einem Postleitzahlengebiet und der Sendungsvarianz hergestellt werden. Differenziert nach ländlichen, städtischen und Ballungsgebieten lieferte dieser Zusammenhang die Basis für Abschätzungen der Sendungsstrukturparameter in allen PLZ-Gebieten.

3.3 Modellstruktur

3.3.1 Schematischer Überblick

Die wichtigsten Komponenten unseres strategischen Entscheidungsmodells sind stark schematisiert in Abb. 1 aufgezeigt. Verfolgen wir das Schema von Abb. 1 vom Kunden ausgehend flußaufwärts, so erkennen wir folgende Grobkomponenten:

(1) Auslieferungen an die Kunden

Kundenauslieferungen werden unmittelbar von den in 3-stelliger PLZ-Genauigkeit prognostizierten Kundenbestellungen verursacht (vgl. Abschn. 3.2). Von den Kundenauslieferungen hängen direkt die Auslieferungstransportkosten (Sekundärtransportkosten) ab.

(2) Interfiliallieferungen und Bedienung der Umschlagspunkte

Lager/Lager-Lieferungen und Transporte zu den Umschlagspunkten sind Bestimmungsgrößen der Primärtransportkosten, der Komplettierkosten und der Umschlagskosten.

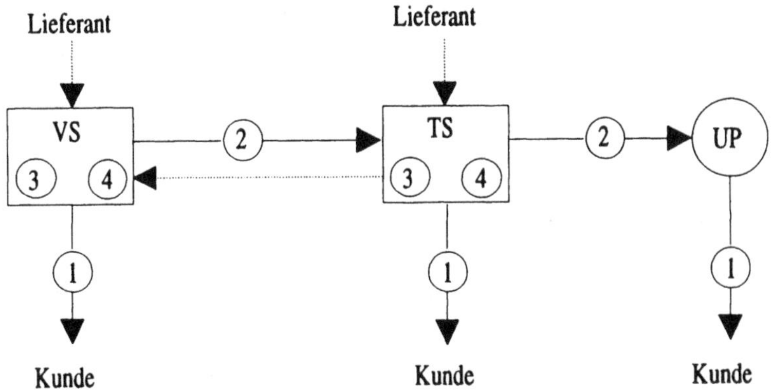

VS = Vollsortimenter, TS = Teilsortimenter, UP = Umschlagspunkt

Abb. 1: Grobkomponenten der Modellstruktur in schematischer Darstellung

(3) Lagerhausdurchsatz (Tonnen, Bestellpositionen)

Der Lagerhausdurchsatz verursacht die variablen Lagerhauskosten, insbesondere die Kosten des operativen Lagerpersonals.

(4) Haltung von Beständen und Sortimenten

Bestände (Tonnen) und Sortimente (Artikelzahlen) sind Determinanten von Bestandskosten (Zinskosten) und von Lagerraumbedarfen (Palettenstellplätze), die sich ihrerseits in Investitionsausgaben für neue Lagerkapazitäten und in Raumkosten niederschlagen.

3.3.2 Sekundärtransport

Entfernungen zu den PLZ-Gebieten, Tonnagen, Sendungszahlen und Sendungsgrößenverteilungen sind die Inputdaten eines Plankostenrechnungssystems, das in Anlehnung an die Struktur des GFT einen entfernungs- und sendungsgrößenabhängigen Kostenteil sowie einen nur mengenabhängigen Kostenteil (Rollgeld) enthält (vgl. Diruf 1985, S. 9 ff). Die Parameter des Plankostenrechnungssystems wurden derartig geeicht, daß unter derzeitigen Strukturverhältnissen die Ist-Kosten des derzeitigen Werkverkehrs reproduziert werden. Wie bei den übrigen Kostenschätzungen wird auch hier inflationsbereinigt mit Preisen des Basisjahres gerechnet. Rechenexperimente zeigen eine gute Übereinstimmung mit den tatsächlichen Kosten des Auslieferungsverkehrs.

Nach Eingabe der Kenngrößen einer strategischen Alternative, insbesondere aller Lagerstandorte und aller Umschlagspunkte sowie der Zulieferanteile sämtlicher Läger, werden zunächst die kostenoptimale Liefergebietseinteilung gesucht und sodann die Sekundärtransportkosten berechnet. Auch heuristische Optimierungsprozeduren für die iterative Suche nach optimalen Standortsystemen stehen zur Verfügung (vgl. Dandl 1984).

3.3.3 Primärtransport, Komplettierung und Umschlag

Wegen erheblich höherer Sendungsgewichte sind die spezifischen Kosten von Primärtransporten wesentlich niedriger als die spezifischen Sekundärtransportkosten. Zu den Primärtransporten rechnen wir Interfiliallieferungen und Transporte zur Bedienung von Umschlagspunkten. Interfiliallieferungen wiederum setzen sich additiv aus Sortiments- und aus Fehlmengenlieferungen zusammen.

(1) Sortimentszulieferungen (Tonnen, Positionen)

Sortimentszulieferungen dienen dazu, das Sortiment eines Teilsortimenters tagesgenau und kundenauftragsbezogen zum Vollsortiment zu ergänzen. Der Umfang an Sortimentszulieferungen für einen Teilsortimenter ist abhängig vom Bedarf seines lokalen Liefergebietes und von seinem Sortimentierungsgrad. Stark vereinfacht nehmen wir für jeden Teilsortimenter an, es würden immer die absatzschwächsten Sorten zugeliefert. I.d.R. ist es zweckmäßig, einen Teilsortimenter bei seinen Sortimentszulieferungen fest an einen Vollsortimenter oder gegebenenfalls an einen nahegelegenen höhersortimentierten Teilsortimenter und zusätzlich an einen Vollsortimenter anzubinden. Sortimentierungsgrade, Sortimentszulieferungsprozentsätze und Lageranbindungen stellen wichtige strategische Gestaltungsvariable dar.

(2) Fehlmengenlieferungen (Tonnen, Positionen)

Fehlmengenlieferungen im Interfilialverkehr treten immer dann auf, wenn ein regulärer Lagerartikel vom Kunden verlangt wird, und wenn dieser Artikel nicht oder nicht in ausreichender Menge am eigenen Lager vorrätig ist. In diesem Fehlmengenfall greift der Verkäufer auf den Vorrat eines anderen Lagers zu, und läßt sich die vom Kunden gewünschte Menge im Nachtsprung über das Interfilialnetz zuliefern. Das Ausmaß der Fehlmengenlieferungen hängt theoretisch ab von der Qualität der Nachschubdisposition sowie von den lokal vorgehaltenen Sicherheitsbeständen. Beim System der Fehlmengenzulieferungen werden die

Vorräte aller übrigen Läger als zusätzliche Sicherheitsbestände des eigenen Lagers betrachtet. Dies ist in gewissem Umfang auch zweckmäßig, die ökonomische Grenze ist jedoch dort zu sehen, wo die zusätzlichen Transport- und Komplettierkosten höher werden als die Kosten höherer eigener Sicherheitsbestände.

(3) *Transportnetz und Plankostenrechnungssystem für den Interfilial- und Umschlagspunkteverkehr*

Auch in Zukunft ist davon auszugehen, daß die Logistikleitung des Unternehmens das Transportnetz im Interfilialverkehr in Abhängigkeit vom Umfang und von der Struktur der Transportbedarfe optimiert. Die Optimierung bezieht sich zunächst auf die Struktur des Netzes, weiterhin auf die zeitliche Abstimmung und kostengünstige Realisierung der einzelnen Relationen im Netz. In einem strategischen Kostenmodell ist es nicht möglich, aber auch nicht nötig, die heutigen und zukünftigen taktischen Optimierungsschritte im einzelnen nachzuvollziehen. Es genügt, ein Plankostenrechnungssystem zu installieren, das im Ergebnis etwa gleich niedrige Transportkosten berechnet, wie sie in der Realität durch ausgeklügelte Schritte der Feinoptimierung erreicht werden. Ein derartiges Plankostenrechnungssystem muß freilich die Bündelung unterschiedlicher Transportbedarfe auf bestimmten Linien berücksichtigen. Zusammen mit der Logistikleitung wurde ein solches Plankostenrechnungssystem entwickelt und am derzeitigen Zustand erprobt. Im Ergebnis zeigte sich eine für strategische Zwecke völlig ausreichende Übereinstimmung mit der Realität.

(4) *Komplettierkosten*

Komplettierkosten sollen, wie bereits beschrieben, den Handling-Mehraufwand erfassen, der bei Interfiliallieferungen in den empfangenden Längern entsteht. Wegen ihrer geringen, aber gleichwohl nicht vernachlässigbaren Größenordnung genügt es, die Komplettierkosten durch einen einfachen Tonnensatz zu erfassen.

(5) *Umschlagskosten*

Umschlagspunkte haben den Zweck ohne eigene Lagerhaltung die Kostendifferenz zwischen den Primär- und Sekundärtransporten zu nutzen: Das Mutterlager liefert im Nachtsprung die benötigten Tagesmengen gebündelt und kundenauftragsbezogen zum Umschlagspunkt, wo sie auf Auslieferungsfahrzeuge umgeschlagen werden. Die durchschnittlichen Transportmengen, die man benötigt, um einen Umschlagspunkt zu bedienen, entsprechen den Bedarfsmengen jener PLZ-Gebiete, die von einem Umschlagspunkt beliefert werden. Umschlagspunkte sollten nach Meinung der Logistikleitung generell von logistischen Dienstleistern betrieben werden. Umschlagspunkte verursachen dann keine fixen Kosten, sondern nur ein variables Umschlagsgeld, das vereinfacht mit einem realistischen Tonnensatz modelliert werden kann.

3.3.4 Variable Lagerhauskosten

Variable Lagerhauskosten K entstehen durch Tätigkeiten im Wareneingang, in der Kommissionierung und im Warenausgang. Da wir fast ausschließlich konventionelle Lagertechniken unterstellen, sind die variablen Lagerhauskosten weitgehend identisch mit den Kosten für das operative Lagerhauspersonal. Wichtigste Bestimmungsgröße für die variablen Kosten eines Lagerhauses ist der Lagerhausdurchsatz:

Lagerhausdurchsatz = lokaler Absatz eines Lagers + Absatz der bedienten Umschlagspunkte + Interfilialabgaben - Interfilialbezüge

Der Lagerhausdurchsatz kann einerseits in Jahrestonnen x, andererseits in Bestellpositionen y pro Jahr gemessen werden. Mit Hilfe der vorhandenen Kostendaten für Läger mit stark differierendem Durchsatz wurde ein einfaches lineares Kostenmodell der folgenden Form geeicht und für die strategischen Planungen adoptiert:

$$K = ax + by$$

Besser wäre es hier sicherlich, als weitere Erklärungsvariable die Zugriffsstruktur im Kommissionierbereich zu berücksichtigen (Ganzpalettenzugriffe, Rieszugriffe, Einzelblattzugriffe). Eine derartige Verfeinerung war aber mangels Daten nicht möglich.

3.3.5 Bestände und Sortimente

(1) ABC-Analysen

Die empirische Grundlage für die erforderlichen Bestands- und Sortimentsmodelle bilden umfangreiche ABC-Analysen, die (getrennt für den Druckereimarkt und für den Endverwendermarkt) im Basisjahr durchgeführt wurden. Einbezogen in diese Analysen wurden zunächst nur die *regulären Preislistenartikel*, also nicht die sogenannten Kundeneinlagerungen und Sondersorten. Artikelgenau erfaßt wurden u.a. die Absatzzahlen, die Bestellpositionen, die durchschnittlichen Lagerbestände, die Fehlmengenabrufe und die Sortimentsergänzungen. Wichtigstes Ordnungskriterium war zunächst der Artikelabsatz. Später wurden die Artikel alternativ auch nach fallenden Zugriffen (Bestellhäufigkeiten) geordnet.

Diese Analysen erbrachten u.a. grundlegende Erkenntnisse über das tatsächliche Verkaufssortiment jedes Lagers und über den jeweiligen Grad an Eigensortimentierung und Eigenversorgung. So zeigte sich z.B., daß im Druckereisegment die Eigenversorgung bei den Absatztonnen von über 90 % bei den Großlägern auf unter 60 % bei einem Kleinlager abfällt. Im Endverwendersegment werden dagegen bereits mit sehr kleinen Sortimenten sehr hohe Eigenversorgungsanteile erreicht.

Die für die Modellierung wichtigsten Ergebnisse lieferten jedoch zahlreiche vergleichende Konzentrationsanalysen. Sie führten zunächst zur Adoption eines Modellsortiments.

(2) Das Verkaufssortiment des Großlagers GL als Modellsortiment im Planungsjahr

Für strategische Planungsrechnungen müssen die Sortimentsstrukturen bis zu einem gewissen Grad vereinfacht und typisiert werden. Diese Vorgehensweise entspricht zugleich einem strategischen Marketingziel der Unternehmung: Langfristig wird eine möglichst gleichmäßige Durchdringung des gesamten bundesrepublikanischen Marktes auch an bisherigen Kleinlagerstandorten angestrebt. Idealerweise sollte das gesamte Preislistensortiment des Unternehmens in der gesamten Bundesrepublik verkauft werden. Andererseits wird man auch in Zukunft das Sortiment des Unternehmens nicht beliebig auswuchern lassen, sondern dauerhafte Anstrengungen zur Sortimentsbereinigung unternehmen. Meis (1989) hat für diese anspruchsvolle taktische Managementaufgabe praktikable Methoden vorgelegt. Gesucht ist im Rahmen der vorliegenden strategischen Planung sowohl für den Druckereimarkt wie auch für den Endverwendermarkt ein Modellsortiment, das einen Kompromiß aus den Forderungen nach Vollsortimentierung und nach Sortimentsbereinigung darstellt. Die Verkaufssortimente des Großlagers GL, das auch ansonsten im logistischen Bereich typische Eigenschaften aufweist, stellen nach Meinung aller Planungsbeteiligten einen derartigen Kompromiß dar. Anhand der Verhältnisse im Verkaufsgebiet und Lager GL wurde deshalb ein idealisiertes Modell entwickelt und geeicht, das u.a. (getrennt für das D-Segment und das E-Segment) folgende Strukturelemente enthält:

- ein genormtes Verkaufssortiment an Preislistenartikeln (für den D-Markt etwa 5000 Artikel, für den E-Markt etwa 300 Artikel)
- eine Absatzkonzentrationskurve
- eine Positionskonzentrationskurve
- eine Bestandskonzentrationskurve
- bestimmte Fehlmengenprozentsätze

Um Mißverständnissen vorzubeugen sei folgendes angemerkt: Mit der Adoption von Modellsortimenten für unsere strategischen Planungen wird keineswegs unterstellt, das Unternehmen würde in zehn Jahren konkret dieselben Artikel verkaufen. Vielmehr wird angenommen, die im Planungsjahr verkauften Sortimente hätten dieselben logistischen Struktureigenschaften wie die adoptierten Modellsortimente. Im übrigen wurden die Modelle so flexibel ausgelegt, daß sämtliche Strukturparameter z.T. lagerindividuell verändert werden können. Dies war auch deshalb erforderlich, um zusätzliche Empfindlichkeitsanalysen, z.B. hinsichtlich der Sortimentsumfänge oder Fehlmengenprozentsätze, durchführen zu können.

(3) Kundeneinlagerungen und Sondersorten

Kundeneinlagerungen sind Bestände, die speziell für einen lokalen Kunden eingelagert und reserviert werden. Der Kunde ruft diese Bestände i.d.R. nach einem ungefähr vereinbarten Zeitplan vom Lager ab. Sondersorten (i.d.R. Sonderformate) sind Artikel, die nicht in der offiziellen Preisliste des Unternehmens stehen. Sie werden in dezentraler Verantwortung von jedem Lager für einen oder mehrere lokale Interessenten beschafft.

Kundeneinlagerungen und Sondersorten weisen zahlreiche logistische Besonderheiten auf, so werden sie z.B. nicht über das Interfilialnetz zugeliefert. Wegen ihrer relativ geringen, aber gleichwohl nicht vernachlässigbaren Kapazitätsbedarfe und Kosten wurde eine spezielle und vereinfachte Modellierung gewählt.

(4) Bestandsberechnungen

Der Vorteil einer Teilsortimentierung besteht darin, daß z.B. mit einem Sortiment von 20 % der absatzstärksten Artikel (Schnelläufer) 70 % bis 80 % des Absatzes abgedeckt werden kann. Andererseits müssen Zusatzkosten für die tagesgenaue und kundenbezogene Zulieferung von 20 % bis 30 % der Absatztonnen in Kauf genommen werden, die ansonsten frachtfrei von den Papierherstellern zum Lager gebracht worden wären. Ökonomisch sinnvoll kann also eine Teilsortimentierung nur dann sein, wenn die Kosteneinsparungen im Teilsortimenter höher sind als die Mehrkosten im liefernden Lager zusammen mit den zusätzlichen Transport- und Komplettierkosten.

Zweckmäßigerweise betrachtet man dieses Problem unter dem Aspekt der Bestandszentralisierung: Wird ein bestimmter Artikel, der bisher an zahlreichen Lagerorten geführt wurde, in seiner Bestandshaltung auf wenige oder sogar nur auf einen Lagerort konzentriert, so entstehen *Zentralisierungsersparnisse*. Diese Zentralisierungsersparnisse sind zum einen darauf zurückzuführen, daß für jede, auch noch so kleine Artikelposition im Lager bestimmte Fixkosten in Kauf genommen werden müssen. So ist z.B. beim Raumbedarf für jeden auch noch so langsam laufenden Artikel in der Regel mindestens ein Palettenstellplatz zu rechnen. Zentralisierungsersparnisse beruhen aber nicht nur auf der *Verminderung von Artikelfixkosten*, vielmehr sinkt auch der insgesamt erforderliche Durchschnittsbestand in einem höher zentralisierten System ab. Dieser Effekt ist sowohl bei den durch die Bestellmengen verursachten *Arbeitsbeständen* wie auch bei den *Sicherheitsbeständen* zu beobachten.

Unsere *Bestandsberechnungsmodelle* sollten in der Lage sein, diese Zentralisierungseffekte realistisch zu erfassen. Um die tägliche Zulieferungstonnage zu minimieren, wird vereinfachend angenommen, ein Teilsortimenter würde jeweils x % des *absatzstärksten Sortiments* (die Schnelläufer) selbst lagern. Unsere ABC-Analysen haben gezeigt, daß mit dieser Politik gleichzeitig der überwiegende Teil der zugriffsstärksten Artikel erfaßt wird. In der Realität wird man freilich in begrenztem Ausmaß von dieser Politik abweichen und gegebenenfalls auch Artikel mit hohen Bestellhäufigkeiten, aber geringen Absatzmengen, ins Teilsortiment nehmen. Umgekehrt wird man auf dezentrale Lagerung von Artikeln, die äußerst selten, aber dann in hohen Tonnagen bestellt werden, verzichten. Insgesamt dürften die Schätzfehler, die durch eine in der Praxis wesentlich komplexere Sortimentierungspolitik entstehen, tolerierbar sein.

Eine Darstellung der Bestandsberechnungsmodelle würde den Rahmen des vorliegenden Beitrags sprengen. Einige Hinweise mögen deshalb genügen: Wegen unterschiedlicher Strukturen sind für jedes Lager einer unterstellten Konfiguration die D-Bestände, die E-Bestände und die Bestände von Kundeneinlagerungen und Sondersorten getrennt zu berechnen. Relativ einfach gestaltet sich die Bestandsermittlung für Läger, die selbst nur beliefert werden. Kompliziertere Berechnungen sind dagegen durchzuführen bei Vollsortimentern und Teilsortimentern, die ihrerseits andere Teilsortimenter beliefern. Zu beachten sind hierbei insbesondere mehrere Bestandsschichten von unterschiedlichem Zentralisierungsgrad (von lokal über teilzentralisiert bis vollständig zentralisiert).

(5) Bestandskosten

Hat man die Bestände für alle Läger einer Konfiguration berechnet, so ist die Abschätzung des in den Beständen gebundenen Kapitals und der Bestandskosten (insbesondere Zinskosten) relativ einfach, weil für strategische Planungen Durchschnittsbetrachtungen genügen. Mit Hilfe statistischer Untersuchungen wurden genaue Einkaufswerte für die durchschnittliche Lagertonne im Druckerei- und im

Endverwendersegment ermittelt. Von der Controllingabteilung der Unternehmung wurde ein Planungswert für den zu verwendeten Zinssatz vorgegeben.

3.3.6 Lagerraumbedarfe

Wie können im Modell für jedes Lager einer bestimmten Konfiguration die Lagerraumbedarfe geschätzt werden? Lagerraumbedarfe werden wie Raumkapazitäten in Palettenstellplätzen (PSP) gemessen. Grundsätzlich hängen die Raumbedarfe an einem bestimm-ten Lagerstandort von der Höhe der Durchschnittsbestände (Tonnen) und vom Umfang des Sortiments (Artikelzahl) ab. Im Modell denken wir uns den insgesamt erforderlichen Lagerraum additiv aus drei Komponenten zusammengesetzt:

(1) Bestandsraum
Den Bestandsraum würden wir benötigen, wenn der gesamte Durchschnittsbestand in vollen Paletten gelagert werden könnte.

(2) Sortimentsraum
Als Sortimentsraum bezeichnen wir den zusätzlichen Raumbedarf, der dadurch entsteht, daß viele Palettenstellplätze wegen der Unterschiedlichkeit der Artikel nur teilweise gefüllt sind.

(3) operative Reserve
Wir fragen: Welcher Anteil des Lagerraumes muß zusätzlich zum Sortimentsraum im Jahresdurchschnitt frei bleiben, damit Tages- und Saisonschwankungen sowie die tägliche Arbeit des Lagerpersonals (Manipulationsraum) bewältigt werden können?

3.3.7 Lagerkapazitäten, Investitionsausgaben und fixe Lagerhauskosten

(1) Wo sind bis zum Planungsjahr neue Lagerkapazitäten in welchem Ausmaß erforderlich?

Die Antwort auf diese Frage hängt ab
- von der unterstellten Logistikkonfiguration (insbesondere von den gewählten Standorten und von der Belegung dieser Standorte mit Vollsortimentern, Teilsortimentern und Umschlagspunkten) und
- von dem im Planungsjahr noch nutzbaren Teil der Ist-Kapazitäten.

Eine standortgenaue Abschätzung für die Lagerraumbedarfe (PSP) auf Basis einer unterstellten Konfiguration liefern unsere Modellrechnungen (vgl. Abschn. 3.3.6). Den davon zu subtrahierenden Teil der Ist-Kapazitäten erhalten wir durch vollständige Erfassung der vorhandenen Anlagen und durch eine sorgfältige technische, ökonomische und juristische Nutzbarkeitsanalyse aller Objekte.

(2) *Wie sollen die für das Planungsjahr berechneten Lagerraumdefizite gegebenenfalls gedeckt werden?*

Prinzipiell könnte man an jedem Lagerstandort das Spektrum aller theoretischen Möglichkeiten betrachten und ins Modell einführen: Lagerneubau, gegebenenfalls Lagerausbau, Neumiete, Speditionslager, Zweitlager (als Ausweichlager) usw. Eine derartige Vorgehensweise wäre jedoch sehr praxisfern und uneffektiv: Entweder müßten wir für eine große Fülle a priori irrelevanter Alternativen standortspezifische Daten erheben und analysieren oder unsere Kosten- und Investitionsschätzungen blieben völlig spekulativ. Besser ist hier ein lernorientiertes Vorgehen (vgl. Abschn. 3.1):

- standortgenaue Ermittlung eines sinnvollen Bereiches möglicher Lagerraumdefizite durch Auswertung des Raumbedarfsmodells für eine ausgewählte Untermenge extremer und mittlerer Konfigurationsalternativen

- am jeweiligen Standort: Vorauswahl der grundsätzlich sinnvollen Kapazitätserweiterungsarten in Abhängigkeit von den komplexen technischen, ökonomischen und vertraglichen Gegebenheiten vor Ort

- auf Basis dieser Vorauswahl: Entwicklung und Programmierung standortspezifischer Rechenmodelle für die Ermittlung der Lagerhausfixkosten und gegebenenfalls der Investitionsausgaben unter Berücksichtigung von ortsabhängigen Grundstückspreisen, Neumieten, Speditionsentgelten, minimalen Erweiterungsschritten, maximalen Ausbaumöglichkeiten usw.

- Einsatz dieser Rechenmodelle zusammen mit dem Konfigurations- und Raumbedarfsmodell für die Untersuchung zahlreicher Logistikkonfigurationen und für Empfindlichkeitsanalysen

4. Modelleinsatz und Entscheidungsunterstützung

4.1 Erarbeitung von Basis- und Diagnoseinformationen

Im Laufe des Planungsprozesses zeigte sich, daß die meisten für die Entwicklung und Kalibrierung der logistischen Planungsmodelle erhobenen und analysierten Datenstrukturen einen über die Logistik weit hinausreichenden *diagnostischen Erkenntniswert* für die Unternehmensleitung und fallsweise auch für die Marketing-, Einkaufs- und Controllingabteilung halten. Dies gilt insbesondere für folgende Informationsauswertungen:

(1) geographisch und nach Warengruppen differenzierte *Prognose und Planung des Marktwachstums* bis Ende der neunziger Jahre (in Abschn. 3.2 nur summarisch beschrieben, im Planungsprozeß aber durch umfassende Erhebungen, Auswertungen und visuelle Darstellungen unterstützt)

(2) Erfassung und vergleichende Untersuchung der umfangreichen *Sortiments- und Fehlmengenlieferungen im Interfilialverkehr* (vgl. Abschn. 3.3.3)

(3) artikelgenaue *Analyse der Verkaufs- und Lagersortimente jedes Lagers* nach Umfang, Absatz-, Positions- und Bestandskonzentration (vgl. Abschn. 3.3.5: ABC-Analysen und Modellsortiment)

(4) Quantifizierung und logistische Bewertung aller derzeitigen Lagerkapazitäten

Auf Basis dieser Diagnoseinformationen wurden von der Unternehmensleitung unmittelbar folgende *Maßnahmen* eingeleitet:
- Verbesserung der geographischen *Zielgenauigkeit der Verkaufsanstrengungen*
- organisatorische Maßnahmen zur *Senkung überhöhter Fehlmengenlieferungen*
- systematische Anstrengungen zur Verbesserung der *Sortimentsbereinigung*

4.2 Optimale Standorte und Liefergebiete

(1) Begründung der vereinfacht-sukzessiven Vorgehensweise (vgl. (3) in Abschn. 3.1)

Es kann gezeigt werden, daß bei einem deutlichen Überwiegen der Sekundärtransportkosten über die Primärtransportkosten, wie dies hier wegen frachtfreier Anlieferungen durch die Hersteller der Fall ist, die Lage der Optimalstandorte bei gegebener Gesamtzahl der Auslieferungspunkte (Lager- oder Umschlagsstandorte) und bei gegebener Bedarfsstruktur unabhängig von der Sortimentierung der einzelnen Standorte relativ stabil bleibt. Das Kriterium *Kundennähe* dominiert die optimale Standortwahl. Ja, es gilt sogar: Auch bei sukzessiver Erhöhung der

Anzahl der Auslieferungspunkte bleiben die meisten bisherigen Optimalstandorte stabil (vgl. Diruf 1985, S. 24 f). Hieraus folgt eine gewisse *strategische Sicherheit* für die einmal gewählten Optimalstandorte, falls das Marktwachstum räumlich nicht völlig anders verläuft als bisher. Hat man in Planungsrechnungen das optimale Standortsystem gefunden und seine Stabilität überprüft, so können alle weiteren Strukturuntersuchungen (insbesondere die Untersuchungen über den optimalen Zentralisierungs/Dezentralisierungsgrad der Lageraktivitäten) bei weitgehend festem Standortsystem erfolgen. Da das Standortsystem die Quellpunkte für die Auslieferungstransporte festlegt, ist mit einem festen Standortsystem zugleich die *Größenordnung der gesamten Sekundärtransportkosten* bestimmt. Dennoch dürfen *Liefergebietsoptimierungen* auch bei festem Standortsystem nicht vernachlässigt werden, weil der Block der Sekundärtransportkosten so groß ist, daß selbst geringe prozentuale Verbesserungen erhebliche Kostenbeträge umfassen.

Wie läßt sich nun die *optimale Anzahl der logistischen Standorte* finden? Mit steigender Lager- und Umschlagspunktezahl sinken einerseits die Sekundärtransportkosten, weil die Auslieferungspunkte immer näher an die Kunden heranrücken. Andererseits steigen Teile der Lager- und Umschlagspunktekosten sowie Teile jener Primärtransportkosten, die nicht durch die Lieferanten abgedeckt sind. Die zulässige *Minimalzahl der logistischen Standorte* läßt sich indirekt aus der 24-Stunden-Bedienung herleiten (vgl. (3) in Abschn. 2.1). Eine *Obergrenze für die Zahl der logistischen Standorte* kann man wie folgt berechnen: Wir führen sukzessive an erfolgversprechenden zusätzlichen Standorten Umschlagspunkte ein und berechnen deren Nettoersparnisse. Negative Nettoersparnisse zeigen die Unrentabilität zusätzlicher Umschlagspunkte und damit erst recht die Unrentabilität zusätzlicher Lagerstandorte an.

(2) Ergebnisse der Standort- und Liefergebietsoptimierung

Sowohl für gemeinsame als auch für getrennte D- und E-Logistiksysteme wurden umfangreiche Optimierungsrechnungen nach folgender Systematik durchgeführt:

- zunächst bei sehr breitem Alternativenraum unter Einsatz heuristischer Optimierungsprozeduren (vgl. Dandl 1984) auf Basis der die Standortwahl dominierenden Sekundärtransportkosten

- Ergebnis: eine große Zahl robuster Optimalstandorte und eine kleine Zahl empfindlicher Standorte

- Feinuntersuchung eines eingeschränkten Alternativenraumes variierender Sensitivstandorte unter Einbeziehung aller entscheidungsabhängigen Kosten (insbesondere der Primär- und der Sekundärtransportkosten)

Die *Ergebnisse* können wie folgt zusammengefaßt werden:

- Die *Optimalität der meisten Ist-Standorte* erweist sich sowohl gegenüber Variationen der Bedarfsstruktur (Basisjahr, Planjahr Mitte 90, Planjahr Ende 90) als auch bei unterschiedlicher Ein/Ausgliederungsstruktur der E-Logistik als äußerst *robust* (vgl. Diruf 1980 und Hannsmann 1993, S. 74 f).

- Es gibt nur *wenige sensible Ist-Standorte*, die je nach Variation der Strukturannahmen im Distanzbereich 30 - 100 km unterschiedliche Optimalstandorte einnehmen. Die Kostennachteile nicht-optimaler Standorte sind jedoch in diesem Distanzbereich gering.

- In der Druckereilogistik bestätigt sich auch die *optimale Anzahl der Standorte*, wobei allerdings die Einrichtung zusätzlicher Umschlagspunkte kostenneutral möglich wäre. In einer getrennten Endverwenderlogistik könnten durch Einrichtung von maximal drei Teilsortimentern an definierten Zusatzstandorten beschränkte Kostensenkungen erzielt werden.

- Die *Liefergebietsgrenzen* im Ist-System erweisen sich als teilweise nicht optimal.

(3) Auswirkungen auf den Entscheidungsprozeß

Die Bestätigung eines weitgehend robusten Standortsystems trägt erheblich zur *strategischen Unsicherheitsreduktion und zur Vereinfachung der folgenden Planungsprozesse* bei. Im taktischen Bereich wurden die vorgeschlagenen *Liefergebietsveränderungen* mit entsprechenden Kostenverbesserungen realisiert.

4.3 Strategie zur Entwicklung der logistischen Kapazitäten

(1) Erzeugung und Auswertung von Systemalternativen auf Basis eines weitgehend robusten Standortsystems

Der strategische Alternativenbereich auf Basis eines robusten Standortsystems reicht von extrem zentralisierten bis zu extrem dezentralisierten Systemen. Ein *extrem zentralisiertes System* erhalten wir, wenn wir einen geeigneten Zentralstandort wählen und dort ein vermutlich hoch mechanisiertes und automatisiertes Zentrallager errichten. Alle übrigen Standorte arbeiten als Umschlagspunkte ohne Lagerbestand und werden täglich im Nachtsprung vom Zentrallager bedient. Die *Vorteile des extrem zentralisierten Systems* sind: geringster Gesamtbestand, geringster Raumbedarf, geringe oder keine Fixkosten zur Erhaltung der Umschlagspunkte, keine Investitionen in externe Lagerhäuser, keine Fehlmengenlieferungen und schließlich: erhebliche Möglichkeiten zur Senkung der Kosten für das operative Lagerpersonal durch teilweise Automatisierung des Lagerbetriebes. Als *Nachteile des extremen Zentralsystems* sind in Kauf zu nehmen: sehr hohe Primärtransportkosten für die Bedienung aller Umschlagspunkte (die Papierhersteller würden zu allen Lagerpunkten frachtfrei vor Ort liefern!), hohe Umschlagskosten, geringe Marktpräsenz an Außenstandorten, hohe operative Risiken im Lieferservice (totale Abhängigkeit von der zentralen Lagertechnik, von Wetterbedingungen, von Verkehrsstaus etc.) und nicht zu vernachlässigen: höhere Sekundärtransportkosten als in dezentralen Systemen (wegen des größeren lokalen Liefergebietes des Zentrallagers).

Am gegenüber liegenden Rand unseres Alternativenbereiches steht das *völlig dezentralisierte Lagersystem.* Hier würde man an jedem von etwa einem dutzend Standorten einen Vollsortimenter errichten. Jeder dieser Vollsortimenter müßte sämtliche Lagerfunktionen für sein lokales Liefergebiet völlig selbständig erfüllen. Als einzige Ausnahme bliebe die gegenseitige Aushilfe der Läger durch Fehlmengenlieferungen. Die *Vorteile und Nachteile des extrem dezentralen Systems* ergeben sich teilweise in Umkehrung zum extremen Zentralsystem. Vorteile: keine Primärtransportkosten (mit Ausnahme von Fehlmengenzulieferungen), geringe Komplettierkosten, keine Umschlagskosten, minimale Sekundärtransportkosten (Belieferung jedes Kunden vom nächstliegenden Lager), hohe Marktpräsenz und operative Einfachheit an allen Standorten (sicherer und schneller Lieferservice!). Nachteile: sehr hoher Gesamtbestand, höchster Raumbedarf (Bestandsraum und Sortimentsraum), deshalb hohe Lagerfixkosten.

Realistische Systeme liegen zwischen den beschriebenen Extremen, wobei geeignet lozierte und sortimentierte Vollsortimenter, Teilsortimenter und Umschlagspunkte zum Einsatz kommen. Die Zahl der grundsätzlich sinnvollen Alternativen ist erheblich. Die Alternativenzahl wird weiter erhöht durch unterschiedliche Ein/Ausgliederungsstrategien für die Endverwenderlogistik (mit unterschiedlichem Speditionseinsatz).

In einem lernorientierten Vorgehen wurden zur Klärung von Strukturzusammenhängen und zur Beantwortung von Detailfragen *über 80 Systemalternativen* mit

Hilfe unseres strategischen Modells ausgewertet. Bei der Erzeugung und Auswertung dieser Systemalternativen wurden folgende *teilweise konkurrierenden Ziele* verfolgt:

- Entdeckung und Beseitigung von Kapazitätsengpässen in den Zentral- und Außenlägern
- Ausnutzung vorhandener Lagerräume
- Verringerung der Investitionsausgaben
- Verringerung der Gesamtkosten

(2) Interpretation und Anwendung der Modellergebnisse

Die meisten der ausgewerteten Systemalternativen dienen nur als Zwischenschritte im planerischen Lernprozeß. Insgesamt formen sich die Einzelergebnisse zu einem deutlichen Bild der *quantitativen Strukturen, deren Kenntnis für die Entwicklung einer optimalen Logistikstrategie* benötigt wird. Folgende Informationen standen nach diesem Planungsschritt zur Verfügung:

- Höhe und Struktur der *Logistikkosten* für das D-Segment und (völlig davon verschieden) für das E-Segment

- Entwicklung der zukünftigen *Lagerraumbedarfe*; Entdeckung standortabhängiger *Kapazitätsengpässe und -überschüsse*

- Höhe der *Raumersparnispotentiale* bei Ausschöpfung von realisierbaren Möglichkeiten der Bestandszentralisierung

- Höhe der *Raumentlastung* bei Ausgliederung der E-Logistik

- Eigenschaften von erfolgversprechenden Systemkonfigurationen: *Sortimentstrukturen und Kapazitätserweiterungsprogramme* (Lagerausbauten, -neubauten, -neumieten, Investitionsbeträge)

- Kostenersparnisse und Risiken einer *Ausgliederung der E-Logistik*

- *Optimale Zentralisierungs/Dezentralisierungsstruktur* einer (möglicherweise) ausgegliederten E-Logistik

4.4 Abschätzung der Kostensenkungspotentiale taktischer Verbesserungsmaßnahmen

Bereits die in der Modellentwicklungsphase erarbeiteten Datenstrukturen hatten einen so hohen diagnostischen Erkenntniswert, daß sie den Anstoß zu unmittelbaren taktischen Verbesserungsmaßnahmen gaben (vgl. Abschn. 4.1). Mit Hilfe des entwickelten und kalibrierten strategischen Kostenmodells konnten die diagnostischen Informationen auf diesem Gebiet noch deutlich verbessert werden. *Empfindlichkeitsanalysen* lieferten quantitative Antworten auf folgende Fragen des Managements:

(1) Wie würde sich eine durch ein besseres Dispositionssystem erreichbare *Bestandsabsenkung* von 10 % auf die Lagerraumbedarfe und auf eine zeitliche Streckung des Investitionsprogrammes auswirken?

(2) Welche Wirkungen hätte eine *Fehlmengenabsenkung* auf die Primärtransportkosten und auf die Komplettierkosten?

(3) Welche Folgen würden sich bei einer durch Sortimentsbereinigung erreichbare *Artikelzahlminderung* bzw. bei einer vom Markt erzwungene *Artikelzahlmehrung* für die Bestände und Bestandszinsen und für die Raumbedarfe zeigen?

Literatur:

Dandl, E.; Die Modellierung verkehrsbetrieblicher Transporte in computergestützten Distributionssystemen, Birkach 1984.

Diruf, G.; Logistische Langfristplanung mit dem Prinzip robuster nächster Schritte, in: Zeitschrift des Instituts für Höhere Studien Wien 1980, 1-14.

Diruf, G.; Modell- und computergestützte Gestaltung physischer Distributionssysteme, in: Zeitschrift für Betriebswirtschaft 1984, Ergänzungsheft 2, 114-130.

Diruf, G.; Computergestützte Planung kostenoptimaler logistischer Systeme für Unternehmen ohne eigenen Fuhrpark, in: Diruf, G. (Hrsg.), Logistische Informatik für Güterverkehrsbetriebe und Verlader, Berlin et al. 1985, 1-25.

Hanssmann, F.; Quantitative Betriebswirtschaftslehre, 3. Aufl., München et al. 1990.

Hanssmann, F.; Einführung in die Systemforschung, 4. Aufl., München 1993.

Meis, H.; Logistisches Sortiments- und Bestandsmanagement für Großhandelsbetriebe mit mehrstufiger Lagerung, Dissertation Otto-Friedrich-Universität Bamberg 1989.

2.2 Industrie-Kostenkurve und Preis-Kosten-Schere als quantitative Werkzeuge zur Beschreibung der Wettbewerbsdynamik am Beispiel der Stahlindustrie

Prof. Dr. Herbert Henzler
Dr. Rolf-Dieter Kempis
McKinsey & Company, Inc.
Königsallee 60 C
40027 Düsseldorf

Gliederung:

1. Betriebswirtschaftliche Problemstellung
2. Datengrundlage
3. Quantitative Modellierung
   - 3.1 Die Preis-Kosten-Schere
   - 3.2 Industrie-Kostenkurve
4. Entscheidungsunterstützung
   - 4.1 Einschätzung der Rationalisierungskraft eines Wettbewerbers anhand der Peis-Kosten-Schere
   - 4.2 Anwendung der Preis-Kosten-Schere zur Abschätzung des Verbesserungsbedarfs
   - 4.3 Industrie-Kostenkurve für Warmbreitband
   - 4.4 Substitution von Weißblech durch Aluminium

1. Betriebswirtschaftliche Problemstellung

Wirtschaftliche Dynamik und Schnellebigkeit, einst typische Chance und Risiko junger Industrien und neuer Technologien, sind längst nicht mehr diesen "Wagnisbranchen" vorbehalten. Ständiger Wandel, bis hin zu abrupten Strukturbrüchen, sorgt heute auch in reifen Industrien dafür, daß die Rechnung "dull but stable" - glanzlos, aber stabil - nicht mehr aufgeht. Das sei im folgenden am Beispiel der Stahlindustrie skizziert:

- Bei den Faktorkosten entscheidet die Entwicklung von Erz- und Kohlepreis im Vergleich zum Schrott- und Strompreis ganz erheblich über die Wettbewerbsfähigkeit der erz- bzw. schrottbasierten Stahlerzeugung. Personalkosten- und Kapitalkostenentwicklung sind weitere entscheidende Faktoren.

- Auf der Abnehmerseite hat die konjunkturelle Entwicklung einzelner Branchen (z.B. Automobilbau, Schiffbau, Wehrtechnik) entscheidenden Einfluß auf die Stahlindustrie.Unternehmenszusammenschlüsse auf der Abnehmerseite, wie sie sich z.B. in der Emballagen-Industrie in den letzten Jahren vollzogen haben, und die Beschleunigung oder Verzögerung größerer Infrastrukturprojekte (z.B. ICE-Streckenausbau) schaffen zusätzliche Dynamik.

- Der Eintritt neuer Marktteilnehmer - hier sind besonders das Aufkommen der "Minimills" (auf Schrottbasis arbeitende Kleinstahlwerke) und die verstärkt auf den Markt getretenen osteuropäischen Stahlwerke zu nennen - verschiebt die Angebotslage fundamental.

- Die Substitution des Werkstoffs Stahl durch andere Werkstoffe wie Aluminium, Glas und Kunststoffe ändert die Absatzlage; darüber hinaus gibt es eine nicht unwesentliche Eigensubstitution durch immer bessere Stahlqualitäten, die zu einer Abwendung vom traditionellen Tonnage-Denken zwingen.

- Gesetzliche Rahmenbedingungen wie Umweltschutzauflagen (z.B. TA-Luft und Deponiebestimmungen) sowie Subventions- und Unterstützungszahlungen an eigentlich nicht wettbewerbsfähige Unternehmen verändern die ökonomischen Bedingungen der Branche.

- Der Wettbewerb der einzelnen Stahlanbieter untereinander durch gezielte Investitionen, Rationalisierungsbemühungen, anwendungstechnische Anstrengungen und Intensivierung der Kundenbearbeitung sorgt für zusätzliche brancheninterne Dynamik.

Diese dynamischen Einflußgrößen möglichst richtig einzuschätzen, ist für das Management der Stahlunternehmen von entscheidender Bedeutung, denn je mehr das eigene Produkt zur "Commodity" - zum undifferenzierten Massenartikel - wird, desto mehr befindet sich die Industrie in einem reinen Kostenwettbewerb.Unternehmerische Entscheidungen (z.B. über Großinvestitionen) sind daher nicht nur aus einer unternehmensinternen Sicht zu treffen, sondern müssen ganz gezielt zwei zusätzliche Einflüsse auf die Rahmenbedingungen der Unternehmen einbeziehen:

- Welche Entwicklung wird die Stahlbranche nehmen? Welchen Einfluß haben Überkapazitäten und sinkende Nachfrage auf die Fertigproduktpreise? Wie entwickeln sich die Faktorkosten, und wie entwickelt sich damit die in der Stahlbranche durchschnittlich erzielbare Marge?

- Wie verschiebt sich die Stellung der einzelnen Unternehmen dieser Branche im Vergleich zu den Wettbewerbern? Welchen Einfluß haben Subventionen und regionale Faktorkostenunterschiede sowie unterschiedliche Faktorverbräuche?

Diese Fragen zu stellen, ist nicht müßig. Auch wenn die Wunschvorstellung von der vollständigen Transparenz der Entwicklung von Angebot und Nachfrage offensichtlich ebensowenig erreichbar ist wie die genaue Kenntnis der Kostenstruktur aller Wettbewerber. Denn: Was an Daten für eine strategische Situationsanalyse und Kursbestimmung unabdingbar ist, läßt sich durch Selektion und Segmentierung herausfiltern; die quantitative Modellierung verhilft dabei zu entscheidungsgerechter Interpretation und Kommunikation.

2. Datengrundlage

Die Zusammenhänge sind komplex, die vielfältigen Einflußfaktoren unüberschaubar und die Aktionen der Wettbewerber vielschichtig. Wie soll man da zu verwertbaren Aussagen über die Entwicklung einer ganzen Branche gelangen? Beispiele aus der Praxis zeigen jedoch, daß auch komplexeste Vorgänge durch sinnvolle Vereinfachungen abgebildet werden können. So rechnet zum Beispiel ein Investitionscontroller für den Einsatz von Fremdkapital mit einem Zinssatz von 7 - 10%. Er extrapoliert diesen Wert aus der Vergangenheit, berücksichtigt regionale Unterschiede bei Investitionen im Ausland und korrigiert die Werte gegebenenfalls, um absehbare gravierende Änderungen auf den Finanzmärkten zu berücksichtigen.

Komplexe Veränderungen können in ähnlicher Weise abgeschätzt und berechnet werden, wenn es gelingt, sich auf die wesentlichen Größen zu beschränken, Erfahrungen aus der Vergangenheit einzubeziehen und durch geeignete Segmentierung wichtige von unwichtigen Stellgrößen zu unterscheiden.

Gleiches gilt für die Abschätzung der Stärke der Wettbewerber.Auch hier ist der Ausgangspunkt eine geeignete Segmentierung: Welche Produkte stehen aus Sicht der Kunden untereinander im Wettbewerb? Welche Wettbewerber bieten diese Produkte im Markt an? Diese Kenntnisse sind in den meisten Firmen, wenn auch nicht direkt abgreifbar, so doch über gezieltes Nachfragen zusammenstellbar. Schwieriger wird es bei der Einschätzung der Kostenposition der Wettbewerber: Zu schnell verlieren sich die Experten in der Aufzählung technischer Detailunterschiede und kommen zum Schluß, daß man viele Dinge beim Wettbewerber nicht genau genug wissen kann und letztlich die Werke nicht direkt miteinander vergleichbar sind. Eine Beschränkung auf diejenigen Faktoren, die wirklich die Kostenposition entscheidend beeinflussen, ist hier der Ansatz zur Schaffung der notwendigen Transparenz.

Für das Beispiel der Stahlindustrie ergeben sich folgende wesentliche Kostengrößen, wobei zwischen erzbasierten (integrierten) Werken und schrottbasierten (in der Regel Minimills) unterschieden werden muß.

- Für eine Minimill ist der Schrottpreis die wesentliche Kostengröße; der Preis für diesen Rohstoff schwankt sehr stark und macht für eine Minimill ca. 40 - 60% der Gesamtkosten aus. Ein weiterer bedeutender Kostenfaktor ist mit ca. 20% der Energieverbrauch. Interessant sind hier der Strompreis (Strom wird im wesentlichen für das Aufschmelzen des Schrotts im Elektroofen benötigt, ein weiterer großer Anteil entfällt auf die Walzwerksantriebe) und der Erdgaspreis (Gas wird für die Aufwärmöfen der Walzstraße benötigt). Aufgrund der in der Regel sehr hohen Personalproduktivität, die in diesen Werken erreicht wird (ca. 700 - 1.000 Tonnen pro Mannjahr), liegt der Personalkostenanteil in der Regel bei nur 15%. Der Kapitalkostenanteil liegt aufgrund der relativ niedrigen Investitionskosten (ca. 500 Mio. DM für eine Werkstattkapazität von 700.000 - 1.000.000 t) bei ca. 7 - 8% der Gesamtkosten.

- Für ein integriertes Werk machen die Einsatzkosten ca. 20% der Gesamtkosten aus, die Aufwendungen für Koks, der im Hochofen zur Roheisenerzeugung benötigt wird, liegen ebenfalls bei ca. 20%. Die Aufwendungen für Strom (im wesentlichen erforderlich für die Walzwerkantriebe) und Erdgas (erforderlich für die Aufheizöfen) liegen in Summe bei ca. 10%. Aufgrund der großen Fertigungstiefe erreichen integrierte Werke Personalproduktivitäten von nur ca. 200 - 400 Tonnen pro Mannjahr, was einen Personalkostenanteil von ca. 30% an den Gesamtkosten bedeutet. (Dieser Prozentsatz ist nicht direkt mit denen der Minimills vergleichbar, da integrierte Werke in der Regel Produkte höherer

Veredlungsstufen anbieten.) Der Kapitalkostenanteil liegt auf Grund der hohen Investitionskosten (ca. 5 -7 Mrd. DM für eine Walzstahlkapazität von ca. 4 Mio. Jahrestonnen) bei ca. 15% der Gesamtkosten.

Eine geeignete Segmentierung für die Stahlindustrie muß produktspezifisch aus Kundensicht erfolgen und unterschiedliche Qualitäts- und Logistikanforderungen bzw. -kosten berücksichtigen. Beispielhaft seien hier folgende Segmente aufgeführt:

- Betonstahl: Der Preis pro Tonne liegt bei ca. 400 - 500 DM, hergestellt wird das Produkt heutzutage im wesentlichen von Minimills und nur noch in untergeordnetem Umfang von integrierten Werken. Das Produkt, als Armierung für Betonkonstruktionen verwendet, ist eine reine Commodity. Da für den Aufbau von Erzeugungsanlagen nur relativ geringe Investitionskosten anfallen, die Transportkosten im Vergleich zum Verkaufspreis jedoch hoch sind, kann man von einem weitestgehend regionalen Markt ausgehen.

- Warmbreitband: Der Preis dieses Produktes liegt bei ca. 450 - 550 DM pro Tonne. Das Produkt wird in Europa ausschließlich von integrierten Werken produziert. Der hohe Fixkostenanteil dieser Werke und der daraus resultierende Auslastungszwang legen die Definition als internationalen Markt mit Warenaustausch innerhalb Europas nahe.

- Rostfreie Edelstahlprodukte: Der Preis liegt bei ca. 3.000 - 4.000 DM pro Tonne. Die im Vergleich dazu relativ geringen Transportkosten machen dieses Produkt besonders in den weniger beratungsintensiven Bereichen zu einem globalen Produkt, das heißt, eine Marktsegmentierung in den europäischen Grenzen kann problematisch werden.

Bei anderen Produktgruppen gestaltet sich die Segmentierung dagegen aus technischer Sicht deutlich schwieriger. Als Beispiel sei hier Edelbaustahl erwähnt; dieses Produkt ist extrem heterogen und weist gravierende Qualitätsunterschiede auf. Teile des Segments werden sowohl von Minimills als auch von integrierten Werken angeboten; der Preis pro Tonne liegt zwischen 800 und 1.500 DM. Das Produkt ist sehr beratungsintensiv, so daß nur tiefergehende Untersegmentierungen die nötige Transparenz schaffen können.

Die obigen Überlegungen sind wesentlich für die Vorbereitung einer geeigneten Modellbildung. Die Segmentierung grenzt wichtige Märkte und Wettbewerber von unwichtigen ab, und es werden Wechselwirkungen zwischen Produkten geklärt.

3. Quantitative Modellierung

Mit der richtigen Produkt- und Marktsegmentierung und der Beschränkung auf die wesentlichen Bestimmungsgrößen für die Kosten- und Wettbewerbsposition ist die Datengrundlage für strategische Entscheidungen geschaffen. Mindestens genauso wichtig ist aber ein geeignetes Modell, das die Ergebnisse der Datenauswertung transparent macht und hilft, die absehbaren Auswirkungen alternativer strategischer Entscheidungen zu kommunizieren. In Prozeßindustrien wie der Stahlerzeugung haben sich für diesen Zweck zwei Modelle besonders bewährt: die Preis-Kosten-Schere und die Industrie-Kostenkurve.

3.1 Die Preis-Kosten-Schere

Die Wettbewerbsdynamik erzeugt in jedem nicht staatlich reglementierten Bereich oder Wirtschaftsraum für jede Branche einen Rationalisierungsdruck. Jedes Unternehmen muß, um mittelfristig im Wettbewerb bestehen zu können, Jahr für Jahr Rationalisierungserfolge erzielen. Dieser Zwang wird überlagert durch konjunkturelle Einflüsse - spezifische Angebots- und Nachfragesituationen, die kurzfristige Preisanhebungen ermöglichen oder Preissenkungen notwendig machen. Sieht man von diesen kurzfristigen konjunkturbedingten Änderungen ab, so führt jede Rationalisierung, die ein Unternehmen vornimmt, entweder zu einer Steigerung des Gewinns oder aber zur Absicherung der bestehenden Marge bei Preisverfall.

Aufgrund der Wettbewerbsdynamik müssen in Branchen mit Kapazitätsüberhängen die Rationalisierungserfolge in der Regel zum größten Teil an den Markt weitergegeben werden. Der Ausstieg eines einzelnen Unternehmens aus den Rationalisierungsbestrebungen einer Branche würde mittelfristig zu Verlusten bei diesem Unternehmen und langfristig zum Ausscheiden des Unternehmens aus dem Kreis der Anbieter führen.

Die Preis-Kosten-Schere macht diesen langfristig wirkenden Rationalisierungsdruck transparent. In diesem Modell werden Indexwerte für die Entwicklung des Erzeugnispreises und der Gesamtherstellkosten gegenübergestellt. Die Kostenstruktur wird dabei auf einen Zeitpunkt (zumeist wählt man den Ausgangszeitpunkt) eingefroren. Die indizierte Entwicklung der einzelnen Kosten- und Preisblöcke ergibt sich aus unternehmensinternen Daten oder aus öffentlichen Statistiken (Abb. 1). Über der Zeitachse entsteht somit eine in der Regel sich öffnende Schere; sie zeigt an, in welchem Umfang die Herstellkosten über die erzielbaren Preise gestiegen wären, wenn man nicht durch geeignete Maßnahmen gegengesteuert hätte.

3.2 Industrie-Kostenkurve

Die Auswirkungen, die Aktionen wie Kapazitätsausweitungen, Kapazitätsschließungen und Produktivitätsänderungen durch einzelne Anbieter auf den Erzeugnispreis und auf die Erlössituation der einzelnen Wettbewerber haben, läßt sich am Modell der Industrie-Kostenkurve ablesen. Die Erstellung einer Industrie-Kostenkurve für ein spezielles Produkt beginnt mit der Bestimmung der Anbieter, die in der Lage sind, den Markt mit dem jeweiligen Produkt zu beliefern. Dann ist deren relative Kostenstruktur zu erstellen. Dazu ist es in der Regel sinnvoll, die Positionierung auf Werksebene vorzunehmen - d.h., ein Anbieter, der in mehreren Werken produziert, sollte mit jedem einzelnen Werk in der Kostenkurve erscheinen. Dies ist um so bedeutender, wenn sich die Kostenposition der einzelnen Werke signifikant unterscheidet.

Die Kapazitäten der einzelnen Wettbewerber/Werke werden auf der horizontalen Achse der Industrie-Kostenkurve aufgereiht (die Reihenfolge bestimmt sich dabei entsprechend der Kostensituation der Wettbewerber). Trägt man zusätzlich die Gesamtnachfrage des Marktes für das Produkt ein, so bestimmt die Kostensituation des Grenzanbieters (das ist der Anbieter, dessen Kapazitäten zusammen mit denen der kostengünstigeren Anbieter die Gesamtnachfrage abdecken können) den Preis des Produktes im Markt (Abb. 2). Die zugrundeliegende Annahme ist dabei, daß der Grenzanbieter nur dann bereit ist, sein Produkt zu verkaufen, wenn seine Kosten gedeckt werden.

Das bedeutet gleichzeitig bei Festlegung dieses Marktpreises, daß alle Anbieter mit einer günstigeren Kostensituation eine Marge in Höhe der Differenz ihrer spezifischen Kostensituation zu diesem, vom Grenzanbieter definierten Marktpreis erzielen werden. Wettbewerber, deren Kostenposition schlechter ist als die des Grenzanbieters, kommen der reinen Theorie zufolge nicht zum Zuge, ihre Kapazitäten bleiben völlig leer.

Die Industrie-Kostenkurve eignet sich sehr gut zur Vorhersage, wie sich Kapazitätsänderungen auf den Preis und damit auf die Profitabilität einzelner Anbieter auswirken werden. In Abb. 3 sind dazu zwei Beispiele gegeben:

- Im Beispiel 1 läßt die Kapazitätsausweitung des Low-cost-Anbieters 1, bei ungeändertem Marktbedarf, den Marktpreis auf das Kostenniveau von Anbieter 3 sinken, da dieser nun zum Grenzanbieter geworden ist.

- Im Beispiel 2 führt der Marktaustritt von Anbieter 3 zu einer Preiserhöhung, da der Anbieter 4 mit seinem entsprechend höheren Kostenniveau jetzt zum preisbestimmenden Grenzanbieter geworden ist.

Die aus der Diskussion der Industrie-Kostenkurve abgeleiteten Prognosen setzen einen tatsächlich freien Wettbewerb zwischen den Anbietern voraus. Wettbewerbsverzerrungen, z.B. durch Monopolsituationen (alle in der Industrie-Kostenkurve angeführten Kapazitäten/Werke gehören zu einem Konzern) oder staatliche Eingriffe, erfordern eine gesonderte Interpretation der aus der Industrie-Kostenkurve abgeleiteten Erkenntnisse, um Fehlprognosen zu vermeiden.

Ein weiterer kritischer Punkt ist beim Einsatz des Industriekostenmodells zu klären: Welche Kosten sollen in die Betrachtung eingehen?

Die Bedeutung dieser Frage sei an einigen Grenzsituationen verdeutlicht:

- Eine Industrie, die von hohen Fixkosten geprägt ist, wird sich bei hoher Wettbewerbsintensität und massiver Unterauslastung in ihrer Preisgestaltung nicht an Vollkosten, sondern eher an variablen Kosten orientieren. Das heißt, wir müssen davon ausgehen, daß der Grenzanbieter bereit ist, nahe den Grenzkosten anzubieten, da ihm dies immer noch einen positiven Cash-flow sichert.

- Bei dem Aufbau einer neuen Kapazität wird sich ein Unternehmen sicher an den Vollkosten orientieren, da es für seine Investitionen in diesem Geschäft einen angemessenen Pay-back erwartet.

- Reine Produktkosten sind bei Commodities (wie Stahl, Zement etc.) sicher die richtige Größe, der Kauf eines Computers dagegen richtet sich nach Lebenszykluskosten; d.h. Software und Servicekosten sind mit in die Betrachtung einzubeziehen.

4. Entscheidungsunterstützung

In welcher Weise die beiden beschriebenen Analysewerkzeuge (Preis-Kosten-Schere und Industrie-Kostenkurve) bei der Entscheidungsfindung behilflich sein können, sei im folgenden an einigen Beispielen aus der Stahlindustrie beschrieben.

4.1 Einschätzung der Rationalisierungskraft eines Wettbewerbers anhand der Peis-Kosten-Schere

In vielen Situationen ist es von entscheidender Bedeutung zu wissen, mit welcher Geschwindigkeit Wettbewerbsunternehmen ihre Kosten anpassen können. Das heißt, es interessiert nicht nur die aktuelle Kostenlage eines Wettbewerbers, sondern auch die Dynamik, mit der er in den letzten Jahren seine Kostenposition verändert hat und sie in Zukunft höchstwahrscheinlich weiterhin verändern wird.

Als Beispiel diene hier die Entwicklung der Badischen Stahlwerke in Kehl. Das Unternehmen stellt einfache Drahtprodukte her, zum Beispiel für Baustahlmatten und andere Betonstahlprodukte. Das Unternehmen hat sich auf diese Produkte spezialisiert und wurde in den letzten Jahren extrem gestrafft. Im Zeitraum 1980 bis 1983 schwankten die Ergebnisse zwischen minus drei und plus fünf Prozent Umsatzrendite. Ab 1983 konnten durchgehend positive Ergebnisse (wenn auch auf niedrigem Niveau) ausgewiesen werden. Das Unternehmen erzielte diese leicht positiven Ergebnisse in Zeiten, in denen die integrierten Werke mit vergleichbaren Produkten extreme Verluste erwirtschafteten und sich sogar weitestgehend aus diesen Produkten zurückziehen mußten.

Die tiefergehende Analyse zeigt, welche Verbesserungsanstrengungen bei den Badischen Stahlwerken zwischen 1980 und 1988 stattgefunden haben. Im betrachteten Zeitraum fiel der Preis für Betonstahl von 620 DM auf 570 DM. Dabei gestaltete sich die Preisentwicklung der Haupteinsatzfaktoren wie folgt: Für Schrott verlief die Entwicklung sehr zyklisch, und der Preis schwankte um einen Wert von ca. 220 DM. Die Personalkosten stiegen kontinuierlich mit einem Mittelwert von ca. 4% p.a. Die Preise für die Hauptenergieträger (Strom und Gas) stiegen um ca. 4% p.a.

Geht man von der Kostenstruktur des Jahres 1980 aus und trägt die Entwicklung der Erzeugnispreise und die Entwicklung der operativen Kosten in einem Diagramm in indizierter Form auf, so ergibt sich die Preis-Kosten-Schere, mit der das Unternehmen im betrachteten Zeitraum zu kämpfen hatte (Abb. 4). Die Preis-Kosten-Schere öffnet sich dabei um durchschnittliche 2,7% pro Jahr. Das heißt, das Unternehmen hat einen jährlichen Rationalisierungserfolg von 2,7% p.a. erbringen müssen, um ein gleichbleibendes Ergebnis zu sichern.

Die Analyse der Geschäftsberichte und Veröffentlichungen des Unternehmens zeigt, mit welchen massiven Verbesserungsanstrengungen die Badischen Stahlwerke diese Preis-Kosten-Schere überkompensiert haben:

- Die Personalproduktivität wurde annähernd verdoppelt. Im Jahre 1980 erzeugten die knapp 1.000 Mitarbeiter des Unternehmens 538.000 Tonnen Rohstahl, im Jahre 1988 waren es 980.000 Tonnen.

- Der Energieverbrauch wurde signifikant gesenkt:

  - Der Schmelzstrombedarf pro Tonnen Rohstahl wurde von 520 kWh auf 410 kWh gesenkt. (Nach Gegenrechnung der für diese Verbesserung notwendigen Erhöhung des Sauerstoffeinsatzes verbleibt noch ein Nettoeffekt von ca. 5 DM pro Tonnen.)

  - Der Strombedarf für die Walzaggregate wurde um ca. 130 KWh/t gesenkt, was einem Kostensenkungseffekt von ca. 20 DM/t entsprechen dürfte.

- Die Ausbringung (Anteil "Guterzeugung" an Gesamterzeugung) wurde um ca. 4% erhöht (Kostensenkungseffekt ca. 10 DM/t).

Die Summe all dieser und weiterer Maßnahmen hat es dem Unternehmen ermöglicht, das Ergebnis nicht nur zu halten, sondern sogar zu verbessern.

Die Anwendung des Modells der Preis-Kosten-Schere schafft Transparenz über die tatsächlichen Rationalisierungserfolge der betrachteten Unternehmen.

4.2 Anwendung der Preis-Kosten-Schere zur Abschätzung des Verbesserungsbedarfs

In einer Turn-around-Situation ist die Frage entscheidend: "Wie groß muß die Ergebnisverbesserung sein, um das Unternehmen langfristig abzusichern?" Der bloße Vergleich einer aktuellen Verlustsituation mit dem für eine langfristige Existenz des Unternehmens notwendigen Ergebnis führt zu einer Unterschätzung des Verbesserungsbedarfs.

Der Fehler liegt darin, daß die Verlustsituation statisch gesehen und die Branchenbewegung vernachlässigt wird. Jedes Verbesserungsprogramm benötigt aber eine gewisse Zeitspanne, bis alle eingeleiteten Maßnahmen tatsächlich ergebniswirksam werden. In dieser Zeit wird die Wettbewerbslandschaft nicht statisch bleiben, denn die einzelnen Wettbewerber werden ihrerseits Programme starten und ihre Kostensituationen verbessern.

Die Einbeziehung einer Preis-Kosten-Schere hilft, in einer solchen Turn-around-Situation nicht zu kurz zu springen. In dem in der Abbildung 5 angegebenen Beispiel heißt das, daß das

Unternehmen nicht ein Maßnahmenpaket von 400 Millionen DM (300 Millionen DM zur Beseitigung des Verlustes und 100 Millionen DM zur Erreichung eines langfristig notwendigen Ergebnisses) anstreben muß, sondern Verbesserungen von 500 Millionen DM. Jährlich 50 Millionen DM resultieren aus der allgemeinen Branchenentwicklung, die sich aufgrund der berechneten Preis-Kosten-Schere von 2% p.a. für das betrachtete Unternehmen ergibt.

4.3 Industrie-Kostenkurve für Warmbreitband

Warmbreitband ist ein Produkt von besonderer Bedeutung für die Stahlindustrie: Von den in der EG im Jahr 1990 produzierten 137 Millionen Jahrestonnen Rohstahl wurden ca. 55 Millionen in Warmbreitband verarbeitet. Von diesen ca. 55 Millionen Tonnen gingen ca. 20 Millionen an die Kunden, ca. 35 Millionen Tonnen wurden in integrierten Werken zu Kaltband und oberflächenbeschichteten Flachprodukten weiterverarbeitet.

Eine Warmbreitbandstraße stellt mit ihren Anschaffungskosten von zwei bis drei Milliarden DM einen Investitionsschwerpunkt bei jedem integrierten Stahlwerk dar. Investitionen dieser Größenordnung rechnen sich nur, wenn bedeutende Mengen auf diesen Aggregaten gefertigt werden (ca. zwei bis vier Millionen Tonnen Warmbreitband pro Jahr). In Westeuropa arbeiten zur Zeit 24 Warmbreitbandstraßen mit einer Gesamtkapazität von ca. 75 Millionen Tonnen.

Ende der 80er Jahre ergab sich als Industrie-Kostenkurve für Warmbreitband das in Abbildung 6 dargestellte Bild. Basis für die Ermittlung der operativen Kosten für die aufgetragenen Warmbreitbandstraßen sind dabei die jeweiligen Rohstahlkosten und die Verarbeitungskosten der Warmbreitbandstraßen (Faktorkosten und Faktorverbräuche für Erz, Kohle/Koks, weitere Energiekosten und -verbräuche wie Strom und Gas; Sachkosten wie Feuerfest-Materialien etc. sowie die Personalkosten und Personalproduktivitäten). Berücksichtigt sind also auch regionale Differenzen (wie sie z.B. in Faktorkosten auftreten) und technologische Unterschiede aufgrund der Anlagenbesonderheiten.

Anhand dieser Kurve lassen sich einige Phänomene der Stahlindustrie erklären:

- Die Überkapazität von ca. 20 Millionen Tonnen hätte Ende der 80er Jahre einen Marktaustritt von sieben Warmbreitbandstraßen in Westeuropa erfordert. Hätte die Stahlindustrie, ähnlich der Textilindustrie, einen solchen Anpassungsprozeß durchlaufen, so wären die verbliebenen Werke heute sicherlich in einer wirtschaftlich besseren Situation. Die Aufrechterhaltung der marginalen Anbieter (Kapazitäten rechts der Nachfragegrenze) erfordert dagegen erhebliche Subventionszahlungen (entweder aus anderen Unternehmensteilen oder aus staatlichen Quellen) und verschlechtert in dramatischem Umfang die Erlössituationen der guten Anbieter, da über Preisnachlässe Mengen auf die marginalen Anbieter gezogen werden und eine gute Auslastung der wettbewerbsfähigen Anlagen unterbunden wird.

- Verbesserungen der Position eines Unternehmens auf der Industrie-Kostenkurve sind möglich, erfordern aber enorme Anstrengungen. Als Beispiel sei hier British Steel erwähnt, die mit ihren Warmbreitbandstraßen im Laufe der 80er Jahre auf der Industrie-Kostenkurve von einem Platz im dritten Viertel in die Spitzengruppe vorrücken konnte. Diese Positionsverbesserungen wurden möglich durch eine annähernde Verdoppelung der Personalproduktivität in den Werken (Abb. 7).

- Die Öffnung Osteuropas hat erhebliche Auswirkungen auf das Warmbreitbandgeschäft in Westeuropa. Das Segment muß neu definiert werden; Anbieter sind jetzt nicht mehr nur die Werke in Westeuropa, sondern ebenfalls Teile der osteuropäischen Stahlindustrie, die über Exporte in die EG als zusätzliche Marktteilnehmer auftreten. Trotz eher durchschnittlich bis unterdurchschnittlicher Anlagenstruktur und Produktivität nehmen diese Anbieter aufgrund ihrer extrem niedrigen Personalkosten (nur etwa 5% der westeuropäischen Niveaus) einen Platz in der vorderen Hälfte der Industrie-Kostenkurve ein. Selbst wenn die importierten Mengen nur einen geringen Prozentsatz der Marktversorgung ausmachen, so führen diese doch zu einer signifikanten Preissenkung.

- Möglicher Eintritt von Minimills in das Warmbreitbandsegment. In den USA gibt es die ersten Werke, die in einer Minimillstruktur Warmbreitband erzeugen (d.h. auf Schrottbasis in kleinen, hocheffizienten Werken). Die operativen Kosten dieser Werke liegen deutlich unter denen der integrierten Werke. Der zu erwartende Aufbau solcher Aktivitäten in Europa wird die Industrie-Kostenkurve für Warmbreitband dramatisch verändern. Signifikante Kostensenkungsprogramme werden daher bei allen integrierten Stahlwerken in Europa erforderlich, um die langfristige Wettbewerbsfähigkeit der Werke zu sichern (Abb. 8).

4.4 Substitution von Weißblech durch Aluminium

Das Modell der Industrie-Kostenkurve ist nicht nur auf technisch gleichartige Produkte beschränkt, wichtig ist die Produktverwendung aus Kundensicht. Für einen Hersteller von Konserven- und Getränkedosen besteht in vielen Bereichen die Möglichkeit, zwischen Aluminium und Weißblech zu wählen. Der starke Preisverfall bei Rohaluminium in den Jahren

1989/90 (der Preis für Aluminium halbierte sich in dieser Zeit von 4 DM auf 2 DM pro Kilogramm) veränderte die Position von Aluminiumblech auf der Industrie-Kostenkurve für Dosenbleche dramatisch: Aluminiumblech wird für viele Anwendungen kostengünstiger und verdrängt Weißblechprodukte.

Die Bemühungen um eine Abfallreduzierung und die damit einhergehende Bewertung der Verpackungsstoffe aus ökologischer Sicht kann diesen Substitutionsprozeß weiterhin verändern, da nun zusätzliche Faktoren in die Betrachtung mit aufgenommen werden müssen, wie z.B. Recyclingquote, Recyclingkosten und Ökobilanzen.

* * *

Die angesprochenen Beispiele zeigen, in welchem Umfang die Modelle Preis-Kosten-Schere und Industrie-Kostenkurve unternehmerische Entscheidungen unterstützen können. Ausgehend von einer geeigneten Marktsegmentierung, geben diese Modelle die Möglichkeit, die Auswirkungen unternehmerischer Entscheidungen zu prognostizieren. Kapazitätsausweitungen bzw. -stillegungen werden in ihren Auswirkungen auf den Preis damit transparent, der Rationalisierungsdruck, der sich aus der allgemeinen Branchenentwicklung ergibt, abschätzbar. Diese Transparenz ist für strategische Entscheidungen des Top-Managements von wesentlicher Bedeutung.

Modell der Preis-Kosten-Schere

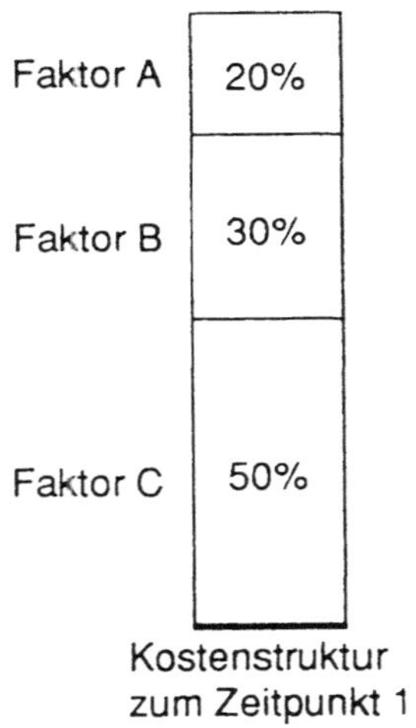

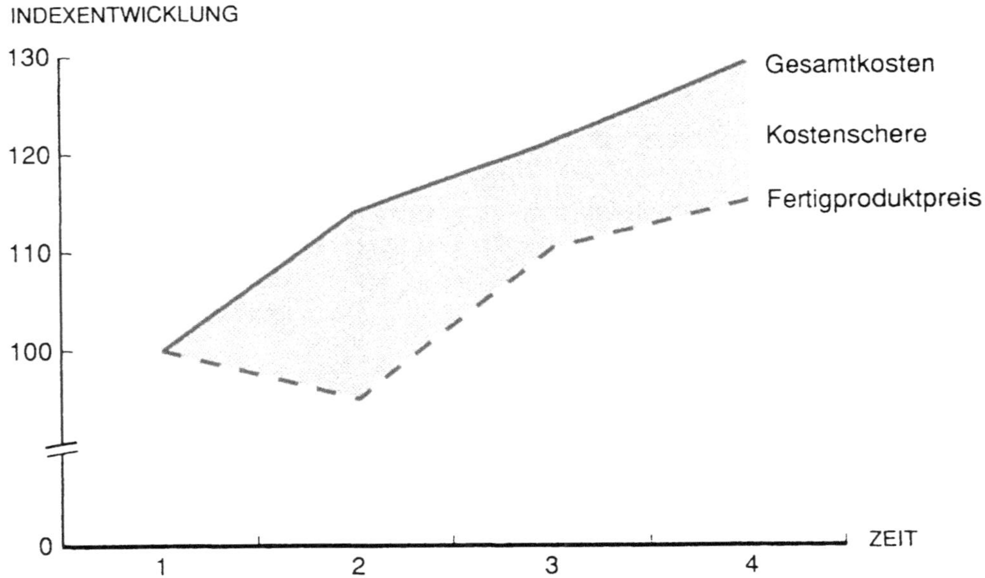

		1	2	3	4
Indizierte Preisentwicklung Fertigprodukt		100	95	110	115
Indizierte Entwicklung der Faktorkosten	A	100	100	120	120
	B	100	130	140	150
	C	100	110	110	120
Indizierte Entwicklung der Gesamtkosten		100	114	121	129

Abb. 1

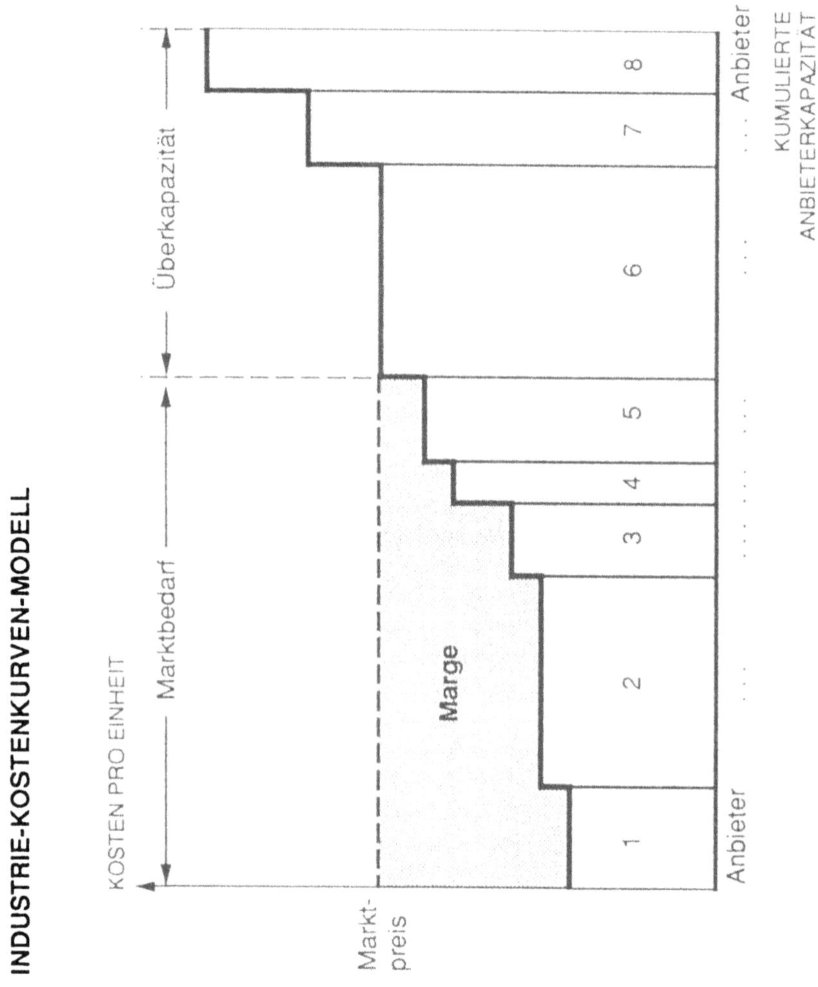
INDUSTRIE-KOSTENKURVEN-MODELL
KOSTEN PRO EINHEIT
Marktbedarf
Überkapazität
Markt-
preis
Marge
1
2
3
4
5
6
7
8
Anbieter
Anbieter
KUMULIERTE
ANBIETERKAPAZITÄT

Abb. 2

Kapazitätenänderungen haben Auswirkungen auf den Marktpreis

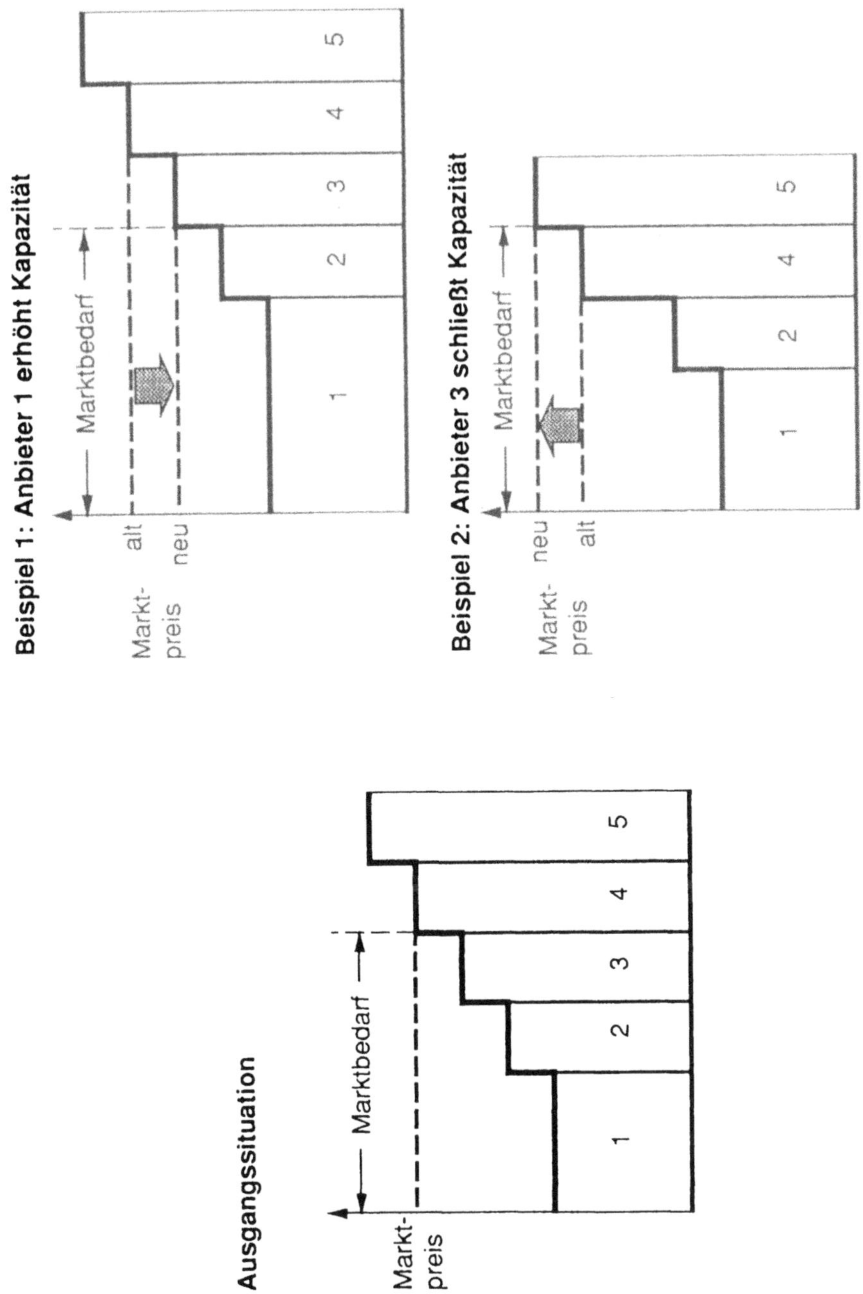

Abb. 3

Die Badischen Stahlwerke mußten in den Jahren 1980 bis 1988 gegen eine Öffnung der Preis-Kosten-Schere um 2,7% p.a. ankämpfen

Abb. 4

Quelle: Geschäftsberichte BSW, Preisindex Statistisches Bundesamt, McKinsey Analyse

Die Einbeziehung der Preis-Kosten-Schere hilft, in einer Turn-around-Situation das notwendige Verbesserungspotential richtig einzuschätzen

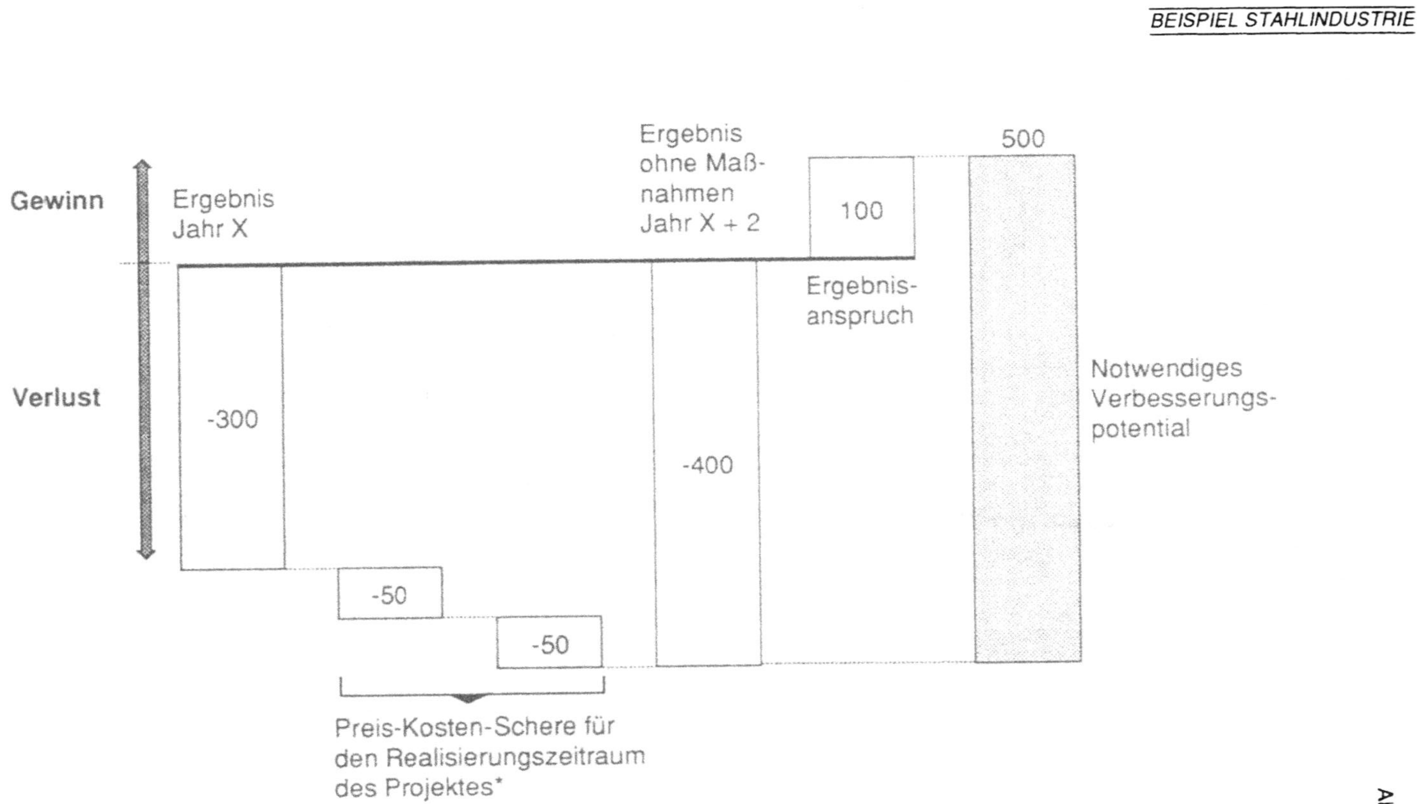

* Rechnungsgrundlage: Unternehmensumsatz 2,5 Mrd. DM, Preis-Kosten-Schere 2%, Realisierungszeitraum 2 Jahre

Abb. 5

Abb. 6

Industrie-Kostenkurve für Warmbreitband in der EG (Stand: Ende der 80er Jahre)

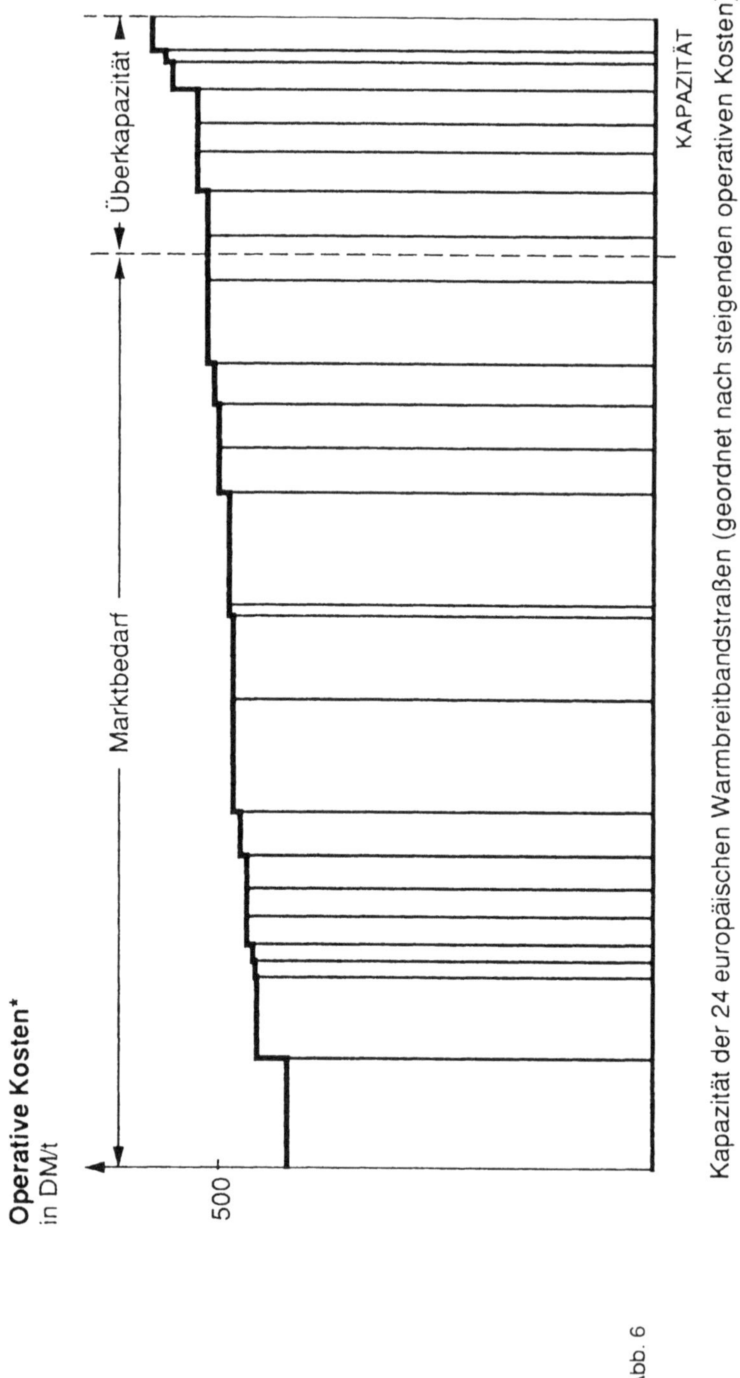

* Gesamtherstellkosten ohne Zinsen und Abschreibungen

Quelle: McKinsey-Stahl-Modell

Die dramatische Steigerung der Personalproduktivität bei British Steel in den 80er Jahren hatte auch eine signifikante Verbesserung ihrer Warmbreitbandstraße auf der Industrie-Kostenkurve zur Folge

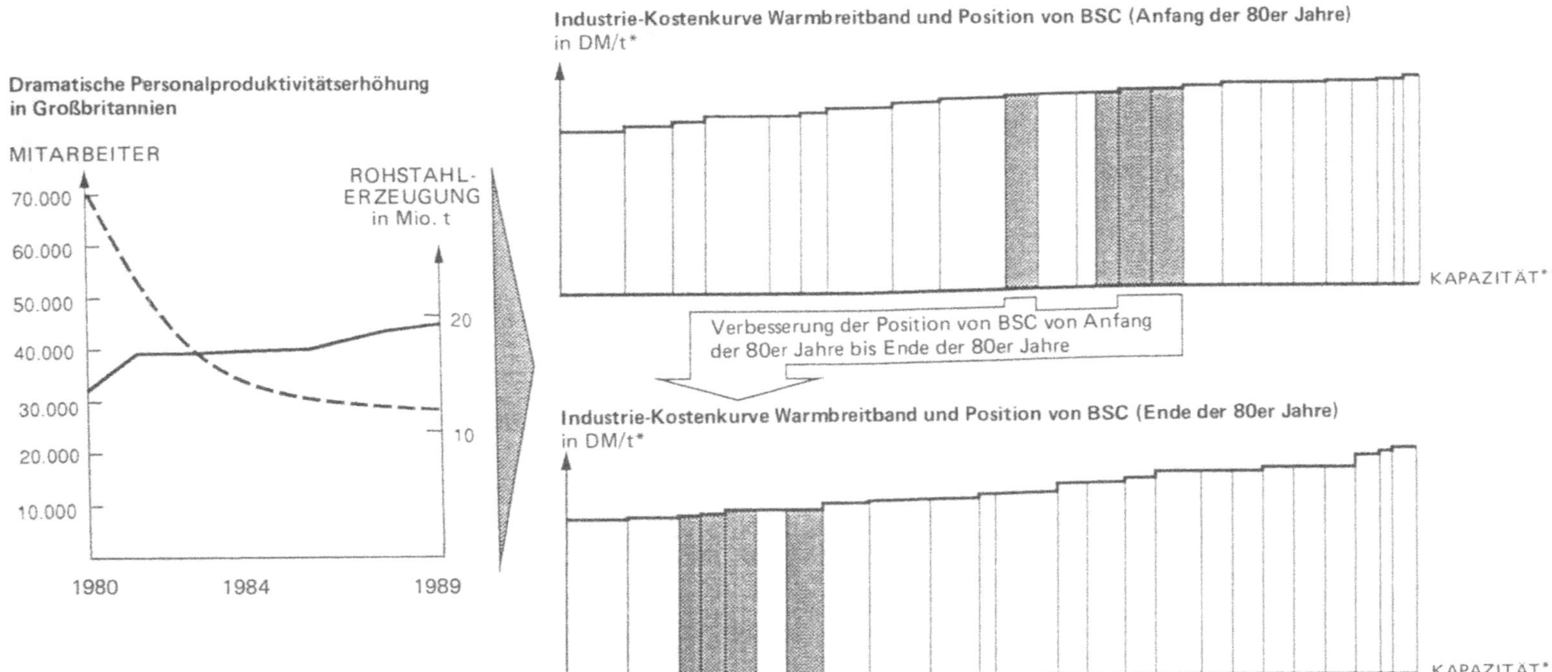

* Gesamtherstellkosten ohne Zinsen und Abschreibungen
** Die 24 europäischen Warmbreitbandstraßen

Quelle: McKinsey-Stahl-Modell, Basis 1. Halbjahr 1987

Abb. 7

Der Markteintritt von Minimills mit optimierter Kostenstruktur (entsprechend Nucor) würde weitere Warmbreitbandstraßen in Europa existentiell bedrohen

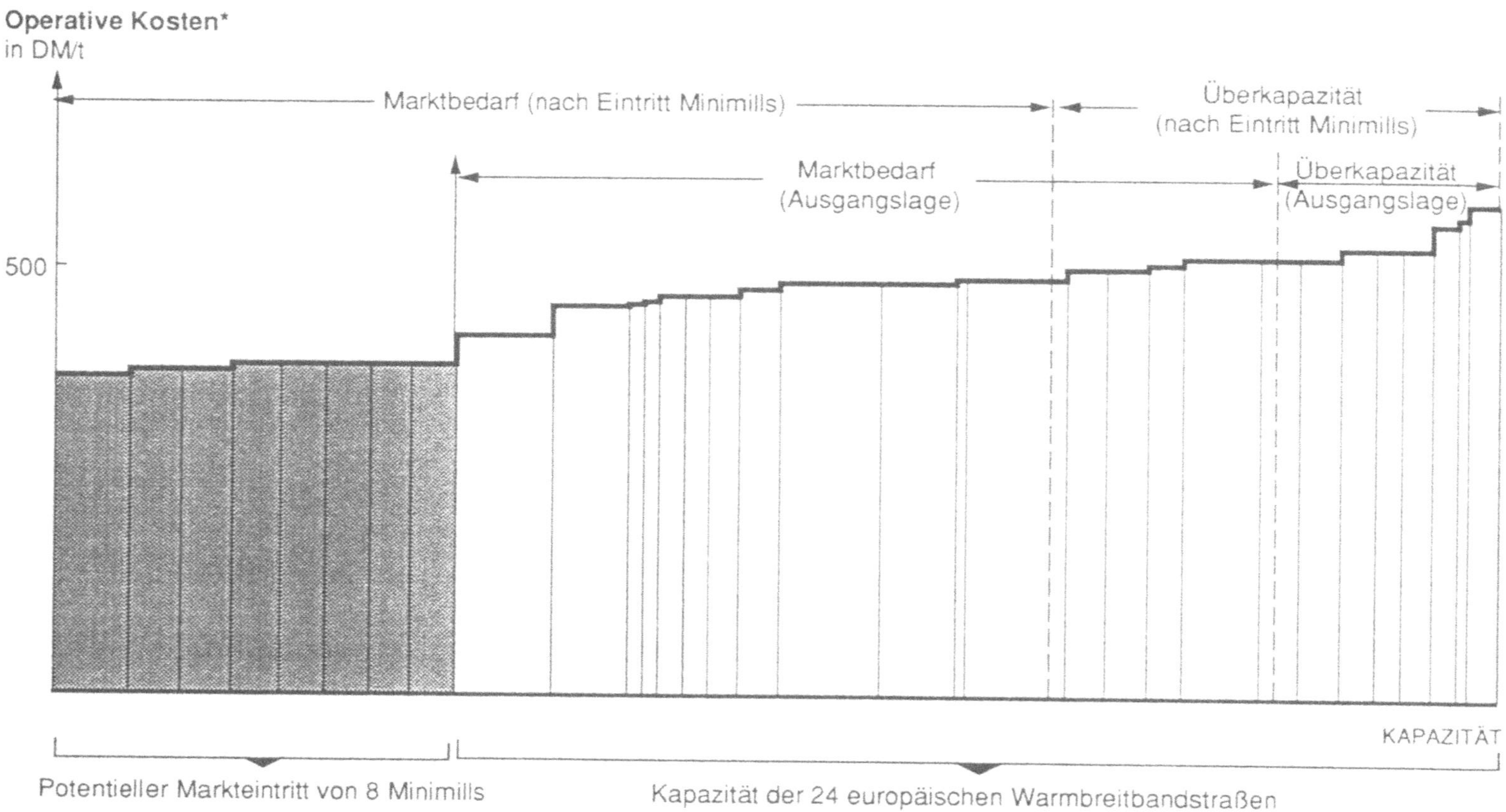

* Gesamtherstellkosten ohne Zinsen und Abschreibungen

Quelle: McKinsey-Stahl-Modell

Abb. 8

2.3 Ein Simulationsmodell zur Unterstützung der Produktentwicklung im Bereich der Labordiagnostik

Günter Berchtold, Helga Blaschke, Franz Liebl
Seminar für Systemforschung
Universität München
Ludwigstr. 28
80539 München

Sigmund Braun, Wolfgang Vogt
(Institut für Klinische Chemie und Laboratoriumsmedizin,
Deutsches Herzzentrum München)

Martin Eckert, Georg Hoffmann, Sigmar Klose
(Boehringer Mannheim GmbH, Forschung & Entwicklung, Tutzing)

Gliederung:

1. Einführung

Im Zuge wachsenden Kostendrucks bei gleichzeitigem Zwang zur Leistungsverbesserung hielt in den letzten Jahren die Automatisierung breiten Einzug in klinische Labors. Dieser Trend hat sich jedoch zunächst weitgehend auf den Bereich der Analytik konzentriert, während die Phasen der Probenvor- und -nachbereitung häufig noch manuell bewältigt werden. Automatisierungspotential ist also in reichem Maße vorhanden, und die Frage drängt sich auf, wo eine Ausschöpfung ansetzen sollte.

Da in einem Labor alle Tätigkeiten in einem hochkomplexen Beziehungsgeflecht zusammenwirken, sind die Effekte von Änderungen in einer Laborkonfiguration - z. B. in bezug auf die verwendeten Analysengeräte, die Personalorganisation oder die Automatisierung der Probenverteilung - keineswegs offensichtlich und einfach bestimmbar. Wird ein aktueller Engpaß beseitigt, so treten mit Regelmäßigkeit andernorts Bottlenecks auf, derer man sich bislang nicht bewußt war; es ist eine ebenso häufige wie schmerzliche Erfahrung, daß umfangreiche Investitionen in neue, schnellere Analysengeräte nicht zum gewünschten Erfolg verhelfen, wenn man die Leistungsfähigkeit des Labors in seiner Gesamtheit beurteilt (DeCresce/Lifshitz 1988).

Insbesondere Hersteller von klinisch-chemischen Analysenautomaten müssen sich daher fragen, inwieweit sie einzelne Leistungsmerkmale verbessern sollen oder ob völlig neuartige Produktkonzeptionen entwickelt werden müssen. Eine Differenzierung des Produkts gegenüber der Konkurrenz kann letzten Endes nur dann sinnvoll erfolgen, wenn man dem Kunden einen entsprechenden Zusatznutzen für sein Gesamtsystem in Aussicht zu stellen vermag.

Die Beurteilung einer Gerätekonzeption darf nicht im Kontext eines einzigen Labortyps erfolgen; vielmehr muß sich ein Produkt in einer ganzen Reihe von verschiedenen Umgebungen bewähren. Der an sich wünschenswerte Test alternativer Prototypen in unterschiedlichen Labors birgt nicht nur zu hohe Risiken im täglichen Einsatz, er ist auch viel zu kostspielig (Mitrani 1982; Poole/Szymankiewicz 1977; Godolphin/Bodtker/Wilson 1992). Wer Entwicklungszeiten und -kosten senken will, muß bereits in der Konzeptphase wenig aussichtsreiche Stoßrichtungen ausfiltern.

Die Abteilung für Forschung und Entwicklung der Boehringer Mannheim GmbH schlug daher die Entwicklung eines quantitativen Modells vor, das in der Lage sein sollte, quasi beliebige Konfigurationen von klinischen Labors abzubilden, um damit den Erfolg einer Gerätekonzeption im jeweiligen Umfeld evaluieren zu können. Die Komplexität der Aufgabenstellung machte es erforderlich, ein interdisziplinär besetztes Team zusammenzustellen, dessen Mitglieder aus den Gebieten Medizin, Chemie, Informatik und Systemforschung stammten.

Von seiten der Laborärzte bestanden zunächst gewisse Zweifel an der Machbarkeit eines solchen Modells, weil in ihrem Hause Jahre zuvor Versuche gescheitert waren, die Auftragssteuerung mit Hilfe der Warteschlangentheorie zu unterstützen. Doch immerhin existieren in der Literatur einige Berichte über erfolgreiche Simulationen klinischer Labors (Bodtker/Wilson/Godolphin 1993, Godolphin/Bodtker/Wilson 1992, Dankbar/Shellum/Bennet 1992, Godolphin/Bodtker/Uyeno et al. 1990). Zwar beschränken sich diese Studien auf Ausschnitte aus einer kompletten Laborkonfiguration bzw. auf sehr spezielle Anwendungen, jedoch war klar, daß Simulation der einzige Weg sein würde, zu einer befriedigenden Approximation von klinischen Labors zu kommen, die eine realistische Größenordnung aufweisen.

Zwei Kernfragen schälten sich in diesem Zusammenhang heraus:

- Sind die Vorgänge in einem bestimmten Labor mit hinreichender Genauigkeit abbildbar, so daß die Ergebnisse hinreichend Konfidenz" besitzen, d. h. für den Nutzer eine akzeptable Genauigkeit aufweisen?
- Sollte dies zutreffen, inwieweit können die erzielten Ergebnisse auf andere Konfigurationen übertragen und verallgemeinert werden?

Für das Vorgehen bei der Modellentwicklung resultierten daraus im wesentlichen zwei Stufen:

- Gegenstand der ersten Phase war eine Machbarkeitsstudie, die zeigen sollte, ob für eine vorgegebene Laborkonfiguration überhaupt eine angemessene Repräsentation erzielbar sein würde. Als Kandidat wurde das Labor des Deutschen Herzzentrums des Freistaates Bayern ausgewählt, auf das ein individuelles, detailliertes Simulationsmodell zugeschnitten wurde.
- Da dieses spezifische Modell zu brauchbaren und validen Ergebnissen führte, war der Grundstein gelegt, dieses Modell zu generalisieren. Das daraus resultierende allgemeine Modell hat zum Ziel, das Verhalten beliebiger Laborkonfigurationen bzw. hypothetische Veränderungen von existierenden Konfigurationen zu simulieren.

Im folgenden soll das Konzept dieses Laborsimulators näher erläutert werden.

2. Probleme der Flexibilisierung

Ein Labor kann als Beziehungsgefüge von verschiedenen Klassen von Systemelementen - z. B. Mitarbeiter des Labors oder Objekte wie Probengefäße, Meßgrößen (Tests) und Instrumente - verstanden werden. Dieses Beziehungsgefüge ist in Abb. 1 grob schematisiert.

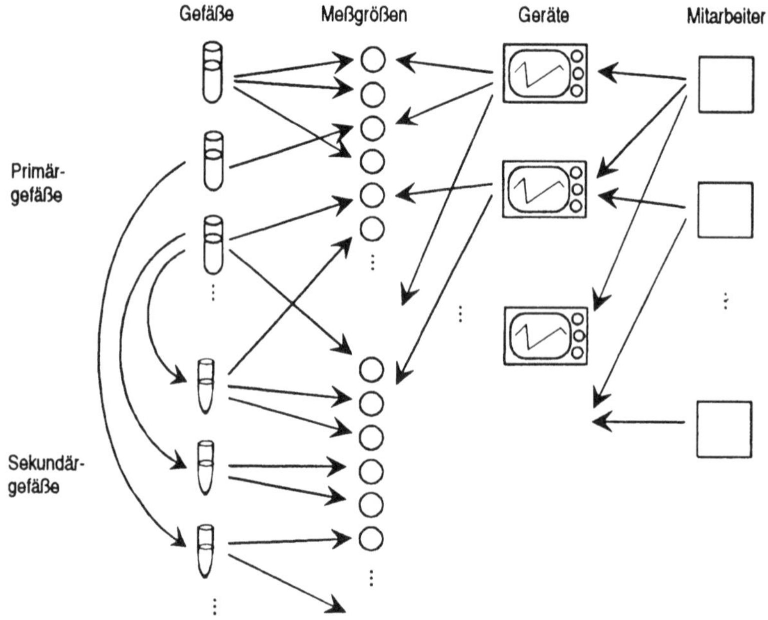

Abb. 1: Beziehung zwischen Systemelementen in einem Labor

Die Vorgänge in einem klinischen Labor lassen sich in etwa wie folgt skizzieren: Das Probenmaterial eines Patienten (Blut, Urin, ..) kommt bei der Annahmestelle des Labors an und wird dort gekennzeichnet und datentechnisch erfaßt. Die Gefäße, die das Probenmaterial enthalten, heißen Primärgefäße“. Gegebenenfalls wird das Probenmaterial eines Primärgefäßes im weiteren Verlauf auf ein oder mehrere Sekundärgefäße“ weiterverteilt (abgesert“). Die einzelnen Gefäße durchlaufen nun weitgehend unabhängig das Labor; aus dem Probenmaterial werden die vom Arzt angeforderten Meßgrößen bestimmt. Wie man aus Abb. 1 ersehen kann, ist zur Bestimmung einer angeforderten Meßgröße die Bereitstellung des zugehörigen Gefäßes erforderlich. Untersuchungen, die das gleiche Gefäß verlangen, werden nacheinander aus diesem Gefäß durchgeführt, und die Ergebnisse dem auftraggebenden Arzt übermittelt.

Dadurch, daß zur Bestimmung jeder Meßgröße in der Regel ein Analysengerät vorgesehenen ist, resultiert eine Abfolge von zu passierenden Geräten, die den Weg eines Probengefäßes durch das Labor markiert. Die Geräte sind bestimmten Mitarbeitern, den Medizinisch-Technischen Assistent(inn)en, kurz MTA, zugeordnet, welche die Bedienung und teilweise auch die Wartung vornehmen.

Jede Labororganisation zeichnet sich durch eine individuelle Gestaltung der genannten Verknüpfungen aus. Beispielsweise kann sich neben dem Gerätepark die Anzahl der verwendeten Gefäße stark von Labor zu Labor unterscheiden. All dies hat zum Teil gravierende Auswirkungen auf den Materialfluß in einer solchen Organisation.

Würde man nur ein bestimmtes Labor simulieren, läge es nahe, ein maßgeschneidertes Modell zu konzipieren, in dem

- die Funktionsweise aller Analysengeräte und die Tätigkeiten des Personals individuell abgebildet werden und
- ein individuelles Gerüst von Zuordnungen zwischen den Systemelementen vorliegt.

Damit ist ein solches Modell in der Lage, alle wichtigen Details eines bestimmten Labors, angefangen von der Probenannahme bis hin zur Ergebnisübermittlung an den auftraggebenden Arzt, zu berücksichtigen - was jedoch nur in sehr geringem Maße Modifikationen des status quo erlaubt. In der Regel beschränken sie sich auf Änderungen von Parametern, etwa indem man die Geschwindigkeit eines Geräts durch eine Veränderung der Abarbeitungszeiten anpaßt. In vielen Fällen müssen jedoch strukturelle Veränderungen ins Auge gefaßt werden, die weit über Parameterjustierungen hinausgehen und beispielsweise die Abarbeitungslogik eines Analysenautomaten oder eine Reorganisation von Arbeitsbereichen betreffen. Hierfür werden u.U. umfangreiche, sprich kostenintensive und zeitaufwendige Programmänderungen notwendig. Ein derart unflexibles Modell, und mag es noch so gut den status quo abbilden, ist somit weder für die Produktentwicklung noch für das Management eines Labors das zweckmäßige Instrument. Fragen des Typs what if" oder how to achieve" erfordern vielmehr einen hohen Grad an Flexibilität, der nur durch eine vollkommene Modularisierung sichergestellt werden kann. Um neuartige Produktkonzepte evaluieren zu können, müssen im Extremfall beliebige Zuordnungen von Systembestandteilen - wie z.B. von Gefäßen zu Tests, Tests zu Analysengeräten oder Personal zu Analysengeräten - zugelassen werden.

Mit Blick auf die Implementierung kommt hinzu, daß nicht nur der Detaillierungsgrad begrenzt werden muß, damit der Erhebungs- und Eingabeaufwand vertretbar bleibt, sondern auch eine hinreichend klare Struktur der Laborbeschreibung zu entwickeln ist, die im täglichen Einsatz von Nicht-Experten auf dem Gebiet der Simulation angewendet werden kann.

Als Ideal wurde daher ein Baukastensystem angestrebt, mit dem Systemelemente in beliebiger Weise zu einer Laborkonfiguration kombiniert und in eine entsprechende Datenstruktur transformiert werden können; die Datenstruktur wird vom Simulationsmodell übernommen und zur Messung der Leistungsmerkmale dieser Konfiguration benutzt. Diese Vorgehensweise wird von der horizontalen Achse in Abb. 2 dargestellt.

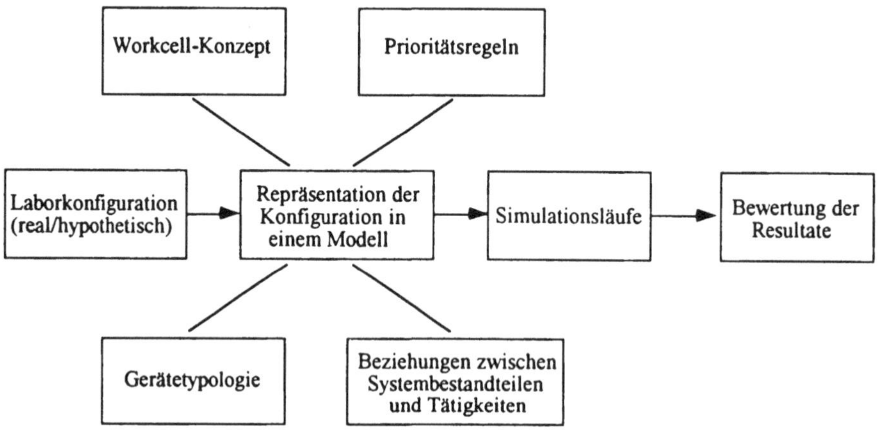

Abb. 2: Konzept eines flexiblen Laborsimulators

Für eine Modularisierung müssen die elementaren Arbeitsgänge und logischen Verknüpfungen in einem Labor in geeigneter Form verallgemeinert werden. Hierfür wurden folgende Konzeptbausteine entwickelt:

- ein Bezugsrahmen, um die Abarbeitungszeiten von manuellen und automatisierten Tätigkeiten zu strukturieren und zu klassifizieren. Dieser Bezugsrahmen basiert auf dem Konzept der sogenannten Workcell";
- eine Typologie, welche die Charakteristik von Analysengeräten erfaßt;
- Prioritätsregeln zur Beschreibung der Arbeitsgänge des Laborpersonals;
- eine Beschreibung der Beziehungen zwischen den Systemelementen.

In Abb. 2 sind diese Konzeptbausteine, die im folgenden näher beschrieben werden sollen, aufgeführt.

3. Modellkonzept

3.1 Leistungsmerkmale und Abgrenzung des Systems

Eine für Labors naheliegende Leistungskennziffer stellt die mittlere Durchlaufzeit für ein einzelnes Probengefäß dar. Ebensowichtig ist es jedoch für die Laborleitung, zu wissen, wann letztlich für einen Patienten die Laborbefunde in ihrer Gesamtheit vorliegen. Mit anderen Worten, die Durchlaufzeit für den kompletten Auftrag stellt eine wesentliche globale Leistungskennzahl für die Labororganisation dar, während die ausschließlich gefäßbezogene Messung nur ein unvollständiges Bild liefert, das womöglich zu verkehrten Schlußfolgerungen Anlaß gibt. Erst wenn eine vollständige Laborkonfiguration simuliert wird und Systemelemente auf verschiedenen Aggregationsniveaus durchs System verfolgt werden können, liegt eine hinreichend weite Systemabgrenzung vor, die eine realistische Einschätzung aller relevanten Leistungsmerkmale ermöglicht.

Die Auslastungen von Geräten und Personal verkörpern die zweite wichtige Gruppe von Kennzahlen. Im Fall von Geräten kann die Auslastung weitgehend problemlos gemessen werden; beim Personal kommen jedoch allgemeine Aufgaben, wie etwa die Wartung von Geräten oder Verwaltungstätigkeiten, zu der eigentlichen Probenbearbeitung hinzu. In diesem Zusammenhang ist es sinnvoll, folgende Unterscheidung zu treffen:

- Einige dieser allgemeinen Aufgaben haben einen Einfluß auf die Durchlaufzeiten, beispielsweise die Wartung von Geräten. Solche Tätigkeiten müssen in das Modell aufgenommen werden, um verzerrte Werte in den Leistungskennzahlen zu vermeiden. Daher eröffnet das Modell die Möglichkeit, bei jedem Gerät Termine für regelmäßige Wartung o. ä. vorzusehen, welche die Mitarbeiter entsprechend binden und die Geräteauslastung drücken.
- Für die übrigen Tätigkeiten kann man – bei guter Näherung an die tatsächlich geübte Praxis – annehmen, daß sie dann durchgeführt werden, wenn ansonsten geringer Arbeitsanfall herrscht. Was die Auswirkungen auf Durchlaufzeiten betrifft, so sind diese Aktivitäten hierfür letztlich irrelevant und können außer Betracht bleiben. Jedoch sollte bei der Analyse der Ergebnisse beachtet werden, daß sich Personalauslastungen von nahe 100 % über einen längeren Zeitraum hinweg verbieten.

Die dritte Gruppe von Leistungskennzahlen betrifft die im System auftretenden Warteschlangen. Die durchschnittlichen Warteschlangenlängen sind wichtige Indikatoren für Engpässe. Als Warteschlangendisziplin wird in der Praxis bei Routineaufträgen in der Regel first-come, first-served angewandt. Um hier nicht zu rigide zu sein, wird eine Möglichkeit zur Priorisierung vorgesehen, wie sie auch im Labor für Notfalluntersuchungen („STAT orders“) praktiziert wird.

3.2 Das Konzept der „Workcell“

Die bausteinartige Zusammensetzung eines Labors erfordert die Abstraktion von konkreten Geräten, an denen Proben bearbeitet bzw. Meßgrößen ermittelt werden. Das jüngst in die Diskussion eingeführte Konzept der Workcell“ hat die Entwicklung des Simulationsmodells in dieser Hinsicht wesentlich geprägt.

3.2.1 Grundidee

Die Grundidee des Workcell-Konzeptes wurde von Kramer (1990) und Ozawa/Schnipeslky/Pardue et al. (1991) eingeführt und läßt sich wie folgt beschreiben: The simple workcell is defined as an intelligent component that allows samples to be transported in and out, allows data to be up- or down-loaded, and allows external control from and provides internal status to outside devices.“ (Ozawa/Schnipeslky/Pardue et al. 1991, S. 530)

Schematisch läßt sich eine Workcell wie in Abb. 3 darstellen.

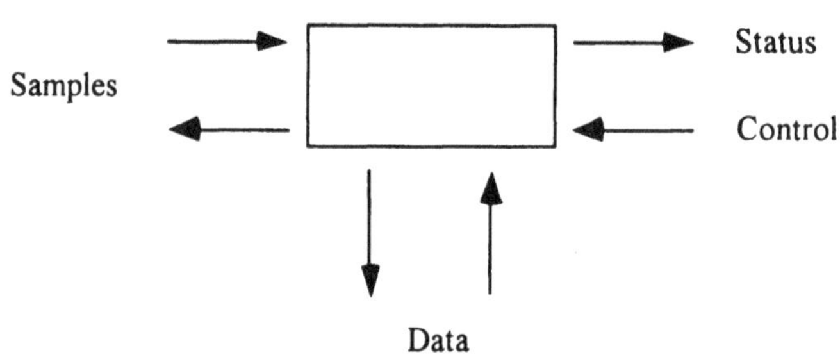

Abb. 3: Grundkonzept einer Workcell
(aus: Ozawa/Schnipeslky/Pardue et al. 1991, S. 531)

Ausgehend von diesem Konzept sollen nun alle Geräte in ihren Eigenschaften beschrieben werden, wobei in der Realität konzeptionell so unterschiedliche Geräte“ wie Zentrifugen, automatische Mehrkanal-Analysengeräte (z. B. Hitachi 717) sowie Hand-Arbeitsplätze vorkommen. Die Gerätespezifikation muß so beschaffen sein, daß die für die simulationstechnische Behandlung relevanten Charakteristika erfaßt werden.

Zunächst soll eine allgemeine zeitliche Struktur der Tätigkeiten, die bei einer Workcell anfallen, identifiziert werden. Dies liefert die Grundlage sowohl für die Erfassung der Zeitkomponenten als auch für die weitere Differenzierung nach der Funktionsweise.

3.2.2 Strukturierung von Arbeitsgängen

Will man die sich innerhalb einer Workcell vollziehenden Prozesse mit möglichst großer Allgemeingültigkeit kategorisieren, so läßt sich folgendes feststellen: Die Arbeitsgänge beziehen sich auf Probengefäße und dienen im wesentlichen drei verschiedenen Zwecken, nämlich der Vorbereitung (Präanalytik"), der Testdurchführung bzw. Bearbeitung selbst (Analytik") sowie der Nachbereitung (Postanalytik"), zu der beispielsweise die Entsorgung gehört. Diese drei Tätigkeiten sind für jedes Gefäß in der genannten Reihenfolge auszuführen, wobei mit jeder Tätigkeit ein gewisser Zeitaufwand verbunden ist.
Mit anderen Worten, eine Workcell stellt eine in sich geschlossene Abfolge von drei Servicestellen dar, wobei sich an jeder Servicestelle eine Warteschlange bilden kann. Der Aufbau von Warteschlangen hängt kritisch von den Ankünften, den workcell-typischen Servicezeiten und der Abarbeitungslogik während der Analytik ab. Letzteres gibt Anlaß zu einer funktionalen Differenzierung von Workcells.

3.2.3 Typen von Workcells

Geräte unterscheiden sich u. U. erheblich in der Art und Weise, Gefäße abzuarbeiten. Nehmen wir als Beispiel eine Zentrifuge. Sie kann mehrere Gefäße in einem Arbeitsgang aufnehmen, wobei die Dauer des Arbeitsgangs konstant ist, also nicht von der tatsächlichen Belegung abhängt. Während dieser Zeit können keine weiteren Gefäße zugeladen werden. Auf der anderen Seite arbeitet ein Mehrkanal-Analysengerät wie der Hitachi 717 ein Gefäß nach dem anderen ab. Dabei fügt das Gerät dem Probenmaterial das entsprechende Reagens hinzu und wirft nach einer bestimmten Inkubationszeit die Meßergebnisse aus. Während der Inkubation bleibt das Gefäß im Gerät in Wartestellung, unterdessen wird bereits für die folgenden Gefäße nacheinander die Inkubation eingeleitet, so daß in der Regel immer mehrere Gefäße simultan inkubieren. Die Klassifikation muß folglich derartige Unterschiede in der Abarbeitung widerspiegeln.

Obwohl die Vielzahl der technischen Abarbeitungsvarianten überwältigend erscheint, ergibt eine eingehende Untersuchung, daß insgesamt vier Dimensionen bzw. Dichotomien ausreichen, um sämtliche auf dem Markt befindlichen Geräte zu erfassen (Abb. 4):

- *Berücksichtigung der angeforderten Meßgrößen: selektiv versus unselektiv.* Geräte unterscheiden sich dahingehend, ob in einem Meßzyklus lediglich Ergebnisse für die angeforderten Meßgrößen generiert werden (selektiv) oder ob automatisch eine definierte Menge von Ergebnissen ausgeworfen wird, welche die angeforderten Meßgrößen enthalten (unselektiv).

- *Abarbeitung der Probengefäße: einzeln versus batchweise.* Geräte arbeiten Gefäße batchweise ab, wenn während eines Laufes kein Gefäß zugeladen werden kann; andernfalls liegt eine einzelne Abarbeitung vor.
- *Inkubation der Proben: sequentiell versus überlappend.* Die Inkubation kann bei einem Gerät sequentiell vor sich gehen, d. h. zu einem Zeitpunkt inkubiert immer nur ein Gefäß; bei überlappender Inkubation ermöglicht das Gerät, daß gegebenenfalls mehrere Inkubationen zur gleichen Zeit ablaufen können.
- *Ausgabe der Meßergebnisse: meßgrößenbezogen versus gefäßbezogen.* Können auf einem Gerät mehrere Meßgrößen bestimmt werden, so besteht entweder die Möglichkeit, nach jeder Messung ein Ergebnis auswerfen zu lassen (meßgrößenbezogen) oder erst, wenn aus einem Gefäß alle Meßgrößen bestimmt wurden (gefäßbezogen).

Prinzipiell sind diese vier Dimensionen unabhängig voneinander und damit beliebig kombinierbar; da die letzte Dimension jedoch im Fall von unselektiven Geräten keine Relevanz besitzt, resultiert ein Klassifikationsschema, das insgesamt zwölf verschiedene Typen von Workcells umfaßt (Abb. 4).

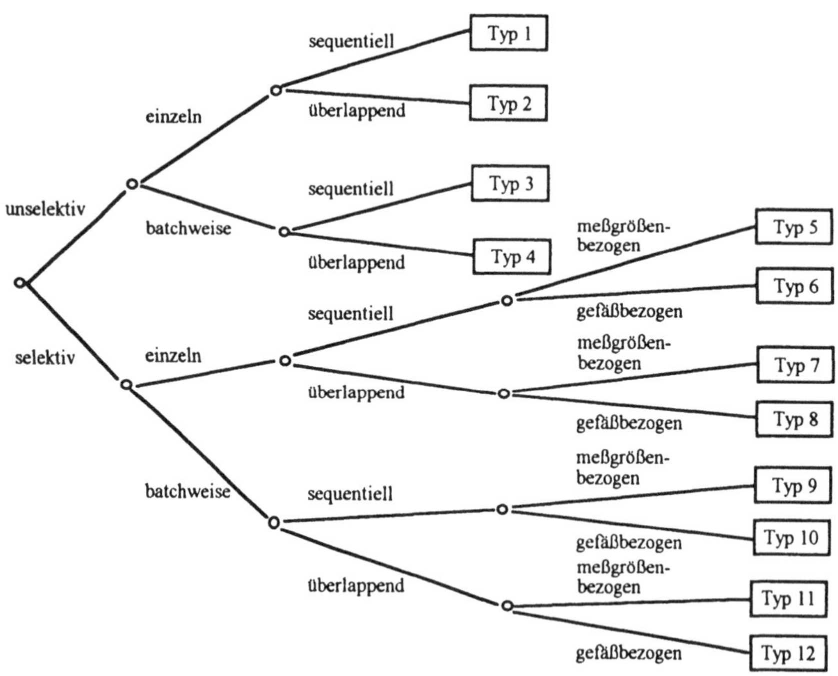

Abb. 4: Gerätetypologie

Betrachten wir die oben beschriebenen Beispiele, so kann eine Zentrifuge dem Typ 4 zugeordnet werden, ein Hitachi 717 fällt unter Typ 7. Auch manuelle Arbeiten wie etwa das Auszählen von Blutkörperchen am Mikroskop paßt in das Schema; hierbei handelt es sich um Typ 6.

3.3 Abbildung der übrigen Systembestandteile

3.3.1 Gefäße

In den Gefäßen befindet sich das Probenmaterial der Patienten, aus dem die verschiedenen Analysen durchgeführt werden sollen. Im allgemeinen liegt fest, auf welchem Gerät ein bestimmter Test gefahren wird. Daher kann in jedem Labor eine Zuordnung zwischen Tests, Gefäßen und Geräten festgestellt werden, die in den folgenden beiden Matrizen (Abb. 5) ihren Ausdruck findet.

Meßgröße \ Gefäß	1	2	3
1	1	0	0
2	0	0	1

1: Meßgröße wird aus Gefäß bestimmt

Meßgröße \ Gerät	1	2	3
1	0	1	0
2	1	0	0

1: Meßgröße wird auf Gerät bestimmt

Abb. 5: Zuordnung von Meßgrößen zu Gefäßen und von Meßgrößen zu Geräten

Das Probenmaterial der Patienten kommt am Labor in Primärgefäßen an. Wird das Material in Sekundärgefäße abgesert, muß die Verknüpfung zwischen dem jeweiligen Primärgefäß und den resultierenden Sekundärgefäßen hergestellt werden. Die Matrix in Abb. 6 zeigt diesen Zusammenhang.

Sekundärgefäß	Korrespondierendes Primärgefäß
⋮	⋮
44	3
45	1
46	1
⋮	⋮

Abb. 6: Zuordnung von Sekundärgefäßen zu Primärgefäßen

Die Simulation beschränkt sich nicht auf bestimmte Probenmaterialien und erlaubt die Erzeugung beliebig vieler Sekundärgefäße. Auch kann das Abseren in Sekundärgefäße für jedes Primärgefäß an einem unterschiedlichen Punkt erfolgen.

Die Beschreibung des Weges eines Gefäßes durchs Labor erfolgt durch das Routing". Zwar liegt durch die Zuordnungen Gefäß–Meßgröße und Meßgröße–Gerät fest, welche Geräte ein bestimmtes Gefäß durchlaufen kann, jedoch nicht deren - wiederum laborspezifische - Reihenfolge. In einer Routing-Matrix (Abb. 7) wird diese Reihenfolgebedingung formuliert.

Gefäß \ Station	1	2	3	4	5
1	1	2	7		
2	5				
3	1	3			

des Geräts

Abb. 7: Routing-Matrix für Gefäße

Das Beispiel in Abb. 7 sagt aus, daß aus Gefäß #1 erst alle angeforderten.Meßgrößen, die sich auf Gerät #1 bestimmen lassen, ermittelt werden; ebenso geht man dann für Gerät #2 und schließlich für Gerät #7 vor. In Abhängigkeit von den angeforderten Meßgrößen werden nur die benötigten Geräte passiert.

Mit all diesen Beziehungen läßt sich nun der Lebenszyklus eines Gefäßes, der in Abb. 8 schematisch dargestellt ist, formulieren.

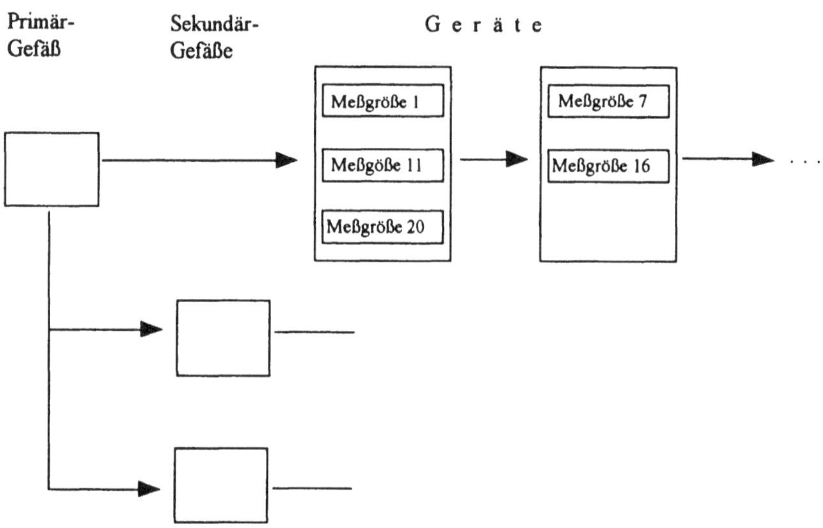

Abb. 8: Lebenszyklus eines Probengefäßes

3.3.2 Personal

Es liegt nahe, daß sich die Strukturierung der Bearbeitungszeiten, die für Workcells entwickelt wurde, in den Tätigkeiten der MTAs widerspiegeln. In jeder der drei Phasen Präanalytik, Analytik und Postanalytik ist zu einem gewissen Teil Personal involviert. Man spricht hier von der Personalbindungszeit; sie wird, wie in Abb. 9 dargestellt, als Prozentsatz der jeweiligen Phase ausgedrückt.

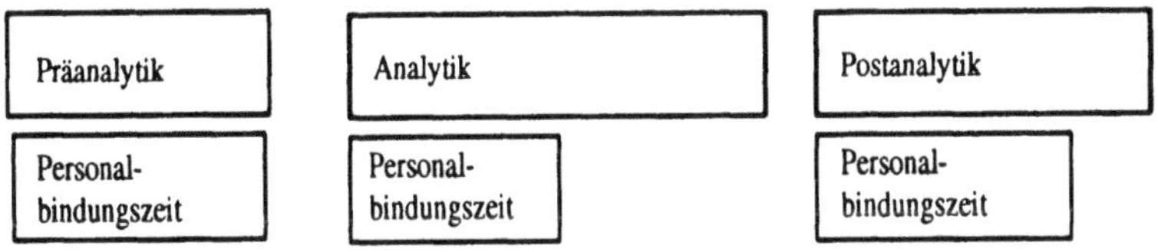

Abb. 9: Personalbindungszeit als Prozentsatz jeder Abarbeitungsphase

Zu diesem Arbeitsvolumen kommen gegebenenfalls Zeiten, die für die Wartung von Geräten und den Transport von Gefäßen zwischen Geräten aufgewendet werden. Auch Arbeitspausen werden im Modell geeignet berücksichtigt.
Die Zuordnung von Geräten zu Mitarbeitern wird analog den anderen Zuordnungen in Matrixform ausgedrückt. Anders als oben kann man hier nicht unbedingt Eindeutigkeit unterstellen, d. h. in praxi wird ein Mitarbeiter für mehrere Geräte zuständig sein, sich aber gleichzeitig mit anderen MTAs die Zuständigkeiten für gewisse Geräte teilen. Dies gilt insbesondere beim Einsatz von Springkräften, die auf diese Art ebenfalls erfaßt werden können.

Wie schon bei den Workcells, so stellt auch beim Personal die Abarbeitungslogik einen kritischen Punkt dar. Hier gilt es ebenfalls Verhaltensweisen zu abstrahieren. Welche charakteristischen Phänomene treten auf, die Berücksichtigung verdienen? Häufig liegt nach Abschluß einer Tätigkeit Arbeit an mehreren Geräten an, so daß sich der Arbeitsablauf nicht zwangsweise ergibt. Auch werden Tätigkeiten ineinander verzahnt; es kann an einem Arbeitsplatz vorkommen, daß bei einigen Gefäßen zuerst die Präanalytik an einem Gerät durchgeführt wird, dann auf einem anderen Gerät bei Gefäßen Aufgaben der Postanalytik erledigt werden und schließlich für die vorgenannten Gefäße sowohl Analytikphase als auch Postanalytikphase en bloc abgearbeitet werden. Was für das unbedarfte Auge als völlig undurchsichtige Abfolge von Tätigkeiten erscheinen mag (Bodtker/Wilson/Godolphin 1993), gehorcht jedoch einer bestimmten Abarbeitungslogik, die einer expliziten Formulierung bedarf. Die Erfahrung zeigt, daß diese Schemata sinnvoll durch Prioritätsregeln angenähert werden können, die in der Simulation für jeden Arbeitsplatz bzw. Mitarbeiter angesetzt werden (Abb. 10).

Mitarbeiter \ Priorität	1	2	3	4	5
1	1	2	7	5	
2	5	8	3		
3	4	1		# des Geräts	
⋮					

Abb. 10: Prioritätsliste eines Mitarbeiters

Die Prioritäten sind lexikalisch zu verstehen; das heißt, daß beispielsweise Mitarbeiter #2, der die Geräte #3, #5 und #8 bedient, immer an demjenigen Gerät weiterarbeitet, an dem Arbeit anliegt und das in der Priorität am weitesten vorne in der Liste steht (#5 vor #8 vor #3). Innerhalb eines Gerätes bzw. einer Workcell wurde zur Priorisierung der einzelnen Phasen die Reihenfolge Postanalytik vor Analytik vor Präanalytik", die in allen Fällen von den Experten als plausibel angesehen wurde, zugrunde gelegt.

4. Datenerhebung

Aus den geschilderten Zusammenhängen wird deutlich, daß zur Beschreibung einer existierenden Laborkonfiguration trotz des hohen Maßes an Strukturierung ein enormer Erhebungsaufwand erforderlich ist. Hinzu kommt, daß das Geflecht der Zusammenhänge in vielen Fällen so komplex ist (siehe auch Abb. 1), daß die Konsistenz der Zuordnungen ohne Hilfsmittel kaum noch zu überblicken ist. Die Entwicklung eines geeigneten Instruments zur Formulierung der Laborkonfiguration und ihrer formalen Überprüfung war daher unabdingbar.

Um die eigentlichen Simulationsläufe zu treiben, wird ein weiterer Block an Daten benötigt; diese beziehen sich auf den Arbeitsanfall in einem bestimmten Zeitraum, d. h. die einzelnen Aufträge und die in ihnen enthaltenen Anforderungen von Meßgrößen.

4.1 Daten des Auftragseingangs

In allen untersuchten Labors hat der tägliche Auftragseingang ein charakteristisches Profil mit einer spürbaren Saisonalität der Ankunftsraten. Darüber hinaus kann die Unabhängigkeit der Ankünfte von Proben an der Annahme nicht ohne weiteres postuliert werden. Für eine realitätsnahe Simulation kommt daher die Verwendung der üblichen Poisson-Prozesse nicht in Frage; aus diesem und einer Reihe von weiteren Gründen (siehe hierzu Bratley/Fox/Schrage 1987) empfiehlt es sich, die Simulation direkt mit den vor Ort erhobenen Auftragsdaten zu speisen.

Man benötigt für jeden Auftrag die Ankunftszeit am Labor, gegebenenfalls seine Priorität (bei STAT-Aufträgen) und die angeforderten Meßgrößen; im Hinblick auf die Validierung interessiert überdies der Zeitpunkt seiner endgültigen Fertigstellung. Im Regelfall können diese Informationen dem Labordatensystem entnommen und über eine geeignete Schnittstelle als Eingabedateien zum Simulieren auf den PC transferiert werden.
Den zeitlichen Verlauf des Auftragseingangs eines klinischen Labors illustriert Abb. 11, für die ein typischer Tag ausgewählt wurde. In den Morgenstunden sind die Ankunftsraten am höchsten, eine zweite, nicht ganz so ausgeprägte Spitze ergibt sich am frühen Nachmittag.

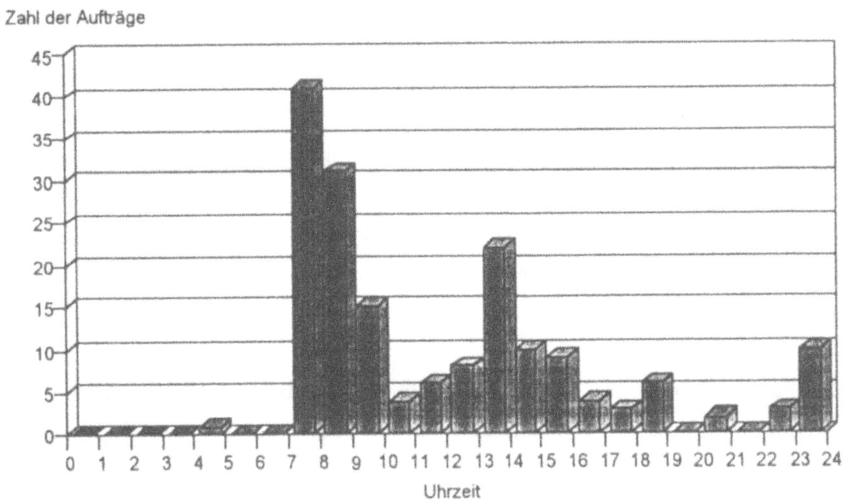

Abb. 11: Saisonalität der Ankunftsraten

4.2 Konfiguration des Labors und Bearbeitungszeiten

Wie wir gesehen haben, kann die Konfiguration eines Labors durch die Systembestandteile - Mitarbeiter, Meßgrößen, Probengefäße, Geräte - und deren Verknüpfungen charakterisiert werden. Die Datenerhebung umfaßt eine komplette Bestandsaufnahme dieser Strukturen; auch im Falle einer hypothetischen Konfiguration sind die Festlegungen mit gleichem Detaillierungsgrad zu treffen.

Darüber hinaus müssen alle Geräte sowie jeder Hand-Arbeitsplatz in der Typologie der Workcells verortet werden. Sodann findet eine Erfassung der relevanten Zeitgrößen statt: die Zeitdauern der verschiedenen Bearbeitungsphasen einer Workcell, die damit verbundene

Personalbindung (siehe Abb. 9) sowie die für Wartung und Transport vorgesehenen Zeiten. Bei allen Testlabors wurden die Werte entweder unmittelbar an den Arbeitsplätzen per Stoppuhr gemessen, den Herstellerspezifikationen entnommen oder, wenn nicht anders mit vertretbarem Aufwand erhebbar, von der Laborleitung geschätzt. Die verschiedentlich propagierte Zeiterfassung per Video (z. B. Godolphin/Bodtker/Wilson 1992) wurde verworfen, da die Gefahr der Verhaltensbeeinflussung schwerer wiegt als der vermutlich geringe Zuwachs an Meßgenauigkeit. Statt dessen empfahl sich ein enger persönlicher Kontakt zum Personal, um ein besseres Verständnis für Vorgänge und Arbeitsweisen zu erhalten, als es beim Betrachten von Videosequenzen möglich wäre.

Da mit Ausnahme von technisch fixierten Gerätezeiten die Bearbeitungsdauern Schwankungen unterliegen, werden sie im Modell als stochastische Variablen behandelt.

5. Modellimplementierung

Probleme der Modellimplementierung betreffen neben den üblichen technischen Fragen - Wahl des Simulationsansatzes und geeigneter Programmiertools - in erster Linie die Bewältigung der Fülle an Daten. Dies gilt sowohl für die Eingabeseite als auch für die Menge an Ergebnisinformationen, die für eine Beurteilung von Veränderungsmaßnahmen potentielle Relevanz besitzen.

Eine natürliche Segmentierung der Aufgaben ergibt sich zwischen der Erfassung der Konfiguration und der eigentlichen Simulation. Hierzu wurden zwei getrennte Programmsysteme entwickelt.

5.1 Dateneingabeprogramm

Die Datenerhebung für ein Labor bereitet nicht nur angesichts ihres Umfangs Probleme; ebenso kritisch ist das vom praktischen Einsatz diktierte Ziel, eine Rationalisierung durch Standardisierung des Eingabeprozesses zu erreichen. Mit anderen Worten, ein strukturierter und weitgehend selbsterklärender, dabei einfach auszufüllender Fragebogen muß den Befragten, in der Regel der Leitung eines Labors, zur Verfügung gestellt werden. Datentechnische Unterstützung in Form eines Programms mit entsprechender Benutzerführung liegt hier nahe.

Das Dateneingabeprogramm (in C++ unter Windows) stellt alle notwendigen Bildschirmmasken zur Verfügung, um die Konfiguration eines Labors festzulegen bzw. um in einer bereits definierten Konfiguration Änderungen durchzuführen. Darüber hinaus werden Vollständigkeit und Konsistenz der Benutzerspezifikationen geprüft. Zur Reduktion des manuellen Eingabeaufwands verfügt das Programm über eine Datenbank, welche die technischen Spezifikationen gängiger Geräte beinhaltet.

Eine typische Bildschirmmaske aus dem Eingabeprogramm zeigt Abb. 12; sie wird beispielsweise benutzt, um ein Primärgefäß zu beschreiben. Man sieht aus dieser Darstellung, daß das Probengefäß den im Labor verwendeten Namen erhält (hier YELLOW“), daß ihm bestimmte Meßgrößen zugeordnet werden und der Weg durchs Labor festgelegt wird. Eventuell anfallende Transport- und Wegezeiten zwischen Geräten werden im Rahmen des Routing erfaßt.

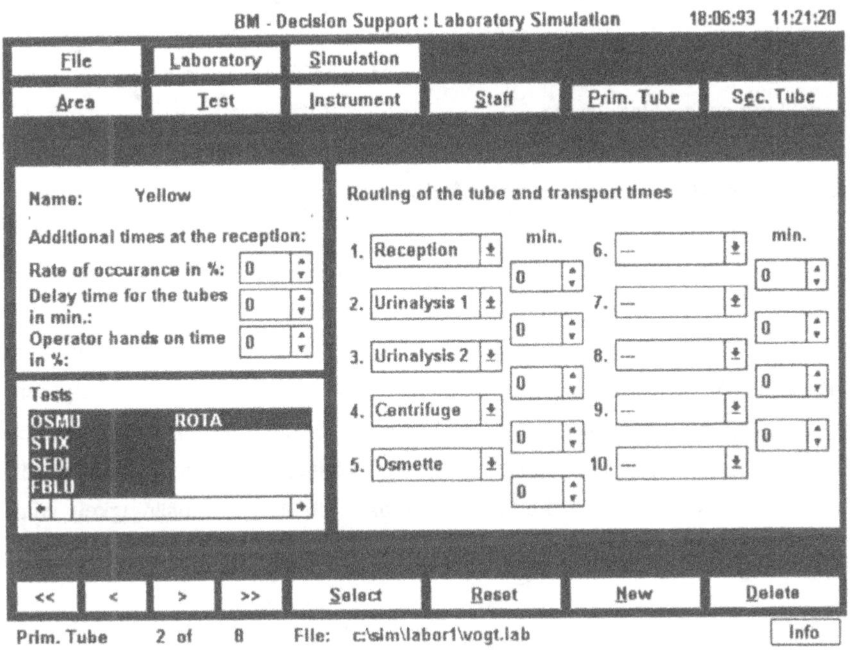

Abb. 12: Bildschirmmaske des Dateneingabeprogramms

Wenn alle Eingaben durchgeführt sind und das Programm ihre Vollständigkeit und formale Konsistenz bestätigt hat, werden die vom Simulationsmodell benötigten Eingabedateien erzeugt. Diese können zu einem beliebigen späteren Zeitpunkt für Simulationsläufe genutzt werden.

5.2 Simulationsprogramm

5.2.1 Technisches

Die Erstellung des Simulationsmodells wurde im Event-Scheduling-Approach vorgenommen, der sich für die gegebene Problemstellung als geeignetster Modellierungsansatz erwies. Die Codierung erfolgte unter Verwendung der PC-Version von SIMSCRIPT II.5.

Die Simulation geht im wesentlichen so vor sich, daß zunächst aus den vom Eingabeprogramm erzeugten Daten die entsprechenden Objekte mit den zugehörigen Attributen erzeugt werden; im Anschluß daran wird die Simulation von den Auftragsdaten getrieben. Während der Simulation, die - in Abhängigkeit von der verwendeten Hardware und der Laborgröße - pro simuliertem Labortag im Schnitt einige Minuten beansprucht, können bereits die wesentlichen Kenngrößen interessierender Systembestandteile in ihrer zeitlichen Entwicklung beobachtet werden.

5.2.2 Ausgabe von Auslastungen und Durchlaufzeiten

In der Bildschirmausgabe des Simulationsproramms werden Durchlaufzeiten und Auslastungen für beliebig auswählbare Systemelemente angezeigt. Das Stabdiagramm in Abb. 13 illustriert die Auslastung des Mitarbeiters an der Annahme für jede Stunde eines simulierten Labortags. Wie aufgrund des zeitlichen Auftragsprofils (Abb. 11) zu erwarten war, ergeben sich für diesen Arbeitsplatz Belastungsspitzen am Morgen und am frühen Nachmittag. Bei Wahl eines anderen Systemelements, etwa eines Geräts, könnte man sehen, mit welcher Zeitverzögerung die Belastung dort in die Höhe geht bzw. ob dies in Abhängigkeit vom Auftragsmix überhaupt passiert.

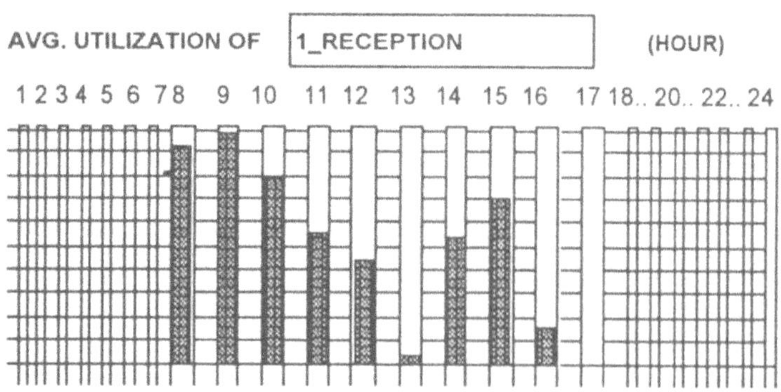

Abb. 13: Ergebnisdarstellung (Ausschnitt aus der Bildschirmmaske)

Ferner werden für den jeweils markierten Arbeitsbereich die durchschnittlichen Durchlaufzeiten je Auftrag sowie deren Verteilung in Form eines Histogramms angegeben, wobei eine Differenzierung nach priorisierten und nicht-priorisierten Aufträgen erfolgt.

5.2.3 Warteschlangenanalyse

Nach Beendigung der Simulation kann darüber hinaus eine Analyse der aufgetretenen Warteschlangen erfolgen, um Engpässe im System zu identifizieren. In Abb. 14 ist eine solche Bottleneck-Analyse dargestellt.

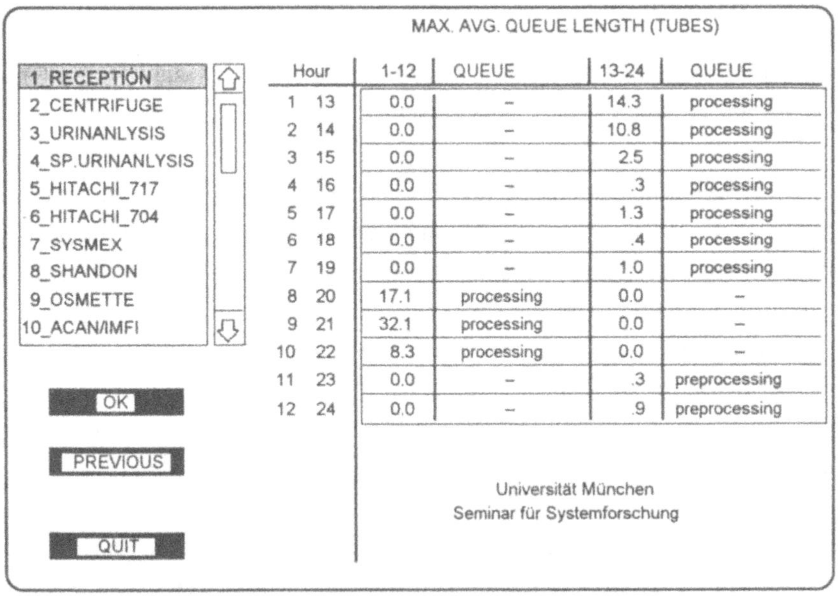

Hour		1-12	QUEUE	13-24	QUEUE
1	13	0.0	-	14.3	processing
2	14	0.0	-	10.8	processing
3	15	0.0	-	2.5	processing
4	16	0.0	-	.3	processing
5	17	0.0	-	1.3	processing
6	18	0.0	-	.4	processing
7	19	0.0	-	1.0	processing
8	20	17.1	processing	0.0	-
9	21	32.1	processing	0.0	-
10	22	8.3	processing	0.0	-
11	23	0.0	-	.3	preprocessing
12	24	0.0	-	.9	preprocessing

Abb. 14: Bildschirmmaske der Warteschlangenanalyse

Die durchschnittlichen Warteschlangenlängen werden für jede Stunde eines Labortages ausgegeben. Da sich bei einer Workcell grundsätzlich drei Warteschlangen bilden - je eine für Präanalytik, Analytik und Postanalytik - wird zur Reduktion der Datenausgabe nur die jeweils längste als interessierende Obergrenze angezeigt.

Hieraus lassen sich die folgenden Schlußfolgerungen ziehen: Treten Warteschlangen vor allem bei der tendenziell personalintensiven Prä- oder Postanalytik (preprocessing“ bzw. postprocessing“) auf, herrscht vermutlich Personalknappheit an dieser Stelle. Ist dagegen die Phase der Analytik (processing“) der Ort der Warteschlangenbildung, muß eine ungenügende Gerätekapazität vermutet werden.

6. Validierung und Modellexperimente

Für das Labor des Deutschen Herzzentrums München (Abb. 15) war zunächst ein detailliertes, maßgeschneidertes Simulationsmodell entwickelt und validiert worden. Dieses Labor war auch das erste, bei dem der flexible Simulator für Modellexperimente eingesetzt und validiert wurde - was somit den direkten Vergleich zwischen beiden Modellierungskonzeptionen erlaubte.

6.1 Untersuchtes Realsystem

Das Deutsche Herzzentrum in München besitzt 140 Betten in drei Abteilungen. Der Prozentsatz an Intensivbetten ist dabei mit 25% außerordentlich hoch; 5000 stationäre und 15000 ambulante Patienten werden alljährlich behandelt.

Das Institut für klinische Chemie und Laboratoriumsmedizin versorgt dieses Krankenhaus mit allen Laborleistungen außer Mikrobiologie und Blutbank. Das Labor besitzt keine spezielle Notfallabteilung, es ist vielmehr wie ein Notfall-Labor mit zusätzlichen Routineuntersuchungen organisiert und umfaßt die Arbeitsbereiche Annahme, Urinplatz, Hämatologie, Gerinnung, Klinische Chemie, Elektrophorese und Immunologie. Weiters vorhanden sind Arbeitsplätze für Endokrinologie und Stoffwechseluntersuchungen, die jedoch als für die Fragestellung nicht relevant angesehen wurden und daher im Modell keine Berücksichtigung fanden.

Die technische Ausstattung, die in das Layout des Labors eingetragen ist, entspricht dem Stand der Technik, als Informationssystem wird das Swiss-Lab 2020 (Frey, Berlin) auf einer Rechenanlage HP 1000 A-400 genutzt. Die ankommenden Aufträge mit ihren Anforderungen für Meßgrößen werden unverzüglich in dieses Informationssystem übernommen.

Die Tagschicht dauert von 7.30 Uhr bis 16.30 Uhr, der Nachtdienst fängt um 16.30 Uhr an; der Bereitschaftsdienst beginnt um 1.00 Uhr nachts und endet um 7.30 Uhr morgens.

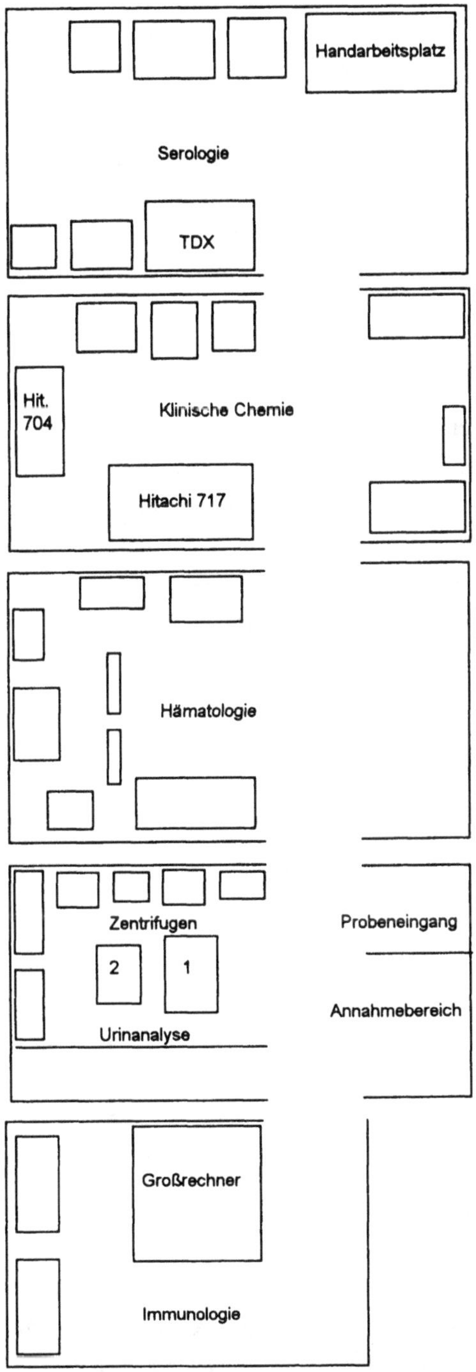

Abb. 15: Layout des Labors im Deutschen Herzzentrum

6.2 Validierung

Jedes Simulationsmodell ist nur eine Abstraktion des zu untersuchenden Realsystems; dies gilt insbesondere für das flexible Konzept, das noch einen beträchtlich höheren Abstraktionsgrad aufweist als die individuelle Simulation. Die Validierung muß nun zeigen, ob das resultierende Modell das Realsystem mit sinnvoller Genauigkeit widerspiegelt.
Um zu erkennen, wie gut die Korrespondenz zwischen dem Realsystem und dem Simulationsmodell tatsächlich ist, wurden die wesentlichen Leistungskennzahlen aus der Simulation mit den für das Labor vorhandenen Daten verglichen. Hierfür eigneten sich primär die Durchlaufzeiten der Aufträge, die ja - anders als etwa Geräte- und Personalauslastungen°– aus dem Labordatensystem entnommen werden konnten. Ein Vergleich zwischen den erhobenen und simulierten Durchlaufzeiten für Routineaufträge, bezogen auf den in Abb. 11 dargestellten Tag, zeigte eine Differenz von 2 Minuten bei den Mittelwerten: 97 min. im Falle der tatsächlichen Durchlaufzeiten versus 95 min. im Falle der Simulation. Ein ähnliches Bild ergab sich für die STAT-Aufträge, wo 47 min. aus den Simulationsergebnissen einem Wert von 45 min. aus den tatsächlich gemessenen Durchlaufzeiten gegenüberstanden. Bei zehn Simulationsläufen überdeckte ein 90%-Konfidenzintervall für den Mittelwert den tatsächlich gemessen Wert.

Eine akzeptable Übereinstimmung ergab sich ebenfalls bei einem Vergleich der Verteilungen, was Abb. 16 exemplarisch für Routineaufträge zeigt.

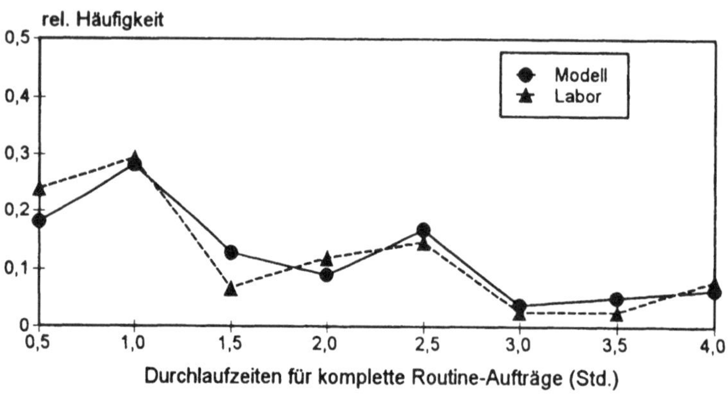

Abb. 16: Verteilung der Durchlaufzeiten (Modell vs. Realsystem)

Auch wenn bereits diese Ergebnisse bei den Nutzern prima facie als sehr zufriedenstellend eingestuft wurden, darf sich eine Validierung nicht auf einen reinen Zahlenvergleich beschränken. Gerade im Hinblick auf die anvisierten Veränderungen der Konfiguration bedarf es ergänzender Analysen, insbesondere Sensitivitätsuntersuchungen und crash tests" (Balci 1988, Bratley/Fox/Schrage 1987). Auch andere Leistungsmerkmale, die für das

Realsystem ad hoc nicht bekannt sind (z.B. Auslastungen von Personal und Geräten oder Durchlaufzeiten für einzelne Probengefäße), steuern dann Validierungsinformation bei. Von der Laborleitung wurden diese Ergebnisse auf Plausibilität geprüft und das Reaktionsverhalten bei systematischer Veränderung der Randbedingungen (z.B. Erhöhung der Auftragszahlen) beobachtet. In manchen Fällen gab dies Anlaß dazu, bestimmte Zeitmessungen zu überprüfen oder Herstellerspezifikationen, die offensichtlich nicht unter repräsentativen Bedingungen ermittelt worden waren, durch eigene Messungen zu ersetzen.

Neben den Erfahrungen, die aus der Validierung für das Labor des Deutschen Herzzentrums gewonnen werden konnten, zeigten Untersuchungen für zwei weitere Labors mit völlig anderer Struktur ein ähnliches Resultat. Die Ergebnisdifferenzen zwischen Simulationsmodell und den Realdaten lagen generell bei höchstens ± 5%; das ist ein Wert, der sowohl von den Anwendern aus der Produktentwicklung als auch von seiten des Labormanagements für absolut ausreichend gehalten wird.

Diese Ergebnisse und die Tatsache, daß die Unterschiede zwischen dem maßgeschneiderten Modell und dem flexiblen Simulator vernachlässigbare Größenordnung besitzen, lassen den Schluß zu, daß trotz der rigiden Strukturierungen bei Geräten und manuellen Tätigkeiten keine unzulässigen Vereinfachungen auftreten.

6.3 Modelleinsatz

Ein Simulationsmodell mit seinen vielfältigen Möglichkeiten, Fragen des Typs what-if" zu stellen, kann zu einer Vielzahl von Zwecken eingesetzt werden. Für die Produktentwicklung wären das:

- der Test, ob das Ersetzen manueller Tätigkeiten durch erhöhte Automatisierung, etwa durch einen Probenverteiler, die Leistungsfähigkeit des Labors signifikant verbessert;
- die Ermittlung der Auswirkungen von Produktkonzepten, welche mehrere Geräte zu einem einzigen zusammenfassen.

Der Simulator kann jedoch auch die Laborleitung unterstützen. Sie erhält Informationen darüber,

- ob bei bestimmten Sparmaßnahmen die Leistungsgüte des Labors unter ein bestimmtes Niveau sinkt;
- ob organisatorische Maßnahmen im Labor die gewünschten Effizienzsteigerungen zeitigen (z. B. Veränderungen im Schichtbetrieb, Zuordnung von Geräten zu Mitarbeitern);
- ob ein verändertes Verhalten bei den Stationsärzten (z. B. in bezug auf die angeforderten Meßgrößen oder den Zeitpunkt der Anforderung) die Arbeit im Labor unterstützen könnte.

Vor diesem Hintergrund schafft das Modell auch eine geeignete Grundlage für Marketing und Vertrieb, um dem Kunden den Produktnutzen in seinem individuellen Umfeld vorzuführen. In den U.S.A. fordern heute bereits Kliniken, daß Anbieter aus dem Bereich der Laborautomatisierung die Leistungsfähigkeit ihrer Produkte mittels Simulation nachweisen (Dankbar/Shellum/Bennet 1992).

Im Gegensatz zu what-if"-Untersuchungen sind Fragen des Typs how to achieve" bei Simulationen generell nur indirekt durch Ausprobieren von Entscheidungsalternativen zu beantworten. Jedoch gibt der Simulator hier durch die Ergebnisdarstellung für alle wesentlichen Systembestandteile und die Möglichkeit zur Bottleneck-Analyse Hinweise auf Verbesserungspotentiale.

Wieviel zeitlichen Aufwand erfordert der Einsatz des Modells? Den größten Teil beansprucht zweifelsohne die Bestandsaufnahme der Laborstruktur und die Ermittlung der einzelnen Bearbeitungszeiten. Während die Zeitangaben für die Analytik in den meisten Fällen der Gerätedatenbank des Eingabeprogramms entnommen werden können, müssen die Zeiten für Prä- und Postanalytik gemessen und dokumentiert werden. Einschließlich der Erstellung der Zuordnungs- und Prioritätsmatrizen werden nach unseren Erfahrungen rund drei Tage benötigt. Die Bereitstellung der Auftrags- und Anforderungsdaten hängt kritisch von der Dokumentationsqualität des verwendeten Laborinformationssystems ab. Sind die erforderlichen Auftragsdaten auf dem Laborrechner verfügbar, brauchen sie nur auf den PC übertragen zu werden. Ansonsten kommt man nicht umhin, mehrere Tage lang an der Probenannahme den Ankunftszeitpunkt und die Zusammensetzung der Aufträge zu erfassen sowie den jeweiligen Fertigstellungszeitpunkt festzuhalten.

Der Aufwand für Änderungen in der Laborkonfiguration bemißt sich kritisch nach dem anvisierten Ausmaß. Die Simulationsläufe selbst benötigen in der Regel nur Minuten. Wenn eine Reihe von interessierenden Varianten ausgetestet werden soll, kann man als Richtwert für den Gesamtaufwand (Änderungen und Ergebnisberechnung) etwa einen Tag ansetzen.

6.4 Modellexperimente

Im folgenden sollen zwei Eingriffe in die Laborkonfiguration des Deutschen Herzzentrums exemplarisch vorgeführt werden. Die Ergebnisse zeigen deutlich, daß intuitive Abschätzungen kaum zum Ziel geführt hätten.

6.4.1 Experiment I: Erhöhung der Gerätegeschwindigkeit

Das erste Modellexperiment bestand darin, die Geschwindigkeit eines hämatologischen Analysengeräts um 100% zu steigern. In Abb. 17 sind die Ergebnisse in bezug auf die globale Leistungsfähigkeit des Labors erfaßt.

Gerätegeschwindigkeit	Normal	Verdoppelt
Durchlaufzeit für fertiggestellte Routineaufträge [min]	95	93
Durchlaufzeit für Gefäße im Bereich der Hämatologie (Routine) [min]	55	51

Abb. 17: Resultat der Gerätebeschleunigung

Obwohl von vornherein zu erwarten war, daß die globale Leistungsfähigkeit des Labors nur marginal verbessert werden würde, überraschte es doch, daß selbst der Effekt auf den unmittelbaren Arbeitsbereich (Hämatologie) kaum spürbar war. Dieses Resultat kann damit erklärt werden, daß nach der Analyse auf dem beschleunigten Gerät noch eine Vielzahl manueller Tätigkeiten auftreten. Hier die Produktentwicklung ohne Beachtung der Randbedingungen in Richtung Geschwindigkeitserhöhung zu treiben, erwiese sich also als Fehlschlag.

6.4.2 Experiment II: Reorganisation des Labors

Die Laborleitung äußerte Interesse an einem Szenario, das ein verdoppeltes Auftragsvolumen unterstellt, um hieraus Informationen über sinnvolle Maßnahmen der Kapazitätsexpansion abzuleiten. In einem ersten Schritt wurde die bestehende Konfiguration mit den erhöhten Ankunftsraten konfrontiert. Vor allem an der Annahme und an den Zentrifugen bildeten sich lange Warteschlangen, der Prozentsatz der Aufträge, die noch am selben Tag fertiggestellt werden konnten, sank auf rund 46%. Notfallaufträge waren wegen ihrer absoluten Priorisierung dagegen nicht sehr stark betroffen.

Um wieder zu einem adäquaten Leistungsniveau zu gelangen, wurde die bestehende Konfiguration in den folgenden Punkten geändert:

- ein automatischer Probenverteiler wurde in den Arbeitsbereich von Annahme und Zentrifugation eingebaut;
- der Analysenautomat für klinisch-chemische Untersuchungen wurde durch ein schnelleres Gerät mit größerer Kapazität ersetzt;
- die personelle Besetzung der Tagschicht wurde um zwei Mitarbeiter ergänzt;
- die Zuweisung von Geräten zu Personal wurde neu organisiert.

Das Ergebnis dieser umfangreichen Veränderungen, die innerhalb von etwa zwei Stunden formuliert waren, zeigt Abb. 18. Obwohl die Durchlaufzeiten noch nicht vollauf zufriedenstellen können, sind doch die ärgsten Engpässe beseitigt. Immerhin werden nun 94% aller Aufträge noch am selben Tag fertiggestellt.

Szenario	Doppeltes Volumen Exstierende Konfiguration	Doppeltes Volumen Modifizierte Konfiguration
Anteil der selben Tag fertiggestellten Aufträge [%]	46	94
ø Warteschlangenlänge an der Annahme in der Peak-Stunde [Gefäße]	245 (divergierend)	46 (nicht divergierend)
Durchlaufzeit für fertiggestellte Routineaufträge [min]	232	125
Durchlaufzeit für fertiggestellte STAT-Aufträge [min]	45	41

Abb. 18: Vergleich alternativer Konfigurationen bei doppeltem Auftragsvolumen

7. Zusammenfassung und Schlußfolgerungen

- Ergebnisse aus einem maßgeschneiderten Modell zeigen, daß ein solcher Prototyp sogar große und komplexe Laborkonfigurationen zufriedenstellend abbilden kann.
- Aufbauend auf diesen Erfahrungen wurde ein flexibler Laborsimulator zur Modellierung beliebiger Konfigurationen klinischer Labors entwickelt. Als Konfiguration soll hierbei das Zusammenspiel der Systemelemente Probengefäße, Meßgrößen, Geräte und Personal verstanden werden.
- Das Kernstück des Modells basiert auf dem Konzept des verallgemeinerten Geräts, der sogenannten Workcell".

- Für eine Workcell kann die Bearbeitungszeit in sinnvolle Komponenten - Präanalytik, Analytik und Postanalytik - zerlegt werden.
- Das technische Verhalten einer Workcell während der Phase der Analytik wird mit Hilfe einer mehrdimensionalen Typologie beschrieben. Zwölf Typen von Workcells wurden identifiziert und decken alle am Markt befindlichen Geräte, ja sogar manuelle Analysen, ab.
- Vervollständigt wird das Konzept durch Prioritätsregeln, welche die Arbeitsorganisation der Mitarbeiter im Labor widerspiegeln.
- Anhand mehrerer Labors, die sich in Größe und Organisationsstruktur wesentlich unterscheiden, wurde das Modellkonzept validiert.
- Simulationsläufe, die auf Basis des klinischen Labors des Deutschen Herzzentrums durchgeführt wurden, zeigen, daß isolierte Verbesserungen an Geräten nur zu geringen Effekten in den Gesamtdurchlaufzeiten führen. Umfassende Eingriffe hingegen, die den ganzheitlichen Charakter des Systems berücksichtigen, können beträchtliche Verbesserungen bewirken.
- Der Produktentwickler erhält daher konkrete Anhaltspunkte, welche Gerätekonzeptionen überhaupt aussichtsreich erscheinen.
- Marketing und Vertrieb können dem Kunden gegenüber argumentieren, ob und inwieweit der Einbau einer bestimmten Anlage seinen Nutzen zu steigern vermag.
- Das Management eines Labors verfügt über eine Beurteilungsgrundlage, welche organisationsgestaltenden Maßnahmen die Leistungsfähigkeit steigern bzw. ob trotz Kostensenkungsmaßnahmen noch ein gewünschtes Leistungsniveau erzielt werden kann.

Literaturverzeichnis:

Balci, O.; Credibility Assessment of Simulation Results: The State of the Art; in: Balci, O. (Hg.): Methodology and Validation, SCS Simulation Series, Vol. 19, #1, 1988, S. 19-25

Bodtker, K., Wilson, L., Godolphin, W.; Simulation Modelling to Assist Operational Management and Planning in Clinical Laboratories, in: Simulation, Vol. 60, 1993, S. 247-255

Bratley, P.; Fox, B. L.; Schrage, L. E.; A Guide to Simulation (Second Edition); New York, 1987

Dankbar, G. C., Shellum, J. L., Bennet, K. E.; The Use of Simulation to Evaluate Automated Equipment for a Clinical Processing Laboratory, in: Proceedings of the Winter Simulation Conference, Washington, D.C., San Diego, CA, 1992, S. 1065-1070

DeCresce, R. P., Lifshitz, M. S.; Integrating Automation into the Clinical Laboratory, in: Clinics in Laboratory Medicine, Vol. 8, 1988, S. 759-774

Godolphin, W., Bodtker, K., Uyeno, D., Goh, L.-O.; Automated Blood Sample-Handling in the Clinical Laboratory, in: Clinical Chemistry, Vol. 36, 1990, S. 1551-1555

Godolphin, W., Bodtker, K., Wilson, L.; Simulation Modeling: A Tool to Help Predict the Impact of Automation in Clinical Laboratories, in: Laboratory Robotics and Automation, Vol. 4, 1992, S. 249-255

Kramer, G.; Integrating Laboratory Robots With Analytical Instruments—Must It Be so Difficult?, in: Clinical Chemistry, Vol. 36, 1990, S. 1556-1560

Mitrani, I.; Simulation Techniques for Discrete Event Systems, Cambridge, 1982

Ozawa, K., Schnipeslky, H. L., Pardue, H. L., Place, J., Truchaud, A.; International Federation of Clinical Chemistry—The Expanding Role of Robotics in the Clinical Laboratory, in: Annales de Biologie Clinique, Vol. 49, 1991, S. 528-535

Poole, T. G., Szymankiewicz, J. Z.; Using Simulation to Solve Problems, London, 1977

2.4 Database-Marketing für nonprofit-Organisationen Eine Fallstudie aus dem Spenden-Sektor

Prof. Dr. Johannes M. Ruhland
Fakultät Wirtschafts- und Organisationswissenschaften
Universität der Bundeswehr München
Werner-Heisenberg-Weg 39
85579 Neubiberg

Gliederung:

Nonprofit-Organisationen bilden neben erwerbswirtschaftlichen Unternehmungen eine zweite Säule der gewerblichen Wirtschaft. Neben Mitgliedsbeiträgen und anderen Einnahmen für eigene Leistungen, sowie staatlichen Zuschüssen finanzieren sich die meisten dieser Organisationen wenigstens teilweise aus Spenden. Spenden aus dem privaten Sektor überwiegen dabei jene aus dem Unternehmenssektor bei weitem. Von 4 Milliarden Spendenvolumen allein für soziale und karitative Zwecke in 1992 stammt der überwiegende Teil von privaten Haushalten, der Rest von den Unternehmungen (DZI 1993). Diese Zahlen machen gleichzeitig die erhebliche gesamtwirtschaftliche Bedeutung dieser Organisationen deutlich.

Die rund 20.000 in der Bundesrepublik tätigen nonprofit-Organisationen bilden eine recht heterogene Gruppe mit den Tätigkeitsschwerpunkten:

- Bildung und Wissenschaft (Schulen und Universitäten privater Trägerschaft, wissenschaftliche Verbände etc.)
- Politik (Parteien und parteiennahe Organisationen)
- Religion
- gemeinnützig-karitative Zwecke.

Trotz der starken Fragmentierung der Branche gehen dennoch rund 80% des gesamten Spendenvolumens auf das Konto von nur 200 bis 300 Organisationen (DZI 1993).
Die Bedeutung des Marketing auch für nonprofit-Organisationen wird nicht mehr ernsthaft bestritten. Kotler widmet dem Thema in seinem Standardwerk ein eigenes Kapitel und hat bereits 1978 ein eigenes Buch zum Thema erstellt. Klarerweise wird man die Grenze des Zulässigen bei den letzten beiden Tätigkeitsschwerpunkten besonders eng ziehen müssen, gegen eine bewußt rational orientierte Verbreitung der Aufgaben und Tätigkeitsinhalte im Rahmen der Kommunikationspolitik erheben sich jedoch auch hier zunehmend weniger Einwände. Selbst die beiden großen Kirchen erarbeiten heute Marketingprogramme oder setzen sie bereits um (Absatzwirtschaft 1992).

Die meisten kommunikativen Aktivitäten sind mit Spendenaufrufen gekoppelt[1]. Steigende Anzahl konkurrierender Organisationen bei gleichzeitig sinkender Spendenbereitschaft der Bevölkerung infolge wirtschaftlicher Krise und gelegentlicher, den ganzen Sektor überschattender Skandale, führen dazu, daß es zunehmend schwieriger wird, derartige Aktionen auch nur kostendeckend zu gestalten. Hier mit den Hilfsmitteln der Marketingplanung durch Identifikation von Zielgruppen Effizienzsteigerungen zu bewirken, bringt für alle Beteiligten Vorteile:

---

[1] ob es sich bei solchen Aktionen dann um ein "Verkaufen der Leistung der Organisation" und mithin um originäres Marketing oder um Beschaffungsmarketing handelt, sei hier nicht weiter untersucht.

- Für die Spendenorganisation wird die Wirksamkeit der eingesetzten Finanzmittel erhöht; dem Gebot einer möglichst geringen Verwendung von Mitteln außerhalb des eigenen Spendenzwecks entsprochen.

- Durch genauere Identifikation der Zielgruppe erhöht sich die Wahrscheinlichkeit, daß eine angesprochene Person die für sie bedeutsame Information erhält.

- Die Ressourcenverschwendung wird gesenkt. So bleiben derzeit bei einer schriftlichen Aussendung häufig 98 % der Schreiben ohne Wirkung, d. h. der weit überwiegende Teil der Schreiben wird nur zu dem Zweck gedruckt, adressiert und transportiert, um ungelesen im Altpapier zu landen.

Marketingplanung wird für die Zielgruppe 'private Haushalte' wesentlich schwieriger durchzuführen sein als für eine meist von vornherein überschaubare Gruppe spendenbereiter Unternehmen. Die Methoden des computer- und datenbankgestützten Marketing können an dieser Stelle helfen, Zielgruppen rasch und kostengünstig zu identifizieren und bei der Marketingplanung konkrete Hilfestellung zu leisten.

1. Charakteristika des Anwendungsfalls

Die der Fallstudie zugrunde liegende Organisation verfolgt ein Spendenziel, das über Jahrzehnte hinweg in der Kernaussage sinnvoll bleibt. Sie ist seit Ende des ersten Weltkrieges in Deutschland tätig und zählt zu den Großen in der Branche. Der Bundespräsident hat schon seit Jahren die Schirmherrschaft übernommen. Spendenwerbung erfolgt sowohl über Mailings als auch über Straßensammlungen (Kapitel 6). Auch unsere Organisation plagen die bereits geschilderten Ertragsprobleme.

Konkreten Anlaß zur Studie bot das alljährliche "Herbstmailing". Im Rahmen dieser Aktion werden alljährlich mehr als 1 Mio. bisher nicht in der Spendendatenbank verzeichnete Adressen mit Zielen und Leistungen der Organisation vertraut gemacht und um Spenden gebeten. Sie stellt alljährlich den größten Einzelkostenblock dar.

Abb. 1: Datenquellen des Database-Marketing (schraffierte Spalten als Segmentierungsvariablen werden später ergänzt, vgl. Kapitel 3)

Abb. 1a: Spender-Daten

Name	Vorname	V-Typ	Geschl.	Akad	Straße, Hausnr.	PLZ	Ort	Regionaltyp	Spende 89	90	91	92	seit
Müller	Hans	2	m	j	Königsallee 45	40212	Düsseldorf	1	30	30	20		??
Meier	Borjana	19	w		An der Martersäule 1	46569	Hünxe	29				60	92
Schulze	Adolf	4	m		Philosophenweg 6	07743	Jena	4	50	50	50	50	76
Schmidt	Hans	2	m		Maximilianstr.43	80538	München	1	40	40		40	34
Vogl	Joseph	2	m	j	Viktualienmarkt 31	80331	München	2				200	92
Neumann	Christian	6	m		Tulpenstr.32d	82110	Germering	4	20	20			80
Amtmann	B.	??	??		Ku'-damm 142	10709	Berlin	1	50	40	40	40	87
Kern	Markus	6	m		Binnenalster 56	21148	Hamburg	1	100	100		80	88
...	...	...	...	...	...	...	...	...	...	..			

Abb. 1b: letztjährige Aussendung

Name	Vorname	V-Typ	Geschl.	Akad	Straße, Hausnr.	PLZ	Ort	Regionaltyp
Simon	Norbert	7	m	j	Klingerstr 13b	82031	Grünwald	7
Meier	Borjana	19	w		An der Martersäule 1	46569	Hünxe	29
Dürr	Peter	4	m		Mainzer Allee 28	17291	Ludwigsburg	7
Servatius	Kurt	4	m		Am Brunnen 73	59199	Bönen	4
Vogl	Joseph	2	m	j	Viktualienmarkt 31	80331	München	2
Kirberg	Franca	?	w		Heilbronner Str. 173	70191	Stuttgart	9
Sax	Michael	3	m	j	Neusser Str. 32	40219	Düsseldorf	3
Seidel	Sigrid	5	w		Haberring 34	01069	Dresden	3
...	...	...	...	...	...	...	...	...

Abb. 1c: dieses Jahr verfügbare Adressen

Name	Vorname	V-Typ	Geschl.	Akad	Straße, Hausnr.	PLZ	Ort	Regionaltyp
Miller	Oskar	5	m	j	Ibsenweg 4	22587	Hamburg	14
Röslhuber	Ludwig	7	m		Gartenstraße 46	80809	München	8
Rohrmeier	Marianne	3	w		Saarburgstraße 122	86156	Augsburg	17
Lang	Martin	15	m	j	Gabelsbergerstraße 3	60389	Frankfurt/Main	2
Mai	Ellen	12	w		Auf der Insel 1	78462	Köln	22
Neckermann	Georg	5	m		Nestgasse 34	78464	Konstanz	23
Ofner	Sonja	13	w	j	Ladehofplatz 8	84030	Landshut	9
Wolff	Lothar	6	m	j	Neusser Str. 32	40219	Düsseldorf	3
...	...	...	...		...	...	...	...

Die Notwendigkeit, durch zielgenaues Arbeiten die Erfolgsquoten zu steigern war erkannt, systematische Bemühungen aber noch nicht angestellt worden. Innerhalb von drei Wochen vor Beginn der Aussendung sollte der Versuch einer Zielgruppen-Definition und Umsetzung in das konkrete Mailing abgeschlossen werden.

Die Organisation konnte hierzu folgende Daten zur Verfügung stellen (vgl. Abb. 1):

- Alle Spender der letzten vier Jahre[2] mit ihren Adressen, jährlichen Spenden (diese Angaben werden zum Ausstellen von Spendenquittungen benötigt), sowie dem Datum der Erstspende (diese Information wird für Aktionen wie die "goldene Spendennadel" benötigt). Da die DV-mäßige Erfassung erst vor vier Jahren begann, werden bei einzelnen Einträgen Spendenzeitreihen, die über Jahrzehnte reichen, abgeschnitten. Weitere Informationen enthält diese Datenbank nicht.

- Die Aussendungsadressen des letztjährigen Mailings. Diese dürfen gemäß den Verträgen mit den Adreß-Lieferanten nicht ein zweites Mal verwendet werden, stehen jedoch für das Controlling zur Verfügung.

- Der komplette, viele Millionen Adressen umfassende Pool eines Adreß-Brokers, aus dem die diesjährige Aussendung zu selektieren ist.

Über diese, nahezu zwangsläufig anfallenden Informationen hinaus stand weitere zielgruppenrelevante Information nicht zur Verfügung. Diese recht dünne Datenbasis ist typisch für viele Organisationen mit breiter Spenderschaft. Die im folgenden entwickelte Bewertungsmethodik ist daher ebenso breit anwendbar.

2. Bewertungskriterien

Der Einsatz quantitativer Verfahren bei der Zielgruppendefinition setzt die Auswahl von Bewertungskriterien für einen Neukontakt (sog. "kalte Adresse") voraus. Gängig ist die Wahl der Responsequote, also der Wahrscheinlichkeit, daß ein Kontakt antwortet und zum Spender wird. Da bei diesem Kriterium die Spendenhöhe völlig ignoriert wird, ist der Erwartungswert der Erstspende (*Responsequote* • ∅ *Erstspende*) ein sicherlich überlegenes Kriterium.

Die Analyse des Feldes "Jahr der Erstspende" in der Spenderdatenbank zeigte, daß viele Kontakte Jahre oder Jahrzehnte erhalten bleiben und in dieser Zeit jährlich nur mit einem

2 und Mitglieder (vgl. Kapitel 7)

kostengünstigen Erhaltungsmailing bedacht wurden. Ein Erstspendermailing muß von hierher als Investition gesehen und entsprechend bewertet werden. Es wird in den folgenden Abschnitten gelingen, im Sinne eines statistischen Mittelwertes die Ein- und Auszahlungsreihe zu prognostizieren, die aus einem Erstkontakt resultiert. Wir modellieren den Einzahlungs-(Spenden-)Kapitalwert als Korrekturfaktor c an der Erstspende, so daß der Kontakt durch

$$cw = p \cdot E \cdot c - W - \omega' \qquad (1)$$

bewertet wird. cw ist der Kapitalwert, den ein Anschreiben (unter Berücksichtigung der ggf. induzierten Folgespenden und Erhaltungsaufwendungen) heute generiert, p die Wahrscheinlichkeit der Erstspende, E ihre Höhe, W die Aufwendungen für das Erstmailing, ω' der Kapitalwert der erwarteten Ausgaben für die Erhaltungswerbung. Er stellt aus monetärer Sicht eine umfassende Beurteilung des Kontaktes unter langfristiger Perspektive dar und ist daher zur Selektion geeignet.

Es wird Aufgabe der quantitativen Modellierung sein, diese Größe "so adreß-individuell wie möglich" zu schätzen.

3. Segmentierungsansatz

3.1 Grundlogik

Die Kargheit der Datenbasis, insbesondere aber die intrinsisch stochastische Natur des individuellen Spendenverhaltens bei Erst- und Folgespende schließt eine voll individuelle Rechnung aus. Zweckmäßig und im Marketing sehr verbreitet ist statt dessen der Segmentierungsansatz: Die Grundgesamtheit wird nach noch zu bestimmenden Kriterien in Segmente geteilt, jedes Segment hinsichtlich der eben entwickelten Kriterien bewertet und Segmente en bloc für das Mailing ausgewählt oder verworfen. Größen wie "Kapitalwert" sind dabei im folgenden stets im Sinne eines segmentspezifischen Erwartungswertes zu interpretieren.

3.2 Auswahl von Segmentierungsvariablen

Segmentierungsvariablen sollen

- trennscharf sein, d.h. das Verhalten eines Segments soll möglichst homogen und von anderen Segmenten verschieden sein

- erhebbar sein, d. h. möglichst kostengünstig und umfassend ermittelbar sein. Um die segmentspezifische Schätzung der in Gleichung (1) genannten Parameter zu ermöglichen, muß die Segmentierung darüber hinaus auf alle Datenquellen von Kapitel 2 angewandt werden können.

Aufgrund der Datenbasis kommen nur wenige Kriterien in Frage, die im folgenden diskutiert werden.

3.2.1 Regionaltypologien

Regionaltypologien gehen von der Beobachtung aus, daß Personen, die regional benachbart wohnen, auch einen ähnlichen Konsumstil aufweisen. Studentenviertel oder Villenstraßen sind sichtbare Belege für diese Behauptung; Martin (1993) spricht vom "kleinräumigen Sozialmilieu". Auf Verfahren zur Bildung derartiger Typen sei an dieser Stelle nicht eingegangen (vgl. hierzu etwa Hanssmann/Ruhland 1991, Wilde 1986, Martin 1993).

Als Ergebnis liefern die Regionaltypen:

- Eine Aufteilung der (Wohnorte der) Bundesrepublik in disjunkte Parzellen, z. B. Hausnummernbereiche von Straßen.

- Die Zugehörigkeit jeder Parzelle zu einem von rund 50 Regionaltypen. Die Wohn- und Lebensverhältnisse in den Parzellen eines Typs sind ähnlich, auch wenn sie selbst, wie in Abb. 1 angedeutet, über das ganze Land verstreut sind.

- Eine Beschreibung der Spezifika im Lebens- und Konsumstil, in denen sich ein Typ von den anderen unterscheidet.

- Den Grad der Ähnlichkeit eines Typs mit anderen Typen ("Typ 33 ist Typ 34 wesentlich ähnlicher als Typ 4").

Die Zuordnung einer beliebigen Wohnadresse zu einem Typ erfolgt in der Weise, daß zunächst die zugehörige Parzelle ermittelt wird und dann in der Typliste der Parzellen nachgeschlagen wird. In Abb. 1 ist die Typ-Vercodung der jeweiligen Adreßbestände bereits mit angedeutet. Während die Trennkraft der Segmentierung in vielen Bereichen des Konsumgütersektors gesichert ist, ist ihre Eignung im Spendenmarketing noch zu überprüfen (Kapitel 5).

Eine weitere, auf der Adresse aufbauende Segmentierung ergibt sich aus der Aufteilung in großflächige Regionen, wie sie Nielsen-Gebiete, Bundesländer oder 1-stellige Postleitzahlen darstellen. Eine derartige Segmentierung dürfte sich aber vor allem für jene Organisationen empfehlen, die ausgeprägte regionale Schwerpunkte besitzen. Sie wird aufgrund der Spezifika der betrachteten Organisation, aber auch aufgrund ihrer methodischen Einfachheit im folgenden nicht näher ausgeführt.

3.2.2 Vornamenstypen

Viele Vornamen werden in Modewellen vergeben. Ein Vorname sagt daher - statistisch gesehen - etwas über das Alter des Trägers aus. Wegen regionaler Präferenzen lassen sich auch statistische Aussagen zu landsmannschaftlicher Zugehörigkeit treffen. Wieder lassen sich Vornamen, die sich hinsichtlich dieser Variablen ähnlich beschreiben, in Typen zusammenfassen. Mit je rund 10 Typen für weibliche und männliche Vornamen lassen sich 95 % aller deutschsprachigen Vornamen abdecken. Hinzu kommen einige Typen für ausländisch klingende Vornamen (siehe Abb. 2 aus DPR 1992). Wieder ist die Relevanz der Typologie zunächst im Konsumgüterbereich erhärtet und wird im folgenden überprüft.

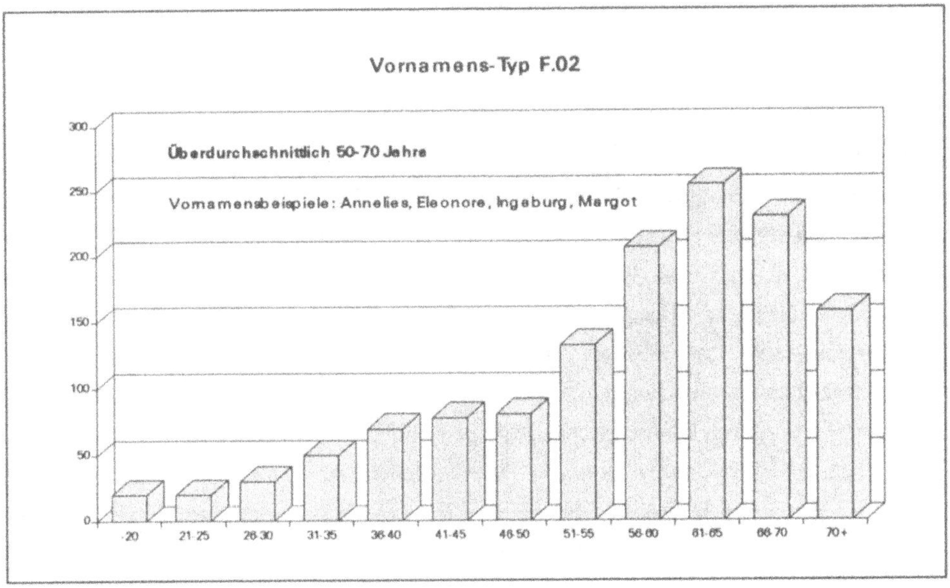

Abb. 2: Altersverteilung eines Vornamens-Typs

3.2.3 Weitere Kriterien

Für die Fremdadressen dieses und des letzten Jahres (Abb. 1b und c) sind die Merkmale "Adelstitel", "Akademikerkennzeichen (akademischer Titel oder geschützte Berufsbezeichnung)" und "Beruf" gegen Aufpreis vom Adreß-Lieferanten verfügbar. Insgesamt scheinen sie relevante Proxy-Kriterien für Bildung, Einkommen, Alter oder die Bereitschaft darzustellen, sich mit den Zielen der Organisation zu identifizieren. Es zeigt sich jedoch:

- Adelsprädikate existieren nur bei etwa 1 ‰ der Bevölkerung.

- Angaben zum Beruf stammen aus nicht genau definierter Vergangenheit, können außer durch direkte Befragung nicht gepflegt werden und sind für den Spenderbestand faktisch nicht nachvercodebar. Wichtige Kennziffern können so nicht segmentspezifisch berechnet werden. Diese Argumente gelten ganz allgemein für jede Berufsvercodung.

Es verbleibt die Akademiker-Kennzeichnung, die aber aufgrund relativ geringer Verbreitung des Merkmals und der Kostensituation nicht als alleiniges Segmentierungs-Kriterium in Frage kommt. Wir werden auf diese Frage in Kapitel 6.1. zurückkommen.

3.2.4 Kombinierte Segmentierung

Eine gleichzeitige Segmentierung nach Regional- und Vornamenstypen ergibt bei mechanistischer Anwendung rund 800 Zellen, deren Besetzung in den Fremdadressen bekannt ist und in der Spenderdatei ausgezählt werden kann. Es zeigt sich, daß konsistent über alle drei Dateien von Abb. 1 jeweils nur knapp 100 Zellen dicht genug besetzt sind, um unmittelbar aussagekräftige statistische Aussagen zu erlauben. Damit liegt es nahe, möglichst ausgehend von den dicht besetzten Zellen als Keimzelle und unter Berücksichtigung der Ähnlichkeitsbeziehungen zwischen den Typen mehrere Zellen zu einem Segment zusammenzufassen. Dieses Vorgehen könnte mechanistisch mit Hilfe z. B. clusteranalytischer Methoden erfolgen, kann jedoch zweckmäßiger von Hand durchgeführt werden, wie es in Abb. 3 angedeutet ist. Es entstehen so etwa 80 Segmente, für die, wie sich im folgenden zeigen wird, alle Parameter unmittelbar geschätzt werden können.

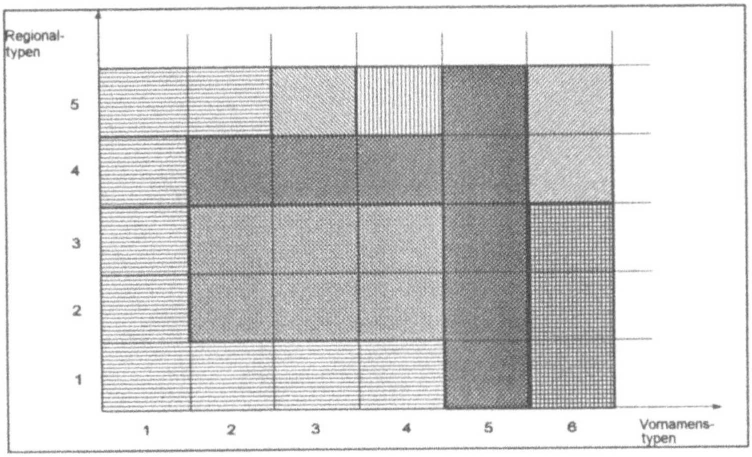

Abb. 3: Kombinierte Segementierung

4. Investitionsrechnerische Behandlung

Bezeichnen wir mit P_i die Wahrscheinlichkeit in Segment i, daß ein Kontakt zum Spender wird, so modellieren wir den Erwartungswert des Kapitalwertes aus einem Kontakt in Segment i in der bereits eingeführten Symbolik (vgl. auch Anhang 4) zu

$$cw_i = p_i E_i c_i - W - \omega'_i \tag{2}$$

Der Korrekturfaktor c_i gibt dabei den Kapitalwert einer heutigen Spende in Höhe von 1 DM unter Berücksichtigung der (in Zukunft durchschnittlich zu erwartenden) Folgespende an.

Er ist wie jeder Kapitalwert definiert als

$$c_i = \sum_{t=0}^{T} \frac{S_i(t)}{(1+r)^t} \tag{3}$$

$S_i(t)$ = Folgespende von 1 DM, die in t = 0 gespendet wird

r = Kapitalisierungszinsfuß (exogener Parameter)

Eine typische Spenden-Zeitreihe $S_i(t)(S_i[t=0]=1)$ ist in Abb. 4 gegeben.

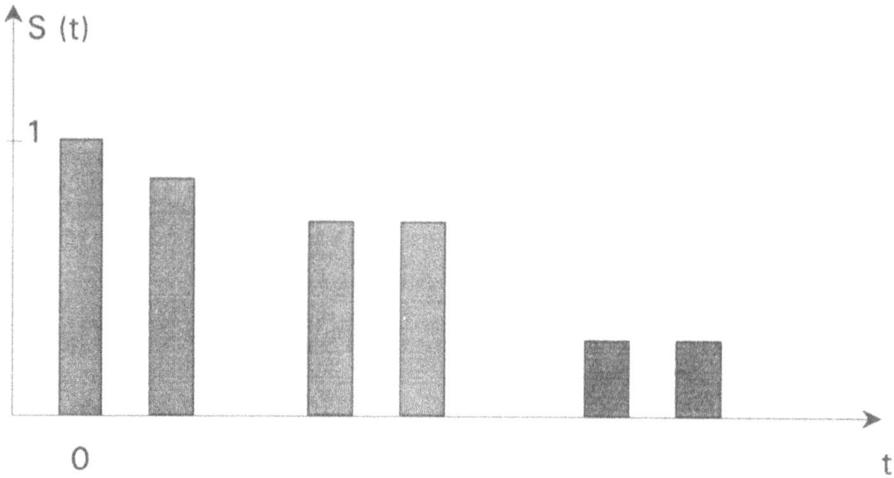

Abb. 4: Typische Spendenzeitreihe mit Abklingeffekt

Es bleibt aber die Aufgabe der Prognose der $s_i(t)$ und ggf. des Planungshorizonts T.

Die unmittelbare Schätzung aus den Dateien ergibt hier Probleme, da die Spenderzeitreihen aufgrund des späten Beginns elektronischer Erfassung maximal 4 Jahre in die Vergangenheit reichen und dabei häufig abgeschnitten wurden.

Diese Probleme können offenbar auch nicht durch den Übergang zu einer gröberen Segmentierung vermieden werden.

4.1 Erste Approximation durch Markov-Prozeß 1. Ordnung

Um eine erste Schätzung zu erhalten, gehen wir von folgenden, von der Theorie der Markov-Ketten bekannten Annahmen aus:

- die Wahrscheinlichkeit, daß ein Spender nach genau t Jahren Spendenaktivität im Jahr $t+1$ als Spender verloren geht, sei q' und unabhängig von der Anzahl der Jahre, die er vorher Spender war[3]. Die Anzahl $N(t)$ der aus dem Jahr 0 noch verbleibenden Spender nimmt im Jahr t damit gemäß einer geometrischen Reihe ab.

$$N(t) = N(0) \cdot q'^t \tag{4}$$

[3] q' ist in unserem Modell natürlich von Segment i abhängig. Aus Gründen der Übersichtlichkeit wird der Index im folgenden weggelassen. Bei allen Parameterschätzungen ist implizit von einer segmentspezifischen Rechnung auszugehen.

Ein Übergangsmuster des Typs Spender → Nicht-Spender → Spender wird vernachlässigt; d. h. in der Sprache der Markov-Ketten: der Zustand 'Nicht-Spender' ist ein absorbierender Zustand.

- Der Betrag $B(t)$, der pro Kopf verbleibenden Spender pro Jahr eingeht, nimmt ebenfalls in geometrischer Progression mit q'' ab:

$$B(t) = B(0) \cdot q''^{t} \tag{5}$$

Die Notwendigkeit zur Berücksichtigung des 1. Effektes erscheint unmittelbar klar. Der 2. Effekt – er ist in den allermeisten Spendenorganisationen zu beobachten – ist Ausdruck der Tatsache, daß sich im Laufe der Zeit andere Spendenorganisationen mit ihrem Anliegen im Bewußtsein des Spenders nach vorne schieben, das Spendenbudget in der Summe aber konstant bleibt, und andererseits - allein schon aufgrund des Phänomens der kognitiven Dissonanz - vielen Spendern ein voller Ausstieg in einem Jahr als zu harte Maßnahme gegenüber der schon einmal als bedeutend erkannten Organisation, aber auch gegenüber sich selbst erschiene.

Während also die Notwendigkeit der Berücksichtigung dieser Effekte unmittelbar einsichtig erscheint, kann die Abbildung durch konstante Abkling-Faktoren nur als allererste Näherung erscheinen, deren Berechtigung zu prüfen und deren Verfeinerung noch zu diskutieren sein wird.

Eine Schätzung für q' ergibt sich durch einfaches Auszählen als das Verhältnis

$$q' \doteq \frac{\textit{Anzahl Spender} \rightarrow \textit{Spender Übergänge}}{\textit{Anzahl Spender} \rightarrow \textit{Nichtspender} + \textit{Spender} \rightarrow \textit{Spender Übergänge}} \tag{6}$$

"$\doteq$" steht für "geschätzt als". Nichtspender→Spender-Übergänge bei bereits gewonnenen Spenden werden im Moment, wie erwähnt, vernachlässigt. Ebenso ist

$$q'' \doteq \textit{Mittelwert}\left(\frac{\textit{Spende in } t+1}{\textit{Spende in } t}\right) \tag{7}$$

wobei die Mittelung über alle Spender und Zeitpunkte - soweit sie auf der Datenbank verzeichnet sind – läuft.

Im Beispiel von Abb. 1a ermitteln wir für das Segment "Vornamentyp 2, Regionaltyp 1" die Werte:

$$q' = \frac{4}{6} \qquad q'' = 0{,}87 \tag{8}$$

Für die Schätzung dieser Parameter steht auf der Datenbank eine so ausreichende statistische Basis zur Verfügung, daß auch segmentspezifische Rechnungen möglich sind. Gleichzeitig bieten sich vielfältige Möglichkeiten der Kreuzvalidierung, z. B.:

- der Vergleich der 'drop-out-Rate' 1 bzw. 2 Jahre nach der Erstspende gibt Hinweis auf die Berechtigung, q' konstant anzusetzen[4].
- dem gleichem Ziel dient der Vergleich des q'-Wertes, der für im letzten Jahr geworbene Spender ermittelt wurde, mit dem heutigen q'-Wert für 10 Jahre alte Dauer-Spender (das Datum der Erstspende ist auf der Datenbank verzeichnet).
- der Größenvergleich von in verschiedenen Segmenten gewonnenen q'-Werten zeigt, daß in den Segmenten, die die Organisation als ihre Kernzielgruppen anzieht, die q'-Werte auch am größten sind.

Derartige Untersuchungen erwiesen einerseits die getroffene Annahme als brauchbare Ausgangsbasis und legten andererseits die in den folgenden Abschnitten zu schildernden Verfeinerungen nahe. Auf alle Fälle stellt bereits diese 1. Näherung des Verhaltens einen enormen Fortchritt gegenüber der herrschenden Praxis des völligen Ignorierens der Folgespende dar.

Mit Bestimmung der q' und q'' lassen sich jetzt die Ein-/Auszahlungszeitreihen schätzen. Sie sind ausgehend von einer (durchschnittlichen) Erstspende E der Spender und unter Verwendung der in Anhang 4 zusammengestellten Symbolik, in Tab. 1 dargestellt.

t	0	1	2	3	4
$E(ein)$	$p \cdot E = d$	$d \cdot q' \cdot q''$	$d \cdot (q' \cdot q'')^2$	$d \cdot (q' \cdot q'')^3$	...
$E(aus)$	W	$p \cdot w$	$p \cdot w \cdot q'$	$p \cdot w \cdot q'^2$	...
Diskont.-Faktor	1	$(1+r)^{-1}$	$(1+r)^{-2}$	$(1+r)^{-3}$	......

Tab. 1: Beiträge zum Kapitalwert nach Perioden
E ( ) = Erwartungswert; W = Kosten pro Erstkontakt; w = Kosten pro Kontakt im Erhaltungsmailing; (vgl. Anhang 4: Liste der Symbole)

4 Der Vergleich zwischen dem 1. und 2. Jahr nach der Erstspende ist einerseits bei der Kürze der Zeitreihe datenmäßig an breitesten zu hinterlegen und stellt andererseits lt. Auskunft der Spendenorganisation den kritischsten Übergang überhaupt dar.

Bei der Zeitreihe des Kostenverlaufs ist von einer Kommunikationspolitik ausgegangen, die in t alle Spender des Jahres $t - 1$ mit einem Erhaltungsmailing zu Kosten w kontaktiert.

W und w sind aus der Kostenrechnung bekannt; q' und q'' wurden im Rahmen von (6) und (7) ermittelt. p ist die Erfolgsquote des Mailings und kann aus der Erfolgsquote des letztjährigen Mailings –ggf. bereinigt von einem subjektiven Korrekturfaktor– geschätzt werden. Ebenso wird E ermittelt.

Für Ein- und Auszahlungen ergeben sich geometrische Reihen mit aus Tab.1 entnehmbaren Abklingfaktoren. Mittels der bekannten Formel zu ihrer Summation ergibt sich für einen Planungshorizont von T der Kapitalwert des Kontaktes zu:

$$cw = d \cdot \frac{1 - Q^{T+1}}{1 - Q} - W - p \cdot w \frac{1 - Q'^{T}}{1 - Q'} \cdot \frac{1}{1 + r} \qquad (9)$$

mit

$$Q = q' \cdot q'' / (1 + r) \quad und \quad Q' = q' / (1 + r) \qquad (9a)$$

Außer T sind in dieser Formel alle Größen segmentspezifisch berechenbar, so daß eine numerische Bewertung jedes Kontaktes stattfinden kann.

Zur Bestimmung von T bieten sich drei Möglichkeiten:

1. Externe Vorgabe, etwa Übernahme von Eckdaten aus Unternehmens-Planungshandbüchern
2. Optimierung von cw bezüglich T[5]
3. Annäherung durch die unendliche geometrische Reihe, also $T = \infty$ setzen.

Die letzte Nährung wird dabei u. a. dann um so besser sein, je schärfer die Zukunft diskontiert wird. In den konkreten Gesamtkonstellationen der Parameter erwies sich Weg 3 als eine numerisch durchaus akzeptable Nährung, so daß sich mit dem Übergang von $T \rightarrow \infty$ als endgültige Bewertungsformel für ein Segment ergibt:

$$cw = d \cdot \frac{1}{1 - Q} - W - \frac{p \cdot w}{1 + r} \cdot \frac{1}{1 - Q'} \qquad (10)$$

[5] genauer: Bestimmung der optimalen Zeitlänge T für die Betreuung durch das Erstmailing

4.2 Erweiterungen

Die Einbeziehung zusätzlicher Effekte in das geschilderte Bewertungskalkül ist in beträchtlichem Umfang möglich, jedoch ist in jedem Fall das Kosten/Nutzenverhältnis genau zu prüfen.

4.2.1 Zeitabhängige "Ausfall"–Wahrscheinlichkeiten

Aus der Sicht des einzelnen Spenders ist gerade der Übergang von der ersten zur zweiten Spende eine kritische Nahtstelle, die mit späteren Übergängen nicht gleichzusetzen ist. Etliche Spender spenden einmalig einen größeren Betrag um dieses Spendengebiet auf Dauer "abhaken" zu können. Die Übergangswahrscheinlichkeit von der Erst– zur Zweitspende kann sich in ihrem Wert q''' damit von dem sonst üblichen Wert q' unterscheiden.

Die getrennte Kalibrierung dieser Übergangswahrscheinlichkeit kann auf Basis der momentanen Datenbasis geleistet werden. Die Zeile zum Erwartungswert der Einzahlungen in Tab. 1 wird hierdurch in offensichtlicher Weise verändert, ohne daß die Grundstruktur der geometrischen Reihe, die jetzt erst ab Periode 1 beginnt, geändert würde. Die Formeln (9) und (10) erhalten einen zusätzlichen Summanden, der den Sondereffekt enthält.

4.2.2 "Ausfalljahre"

Gemäß den Erfahrungen der Organisation ist auch bei langjährigen und regelmäßigen Spendern recht häufig mit einem Ausfall während eines Jahres zu rechnen. Die Zeitreihe für solche Spender weist damit die in Abb. 4 gezeichnete Struktur auf.

Die Gründe hierfür können vielfältig sein, z.B.

- das alljährliche Spendenmailing erreicht aus irgendwelchen Gründen den Adressaten nicht
- die Spende wird vergessen oder in das nächste Kalenderjahr verschleppt; da viele Spenden um die Weihnachtszeit eingehen, ist dieser Effekt recht häufig
- eine verwandte Spendenorganisation ist zum Zug gekommen
- der Spender hat bereits bei Straßensammlungen gespendet
- der Spender ist über die Organisation – etwa aufgrund schlechter Tagespresse – verärgert

Zur Abbildung sehen wir wieder einen Markov–Prozeß vor, bei dem sich jeder Spender des Jahres t – die Vorgeschichte ist gemäß Markov–Annahme irrelevant – mit der Wahrscheinlichkeit

- q' zum Spender *("S")* in Jahr $t+1$
- $\tilde{q}$ zum (temporären) Nichtspender ("TNS") in $t+1$
- $1-q'-\tilde{q}$ zum endgültigen Nichtspender ("NS") (absorbierender Markov–Zustand)

entwickelt.

Es wird angenommen, daß temporäre Nichtspender mit Wahrscheinlichkeit 1 in t+2 wieder spenden; Prozesse mit mehr als einem spendenfreien Jahr bleiben weiterhin unberücksichtigt. Es entsteht das in Abb. 5 gezeichnete Bild.

Es zeigt sich weiterhin, daß das Spendenvolumen der TNS im Jahr ihrer Rückkehr nicht wesentlich von dem der (ununterbrochenen) Spender abweicht, so daß die durchschnittliche Spende von Spendern des Jahres $t+2$ z.B. stets q''^2 beträgt.

Als neuer Parameter ist gegenüber der 1. Näherung nur $\tilde{q}$ neu zu schätzen. Er ergibt sich – wie üblich segmentspezifisch – zu

$$\tilde{q} \doteq \frac{\textit{Anzahl der Fälle eines Spender} \rightarrow \textit{Nichtspender} \rightarrow \textit{Spenderübergangs auf der Datenbank}}{\textit{alle eingetragenen Spenden} - \textit{Vorfälle}} \qquad (11)$$

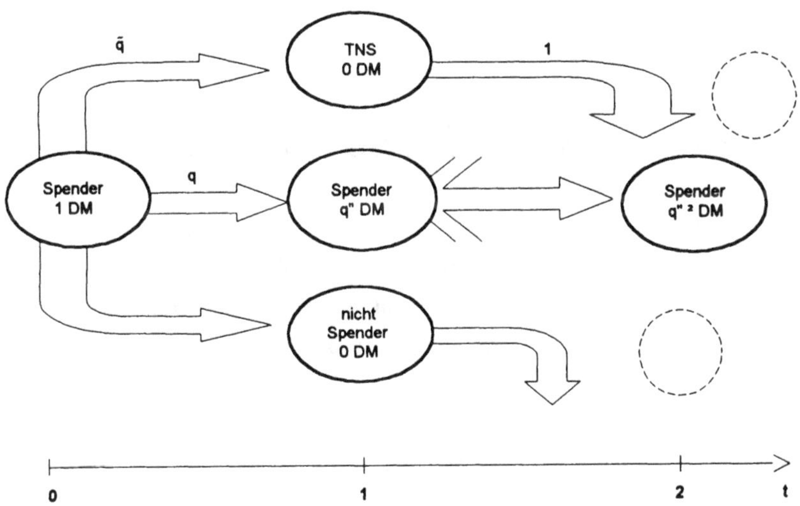

Abb. 5: Spenderentwicklung über die Zeit

Die Berechnung des Kapitalwerts dieses Prozesses erfolgt in diesem Fall bei gegebenem Planungshorizont T am einfachsten durch explizite Summation:

$$c=\sum_{t=0}^{T} n(t)\cdot\left(\frac{q''}{1+t}\right)^{t} \tag{12}$$

wobei jeder Summand den Beitrag eines Jahres angibt. $n(t)$ ist der Anteil der in t (noch oder wieder) Spendenden.
Die Größe schreibt sich unter Verknüpfung mit $tn(t)$ –dem Anteil der temporären Nichtspender– wie folgt fort:

$$n(t)=q'\,n(t-1)+tn(t-1) \tag{13}$$

$$tn(t)=\tilde{q}\cdot n(t-1) \tag{14}$$

$$n(0)=1,\ tn(0)=0 \tag{15}$$

Für $T = \infty$ ergibt sich gemäß der im Anhang geschilderten Überlegung die Kapitalwertkorrektur c auf die Erstspende zu:

$$c=1/\left(1-\left\{\frac{q'\cdot q''}{(1+r)}+\frac{\tilde{q}\cdot q''^{2}}{(1+r)^{2}}\right\}\right) \tag{16}$$

Anhang 1 weist auch eine Formel zum Kapitalwert der Auszahlungen aus, wenn die Kommunikationspolitik in entsprechender Weise geändert wird.

4.2.3 Weitere Effekte

Eine Kombination der Effekte von Kapitel 4.2.1. und 4.2.2. ist theoretisch problemlos möglich. Der in 4.2.2. geschilderte Prozeß wird erst ab $t = 1$ wirksam, während der $t=0 \rightarrow t=1$–Übergang gemäß 4.2.1. behandelt wird. Datenmäßig stößt man damit an die Grenze des Kalibrierbaren, und es ist durchaus fraglich, ob der Mehraufwand durch den Genauigkeitsgewinn gerechtfertigt ist. Dieser Einwand gilt verstärkt für die Berücksichtigung von Doppel- und Mehrfachausfällen (zwei oder mehr spendenfreie Jahre im Rahmen der Prozeßanalyse).

Kritischer ist die Annahme eines einfachen Bildungsgesetzes der Spendenzeitreihe zu sehen. Während sich in der vorliegenden Fallstudie die Markov-Annahme als gut erfüllt erwies, kann doch nicht von naturgesetzlicher Geltung ausgegangen werden. In Anhang 2 erläuterte Simulationsexperimente, bei denen die Spendenwahrscheinlichkeit eines Jahres von der ganzen Spendenhistorie abhängen kann, zeigen jedoch, daß selbst erhebliche Abweichungen von der Markov-Annahme noch zu erträglichen Fehlern in den Endergebnissen führen; die Vorgehensweise ist vor diesem Hintergrund insgesamt als robust zu bewerten.

5. Kalibrierung/Implementierung

Die in Abb. 6 im Überblick dargestellte Vorgehensweise zur Bewertung einer Fremdadresse läuft über folgende Stufen:

- jede Adresse wird gemäß der in Kapitel 2 geschilderten Methodik in ein Segment eingeordnet

- der Abgleich der (segmentspezifisch) vercodeten Adreßliste des letztjährigen Mailings mit der Spendendatei liefert die segmentspezifische Gewinnungswahrscheinlichkeit p (alias Responsequote)

- die Analyse der Spenderdatei liefert Informationen zur durchschnittlichen Erstspende E, sowie zur Kapitalwertkorrektur c, wobei die Formeln (2) bis (16) zum Einsatz kommen.

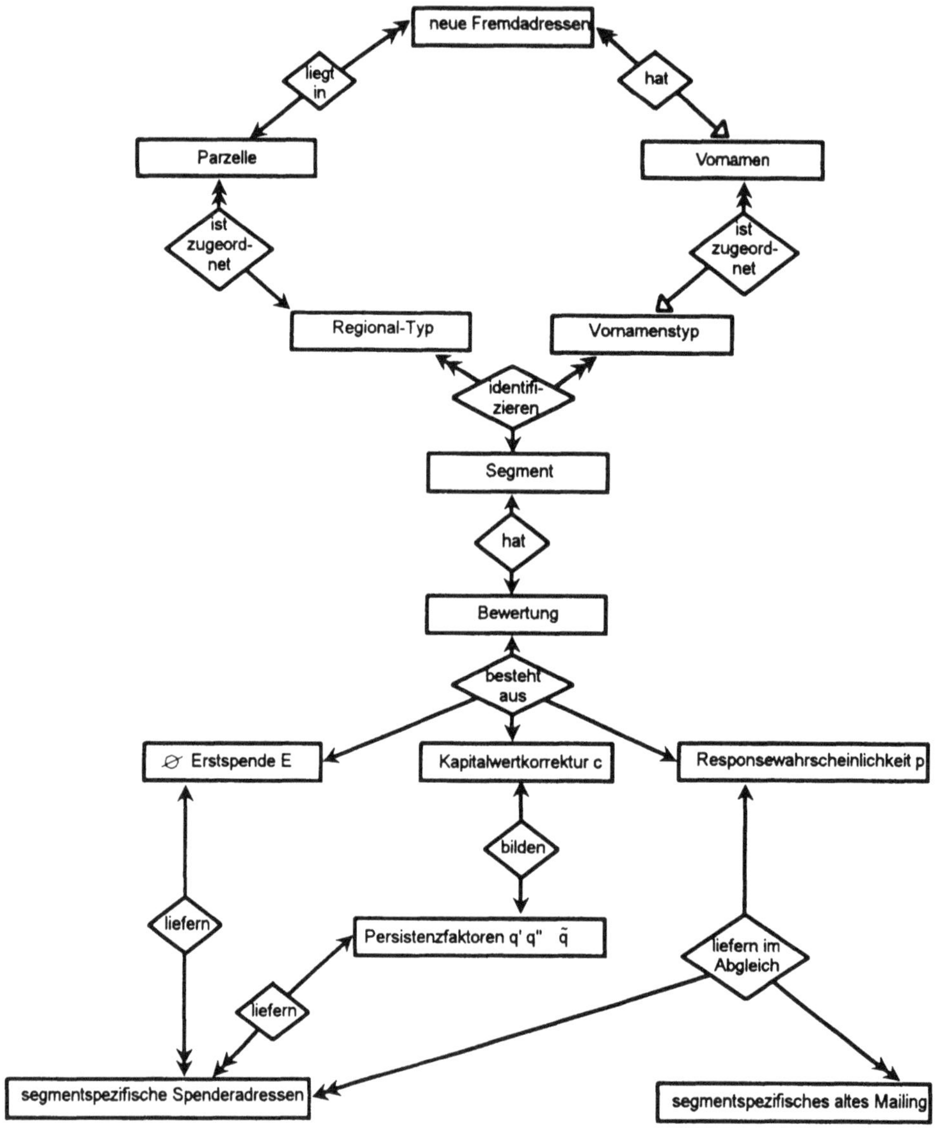

Abb. 6: Segmentbewertungsprozeß im Überblick

Als Endergebnis erhält man die in Tab. 2 beispielhaft wiedergegebene Tabelle.

Seg-ment	Charakteristika	Besetzung in Neu-adressen	# Neu-Spender letztes Jahr	p (‰)	E (DM)	c	B
1	Yuppies	12200	200	2,2	90	1,4	1,2
2	Studenten	18900	600	5,0	20	1,3	0,8
3	Reihenhäuser Mittelstand	312400	1921	22,0	80	5,2	2,4
	...	...	...	...			
----...	----------------------------	-----------	----------	------	-----	-----	
Σ/∅	-- alle --	2 500 000	32 000	12,8	66	2,2	

Tab. 2: Ergebnis segmentspezifischer Auswertung (zur Bedeutung der letzten Spalte: siehe Text)

In einem konkreten Anwendungsfall beansprucht die Ermittlung der Segmentzugehörigkeit aller Adressen den bei weitem höchsten DV-Aufwand, da zu diesem Zweck in der Regel etliche Millionen Adressen auszuwerten und mit den Regional- und Vornamensdatenbanken abzugleichen sind. Da dieser Schritt jedoch völlig projektunabhängig ist, kann hierzu auf Standardsoftware zurückgegriffen werden, die zusätzlich noch einige Dienstleistungen, wie Schreibweisenangleichungen[6], automatisch erbringt. Die hochoptimierte Software ist in der Lage, auf PCs der 486er Klasse 1-2 Mio Adressen über Nacht mit ihren Segmentzugehörigkeiten zu versehen (Erfolgsquote typischerweise 90 - 95%) und dabei gleichzeitig die für die Parameterschätzungen relevanten Statistiken (vgl. Gleichungen 6, 7 und 11) mitzuführen.

Der Zeitaufwand zur Berechnung der vergleichsweise komplexen Formeln (etwa (16)) fällt demgegenüber nicht ins Gewicht, da die Formeln segmentspezifisch gelten und mithin nur rund 100mal auszuwerten sind.

An Daten, die nicht aus der automatisierten Adreßanalyse anfallen, sind lediglich zu nennen:

- eine Schätzung der Kontaktkosten im momentanen Mailing *W*, die im Rahmen der Vorkalkulation ohnehin anfällt

6 So lassen sich Straßennamen wie Agnes-Bernauer-Straße in folgender Weise schreiben: Agnes-Bernauer Str., A. Bernauerstr., Agnesbernauerstr. etc. Ebenso läßt sich der Vorname Hans–Peter auch als Hans Peter oder auch als Hanspeter schreiben.

- die Kosten der Erhaltungswerbung *w*, eine Größe die im Unternehmen ebenfalls bekannt ist, da in der Regel laufend derartige Aktionen betrieben werden

- eine Vorstellung zur Aggregation der mechanistisch gebildeten Segmente gemäß Abb. 3. Hier kann durch verbale Beschreibung der Typen, sowie die Angabe der Ähnlichkeitsgrade zwischen den Typen ("Typ 3 und Typ 5 sind sich viel ähnlicher als 3 und 33") noch Unterstützung geleistet werden.

Insgesamt kann eine Tabelle der Art Tab. 2 problemlos innerhalb von 3 – 4 Arbeitstagen erstellt werden. Nach endgültiger Auswahl der zu bedienenden Segmente durch den Entscheidungsträger erfordert die physische Selektion der entsprechenden Adressen mit modernen Datenbanksystemen selbst bei großen Beständen nur noch wenige Stunden. Die Projekte können so innerhalb einer Arbeitswoche abgeschlossen werden.

Für die Akzeptanz der Vorgehensweise ist es erforderlich, dem Entscheidungsträger ein grundsätzliches Verständnis von der Wirkungsweise des Modells zu geben. Während eine Vermittlung der Ableitung von Formeln wie (10) oder (16) natürlich in den allermeisten Fällen illusorisch ist, bieten sich viele Ansatzpunkte zur qualitativen Plausibilisierung.

So kann die <u>Zweckmäßigkeit der Segmentierungskriterien</u> durch die mit der Segmentierung erzielbare Spannweite der Parameter abgelesen werden. Weiterhin können einzelne Segmente untereinander hinsichtlich ihrer Parameterwerte verglichen werden. Vergleicht man die Segmente mit den Charakteristika

(1) junge Menschen in dicht besiedelten, innerstädtischen Siedlungsräumen mit vornehmlich Mietwohnungen; viele Singles, viele Studenten

(2) Reihenhaussiedlungen des gehobenen Mittelstandes, überdurchschnittliches Durchschnittsalter der Bewohner, Alter der Zielperson vermutlich 50 - 65, ältere Bauweise

(3) teuerste innerstädtische Lagen, viele Singles, Alter vermutlich 35 - 40, viele hohe Beamte und Angestellte, ("Yuppie-Siedlungen"),

wird man vermuten, daß (vgl. die empirischen Befunde bei Mann/Bokatt 1985)

- für die meisten Organisationen die längste Spenderhaltbarkeit im Segment 2 zu finden ist
- die höchste Erstspende aus 3 kommt

- die höchste Gewinnungswahrscheinlichkeit mit den Spezifika der Spendenorganisation und deren Zielgruppe konsistent sein muß; insbesondere ist z.B. bei "Alternativen" Spendenorganisationen Segment 1 als Spitzenreiter möglich.

Dieses Beispiel zeigt auch, daß eine Plausibilitätsprüfung für die summarische Bewertung aufgrund gegenläufiger Effekte in den Einzelparametern wesentlich schwieriger ist.

Die prinzipielle Notwendigkeit einer langfristig orientierten Betrachtung steht bei den meisten Spendenorganisationen außer Frage. Viele Neu–Akquisitions–Maßnahmen in den letzten Jahren sind in kurzfristiger Betrachtung gerade eben kostendeckend verlaufen. Ebenso anerkannt ist die prinzipielle Bedeutung der Parameter q', q'' und $\tilde{q}$ unserer Formeln für die Bewertung der Segmente. Vertrauen in Schätzformeln wie (16) kann schließlich durch graphische Darstellungen der Abhängigkeit der Kapitalwertkorrektur von ihren Einflußvariablen nach Art von Abb. 7 gewonnen werden.

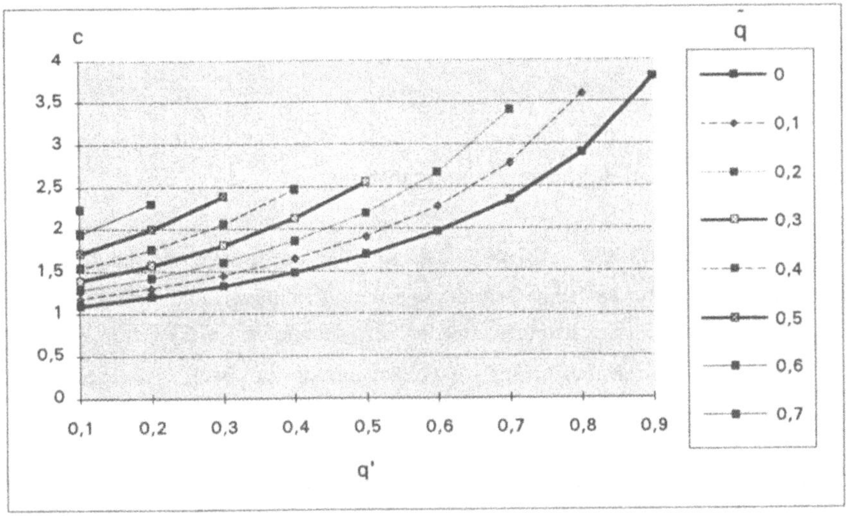

Abb. 7: c in Abhängigkeit von q' und q̃

In dem konkreten Anwendungsfall einer Spendenorganisation, deren 3 relevante Adreßdatenbanken jeweils im Millionenbereich liegen, zeigte die Auswertung (vgl. Abb. 8):

- die Spannweite aller Parameter betrug jeweils rund <u>400%</u> des schlechtesten Werts (bester Wert also viermal so gut wie schlechtester)

- wegen partieller Kompensation der Effekte betrug die Spannweite im Kapitalwert-Kriterium rund 200%

- die Werte zwischen diesen Extremen werden relativ gleichmäßig angenommen, die Spannweite ist also nicht durch "Ausreißer" bestimmt

- die Kapitalwertkorrektur liegt meist etwa bei 4. Die Größe der Zahl und ihre Streuung zwischen Segmenten zeigt, wie wichtig es ist, sich von einer kurzfristigen Betrachtung zu lösen.

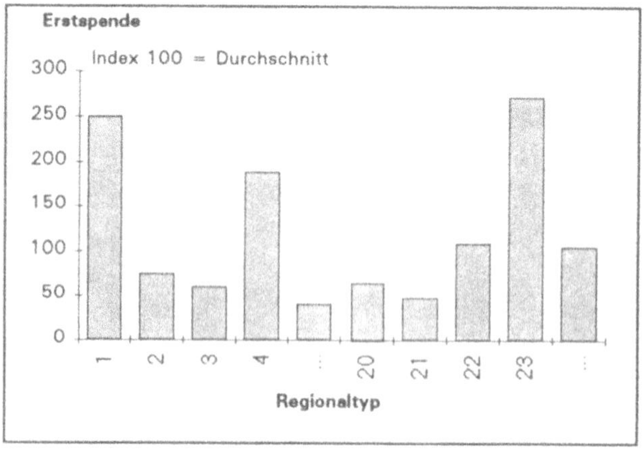

Abb. 8: Beurteilung der Trennkraft des Segmentierungsansatzes

Da sich Vertrauen in die Methodik erst langsam aufbaut und die Vorhersagen der langfristigen Betrachtung naturgemäß nur mit erheblicher Zeitverzögerung zu validieren sind, entschloß man sich, kurzfristige Betrachtung (Erwartungswert der Erstspende = $p \cdot E$) und Kapitalwertbetrachtung bei der Segmentbewertung gleichgewichtig zu berücksichtigen. Die Kennziffer *B*

$$B = \frac{\textit{erwartete Erstspende im Segment i}}{\textit{durchschnittliche erwartete Erstspende}} + \frac{\textit{erwarteter Kapitalwert aus Segment i}}{\textit{durchschnittlich erwarteter Kapitalwert}} \quad 17)$$

kann als Prioritätskennziffer des Segments Verwendung finden.

Die konkrete Spenderwerbeaktion sollte Millionen von Adressen umfassen. Wählt man die Segmente in der Reihenfolge ihrer Prioritätskennziffer aus, entsteht eine Zielgruppe aus mehreren Segmenten, die insgesamt

- eine um 40% gegenüber der Zufallsauswahl gesteigerte Erstspende
- eine Kapitalwertsteigerung um 46% verspricht.

Genaue Angaben zu den ex post tatsächlich realisierten Werten wurden von Seiten der Spendenorganisation aus geschäftspolitischen Gründen nicht zugänglich gemacht. Der drastische Effekt einer modellgestützten Adreßselektion läßt sich jedoch bereits aus groben Überschlagsrechnungen mit realitätsnahen Zahlen ermessen:

Bei Kosten des Mailings von 1 DM, einer Responsequote von 2% und einer Spende von 60 DM ergibt sich ein kurzfristiger Gewinn pro Kontakt von

$$60 \cdot 0.02 - 1 = 0.20\,DM \tag{18}$$

und bei einer um 30% gesteigerten Erstspende von:

$$60 \cdot 0.02 \cdot 1.3 - 1 = 0.56\,DM \tag{19}$$

Die Notwendigkeit der Adreß-Selektion zeigt sich mit noch größerer Schärfe, wenn die Berechnungen unter Berücksichtigung der angekündigten Portoerhöhungen der Bundespost mit einem Kostenwert von DM 1,30 wiederholt werden.

Wie auch immer die Werte konkret für die betrachtete Spendenorganisation ausgesehen haben: Sie hat seit nunmehr 3 Jahren bei all ihren großen Aussendungen auf das geschilderte Segmentierungsverfahren zurückgegriffen – ein schlüssiger Beweis für die Leistungsfähigkeit der Methode.

6. Erweiterungsmöglichkeiten

6.1 Verfeinerung der Adreßselektion durch weitere Segmentierungskriterien

Auf Basis der in Kapitel 3 geführten Diskussionen bieten sich Geschlecht, akademische Titel und gegebenenfalls Berufe als zusätzliche Selektionskriterien an. Während das Geschlecht in den allermeisten Fällen problemlos aus den Vornamen ermittelt werden kann, und damit unmittelbar zusätzlich in die Segmentierung eingestellt werden kann, verursacht insbesondere die Anreicherung der Fremdadressen mit einem Akademiker-Kennzeichen für unsere Organisation zusätzliche Kosten, da die Bereitstellung eines zusätzlichen Feldes dem Adreßlieferanten vergütet werden muß.

Im Rahmen einer für das Vorjahr geplanten Selektionsaktion war in dem konkreten Anwendungsfall das Kennzeichen für die letztjährigen Fremdadressen (und den eigenen Adreßbestand) verfügbar[7] und über den diesjährigen Zukauf des Kriteriums zu entscheiden.

In der folgenden Schilderung der Methodik sei illustrativ der kurzfristige Gewinn als Zielkriterium verwendet.

Ausgangspunkt ist die Erkenntnis, daß eine zusätzliche Segmentierungsvariable vermutlich bessere Trennkraft, sicher aber höhere Adreßkosten bringt. Es wird daher häufig zweckmäßig sein, das zusätzliche Merkmal nicht generell, sondern nur zur Verfeinerung einzelner Segmente zu verwenden. Wir werden im folgenden dann von der Aufspaltung in "Feinsegmente" sprechen. Dies setzt zunächst die Bestimmung der zusätzlichen Trennkraft des Kriteriums im einzelnen Segment voraus.

Durch einfaches Auszählen nach Feinsegmenten oder Anwendung der in Anhang 3 geschilderten Methodik lassen sich Schätzungen zum Erwartungswert der Erstspende oder zur Kapitalwertkorrektur in den Feinsegmenten gewinnen. Die geschilderten Schätzformeln, etwa (11) und (16), werden im wesentlichen einfach auf die Feinsegmente übertragen. Bei der Berechnung des kurzfristigen Gewinns in den Feinsegmenten sind aber die zusätzlichen Selektionskosten zur Bildung der Feinsegmente zu berücksichtigen; der (besetzungs-) gewichtete Gewinn-Mittelwert über alle Feinsegmente liegt also um diesen Wert unter dem Wert der ursprünglichen, unaufgespaltenen Segmente. In einzelnen Segmenten (im Beispiel der Abb. 9 etwa: Segment 2) kann eine Feinsegmentierung aufgrund zu geringer Trennschärfe damit von vorne herein verworfen werden. In anderen Segmenten (etwa 1 und 3) wird die Entscheidung über ihren Einsatz auch von der Anzahl zu selektierender Adressen bestimmt.

---

[7] Im allgemeinen Fall wird man zur Untersuchung der Selektionskraft dieses Kriteriums eine Stichprobe der Altadressen nachvercoden.

Segment	E	p	c	Feinsegment 1	Feinsegment 2	Gesamtsegment		Feinsegment 1	Feinsegment 2	Gesamtsegment
1	.	.	.	55	48	50		1	2	3
2	.	.	.	48	48	49		2	2	4
3	.	.	.	51	44	46		1	3	4
4	.	.	.	45	43	44		3	3	6
5	.	.	.	44	36	40		5	4	11
				kurzfristiger Gewinn /Kontakt (incl. Selektionskosten)			Kapitalwert	Stückzahlen [Tsd]		

Abb. 9: Auswahl von Segmenten und Feinsegmenten für eine Mailingaktion

Die Segmente und Feinsegmente werden sicher in der Reihenfolge ihrer zugehörigen Produktivitätskennziffer –hier also Gewinn pro Adresse– belegt. Eine am Kriterium Gewinn pro Kontakt orientierte Belegung behandelt ein Segment und seine Feinsegmente zunächst als unabhängige Objekte und schreitet fort, bis ein Mindestgewinn pro Kontakt unterschritten oder die vorgeplante Anzahl Adressen erreicht ist. Zu beachten ist dabei: Wird in einem Schritt ein gesamtes Segment in die Selektion aufgenommen, muß die kumulierte Stückzahl selektierter Adressen um die Anzahl vorher einbezogener Feinsegmente bereinigt werden. Außerdem sind ab sofort alle Feinsegmente dieses Segments als selektiert zu markieren. Abb. 10 illustriert, wie die Auswahl von 10.000 Adressen auf Basis der Informationen von Abb. 9 verläuft.

Stufe	neu aufgenommenes Segment	Gesamtzahl selektiert [000]	Bemerkung
1	Fein 1 von 1	1	-
2	Fein 1 von 3	1 + 1 = 2	-
3	Gesamt 1	2 + 3 - 1 = 4	Stufe 1 revidiert
4	Gesamt 2	4 + 4 = 8	
5	Fein 1 von 4	$8 + \frac{2}{3} \cdot 3 = 10$	hier nur $\frac{2}{3}$ anschreiben

Abb. 10: Sukzessive Belegung von Segmenten in der Reihenfolge ihrer Produktivität (Gewinn/Kontakt)

Es zeigt sich, daß sich die Attraktivität einer Feinsegmentierung segmentspezifisch unterchiedlich darstellen kann:

- Feinsegmentierung wegen Kosten/Leistungsverhältnis von vornherein unattraktiv (Segment 2); das Segment selbst kann deshalb durchaus attraktiv bleiben
- Feinsegmentierung attraktiv (3 und 4)
- Feinsegmentierung wird durch die Attraktivität des Gesamtsegments bei der gewählten Stückzahl obsolet gemacht (1)
- Feinsegmentierung trennscharf, aber keines der Feinsegmente attraktiv (5)

Die Verwendung des zusätzlichen Kriteriums beschränkt sich also in dem Beispiel auf die Segmente 3 und 4; von den 10.000 Adressen werden nur 3.000 mittels des Zusatzkosten verursachenden Kriteriums ausgewählt.

Es ist klar, daß sich das Einsatzpotential dieser Methode nicht auf das geschilderte Kriterium oder auf dichotome Merkmale beschränkt.

6.2 Retention Marketing

Die große Bedeutung langfristiger Kundenbindung läßt es attraktiv erscheinen, Marketingprogramme gezielt auf dieses Phänomen hin auszurichten. Als einen ersten Schritt in diese Richtung bieten viele Organisationen die Möglichkeit einer Mitgliedschaft, die mit regelmäßigen Informationen und einem – in der Regel nicht allzu streng verfolgten – Zwang zur Zahlung eines Beitrags verbunden ist. Auch Patenschaften für einzelne Personen oder Projekte gehen in diese Richtung.

Typische Erstanschreiben werden heute nicht nach Mitglieder- oder Spendenwerbung differenziert; häufig werden beide Möglichkeiten lediglich auf dem Rücksendeabschnitt zum Ankreuzen angeboten. Die Auswertung der Rückläuferstruktur eines derart undifferenziert gestalteten Mailings bietet umgekehrt die Möglichkeit, die Leistungsfähigkeit eines Segmentierungsansatzes für die Differenzierung der Ansprache zu erproben.

Empirisch findet man erhebliche Unterschiede zwischen den Segmenten, die es nahelegen, Mitglieder- und Spendenwerbung getrennt zu analysieren. Es zeigt sich bei Analyse aller Parameter, daß

1. Mitglieder selten mehr als ihren Mitgliedsbeitrag leisten; dieser liegt in vielen Segmenten unter dem der durchschnittlichen Erstspende.

2. die Bindungszeit wesentlich höher liegt als bei Spendern, da die Mitgliedschaft Austritts- bzw. Wahrnehmungsbarrieren errichtet.[8]

3. das Verhältnis Neumitglieder/Neuspender zwischen Segmenten stark variiert.

4. die Entscheidung Spender versus Mitglied in aller Regel sofort getroffen wird.

Die Berücksichtigung dieser Effekte bei der Adreßqualifikation kann wegen Punkt 4 in der Weise erfolgen, daß mit jedem Kontakt ein "Kapitalwert Spender" (gemäß Formel (16)) und ein "Kapitalwert Mitglied" (gemäß derselben Formel, aber mit geänderten Parametern) verknüpft ist, und diese Werte, mit der jeweiligen Gewinnungswahrscheinlichkeit gewichtet, addiert werden. Die Genauigkeit in der Bewertung einer Fremdadresse wird so erhöht.

Konzeptionell interessanter erscheint die Möglichkeit einer differenzierten Gestaltung der Mailinginhalte. Eine auf Mitgliederwerbung hauptsächlich orientierte Werbung wird dabei Punkte wie die Langfristigkeit der in Angriff genommenen Projekte und die laufende Prüfung der Seriosität der Organisation, sowie ihre Geschichte in den Vordergrund rücken; die spendenorientierte Werbung könnte sich demgegenüber eher an aktuellen Anlässen orientieren. Die Zuordnung einer Adresse zu einem Marketinginhalt geschieht dabei anhand des Entscheidungskriteriums:

$$\text{Spendenkapitalwert} \gtrless \text{Mitgliedskapitalwert} \tag{20}$$

und kann gleichzeitig mit der Adreßselektion erfolgen. Die Mehrkosten eines derart thematisch differenzierten Mailings beschränken sich damit auf die inhaltliche Erarbeitung eines zweiten Textes.

Im Sinne eines Database–Marketing bieten sich auf Basis der Spenderdatenbank (genauer Spender/ Mitgliederdatenbank) weitere Aktionen zur Steigerung der Kundenbindung an, z.B.:

1. bedeutende Spender/Mitglieder erhalten außerhalb der regulären Mailings Zusatzinformationen über einzelne Projekte, Veranstaltungen in der Region (unter Umständen personalisierte Einladungen als Ehrengäste), Geburtstagsgrüße etc. Diese Maßnahmen können als Einmalaktion oder alljährlich durchgeführt werden.

2. wer als langjähriger Spender einmal nicht gespendet hat, wird mit einem umfangreichen Mailing bedacht, in dem detailliert auf die erfolgreiche Mittelverwendung in der

[8] Viele Mitglieder richten Dauer– oder Abbuchungsaufträge ein, die explizit wiederrufen werden müßten.

Vergangenheit und die Bedeutung laufender Projekte hingewiesen wird. Das Schreiben kann explizit auf die Höhe und den Zeitraum der bisherigen Spenden eingehen.

3. wo eine Projektpatenschaft übernommen wurde, wird laufend über den Verlauf des Projektes informiert.

4. bei Spendern, die schon vor etlichen Jahren ausfielen, werden "revival-Aktionen" gestartet.

Allenfalls Methode 1 wird derzeit bei Spendenorganisationen angewandt, beschränkt sich jedoch auch hier meist auf die obersten Promille singulärer Großspender. Industrieunternehmen, etwa die Pharmabranche, der Versandhandel oder innovative Unternehmen (vgl. Bunk 1992, S. 36ff und Münzberg 1993) sind in der systematischen Planung derartiger Aktionen bereits wesentlich weiter fortgeschritten.

Zur Auswahl von Zielgruppen für entsprechende Aktionen kann wieder quantitative Modellierung herangezogen werden.

6.2.1 Planung für Aktionen des Typs 1

Für einen Spender, der in den letzten Jahren (gemittelt) $\dot{x}$ DM gespendet hat, kann durch Anwendung des Kapitalwertkorrekturfaktors c von Gleichung (16), der notwendigerweise weiterhin segmentspezifisch zu berechnen ist, der individuelle Ertragswert des Kontakts als $x \cdot c$ berechnet werden. Dem steht gegenüber der Kapitalwert w' konstanter Ausgaben w der Erhaltungswerbung wie etwa in Gleichung A.7 und der dort zugrunde liegenden Politik angegeben. Ausgehend von diesen Angaben ist $x \cdot c - \omega'$ der aus dem Kontakt zu erwartende kapitalisierte Gewinn, eine individuell berechenbare, zukunftsorientierte Bewertungsgröße.

Einmalige Aktionen zur Sicherung der Kundenbindung können anhand dieser Kennziffer priorisiert werden, wobei $x \cdot c - \omega'$ die Obergrenze für Einmalinvestitionen in einem Kontakt darstellen wird.

In konkreten Spendenorganisationen lassen sich auf diese Weise oft Tausende von Spendern mit einem Gewinnerwartungswert von über DM 1000,-- individuell identifizieren, denen Kosten einer Einmalaktion pro Kontakt von meist deutlich unter DM 5,-- selbst für aufwendige, beachtete Mailingaktionen gegenüberstehen.[9]

---

[9] Streng genommen unterstellt die Politik zur Berechnung von ω', daß in Zukunft dem Kontakt nie wieder eine Sonderbehandlung zuteil wird, während wir ja gerade zumindest für die Periode 0 solche Aktionen planen. Dies entspricht jedoch der gängigen Praxis, daß Spender an derartigen Sonderaktionen nur in großen zeitlichen Abständen teilnehmen können.

Soll für eine Zielgruppe auf Dauer ein besonderes Mailing mit überdurchschnittlichen Kosten $w_z > w$ zum Einsatz kommen (typisch ist z. B. die Übersendung eines Jahreskalenders), läßt sich aus A.6 die kapitalwertmäßige Konsequenz auf die Aufwandseite berechnen. Gelingt es außerdem, die Konsequenzen dieser Aktion auf die relevanten Parameter der Ertragsseite gemäß Gleichung (16) abzuschätzen[10], kann der Gewinn aus dieser Maßnahme für jeden Kontakt individuell quantitativ berechnet werden. Dies dürfte jedoch frühestens nach einigen Jahren Erfahrung im Database–Marketing realistisch sein.

Ein operationaleres, an einer Budgetierungssicht ausgerichtetes Vorgehen liegt darin, jenen Spendern das besondere Mailing zukommen zu lassen, bei denen die (kapitalisierten) Mehrkosten weniger als beispielsweise 10% ihres derzeitigen Gewinnerwartungswertes $x \cdot c - \omega'$ ausmachen. Ist die Segmentzugehörigkeit auf der Spenderdatenbank gespeichert, können derartige Adressen in einem einzigen Durchlauf selektiert werden.

Genaue Beobachtung der Verhaltensänderung dieser Zielgruppe im Rahmen des Controllings läßt später wahrscheinlich eine Anpassung dieses Prozentsatzes zweckmäßig erscheinen.

6.2.2 Planung von Aktionen des Typs 2

Hier kann ein ganz ähnliches Verfahren der Kombination individueller und segmentspezifischer Daten zur Anwendung kommen. Ein Kontakt, der heuer erstmalig nicht gespendet hat, kann in der Diktion von Abschnitt 4.2.2. zum temporären oder permanenten Nichtspender geworden sein. Berechnungsverfahren völlig analog zu jenen von Anhang A.5 bis A.7 liefern den erwarteten Kapitalwert des Ertrages nach einem Jahr ohne Spende zu

$$\frac{1}{1+r} cw \cdot q''^2 \cdot e \cdot R \tag{21}$$

und bei einer Kontaktpolitik gemäß Abb. A.3 den Aufwandskapitalwert zu

$$w + \frac{1}{1+r} \omega' \cdot R \tag{22}$$

Hierin bezeichnet $R = \tilde{q}/1-q$ die (bedingte) Wahrscheinlichkeit, daß der Nichtspender eines Jahres nur temporärer Nichtspender ist. In beiden Formeln kann bei e (Spendenvolumen) und ggf. q'' (Abklingverhalten des Volumens) der individuelle Wert, für die restlichen Parameter der zugehörige segmentspezifische Wert verwendet werden.

[10] In erster Linie dürfte sich um die Haltewahrscheinlichkeit q' handeln.

Wieder wird man im Rahmen der Budgetargumentation gezielt jene Kontakte auf eine Wiederaufnahme des Spendenverhaltens hin ansprechen, bei denen das Verhältnis von so berechneter Aufwands- und Ertragserwartung zu den Kosten der Zusatzaktion günstig sind.

6.2.3 Planung von Aktionen des Typs 3 und 4

Hier handelt es sich in erster Linie um retrieval-Aktionen aus der Datenbank, die weder konzeptionell noch edv-technisch besondere Probleme aufwerfen. Aus dem Versandhandel ist bekannt, daß das Wiederbeleben inaktiver Kunden eine wesentlich höhere Erfolgsquote verspricht als die Neukundenwerbung. Im Spendensektor liegen hierzu allerdings noch keine publizierten Erkenntnisse vor.

6.3 Verbindung zu Straßensammlungen

Viele große Spendenorganisationen unterhalten neben der schriftlichen Spendenwerbung auch Straßensammlungen unterschiedlicher Durchführungsformen, insbesondere:

- Sammlungen mit Sammelbüchsen an stark frequentierten öffentlichen Plätzen
- Haus zu Haus Sammlungen (zu den genehmigungsrechtlichen Aspekten siehe etwa Borgmann-Quade 1982)

"Büchsensammlungen" laufen i.d.R. organisatorisch völlig getrennt, häufig über die Jugendorganisationen, und bringen eher ideelle Erträge. Bei Haus-zu-Haus Sammlungen ist demgegenüber mit größeren Erträgen zu rechnen und ein Abgleich mit Mailingaktionen erforderlich, da einerseits eine Verärgerung des Spenders durch doppeltes "Anbetteln", andererseits auch eine Frustration des meist ehrenamtlichen Straßensammlers, der die Mailing Aktionen im Zweifel als Konkurrenz im eigenen Haus empfindet, vermieden werden soll.

Straßensammlungen gehorchen im Vergleich zum Mailing eigenen Gesetzen:

- Die einzelnen Spenden sind in der Regel wesentlich geringer als die schriftlich eingeworbenen.

- Die Gewinnungswahrscheinlichkeit liegt weit über der im schriftlichen Kontakt. Eine Haltewahrscheinlichkeit kann –zumindest auf Unternehmensebene[11] –für den einzelnen Kontakt nicht angegeben werden.

[11] Erfahrene Straßensammler kennen natürlich individuell ihre "sicheren Spender".

- Es findet nur Spenden-, praktisch keine Mitgliederwerbung statt.

- Bei der Spendenentscheidung spielen emotionale und soziale Aspekte der Interaktion zwischen Spender und oft persönlich bekanntem Sammler eine entscheidende Rolle; allein schon aus Zeitgründen treten rationale Argumente häufig in den Hintergrund. Das Image der Organisation spielt damit eine zentrale Rolle.

- Die Aktion selbst dient der Pflege von Bekanntheit und Image.

- Noch stärker als beim Mailing ist die Spendenentscheidung personen– und nicht familienorientiert. Die Kontaktperson innerhalb der Familie ergibt sich dabei häufig zufällig.

- Regionale Teilorganisationen ("Ortsverbände") übernehmen die Organisation der Abwicklung und haben daher auf den Ablauf dominanten Einfluß.

- Die Steuerungsmöglichkeiten bei den meist ehrenamtlich tätigen Sammlern sind gering; Motivation der Sammler demgegenüber entscheidend.

Ziel einer ersten Berücksichtigung der Straßensammlung im Rahmen des Database–Marketing muß es daher sein, sich nicht gegenseitig zu behindern. Von den Ortsverbänden werden Listen mit den von den Sammlern zu begehenden Straßen eingefordert und die entsprechenden Adressen aus dem Mailing entfernt (sogenannte Negativliste).

Moderne Regionaldatenbanken verfügen über digitalisierte Stadtpläne, in denen die Koordinaten einzelner Straßen verzeichnet sind. An die Stelle des recht umständlichen Einwerbens der Straßenlisten kann daher auch die Angabe des Sammlerwohnorts und des Einzugsbereiches (z.B. als Einzugsradius) treten. Die Regionalanalysesoftware identifiziert die relevanten Straßen und Hausnummernbereiche dann automatisch.

Ex post ist auch ein Vergleich zwischen Spendenergebnis einer Region und dem aus dieser Region bei schriftlicher Kontaktaufnahme zu erwartenden Ergebnis interessant. Während das Verhältnis dieser Zahlen aus den oben geschilderten Gründen nicht unmittelbar aussagekräftig ist, liefert der Vergleich <u>zwischen</u> Regionen oder Ortsverbänden dennoch relevantes Material.

In einer zweiten Stufe lassen sich Spendenergebnis eines Sammlers und Regionalstruktur des zugehörigen Gebietes einander gegenüberstellen. Aus den Regionaldatenbanken kann man zumindest die Besetzungszahl der entsprechenden Regionaltypen (zweckmäßig in Anzahl

Familien gemessen), häufig auch die Besetzung der in Abschnitt 3.2.4. gebildeten Segmente entnehmen. Es entsteht eine in Tab. 3 beispielhaft dargestellte Struktur.

Sammler	Einzugs-bereich	Straßen	Besetzung Segment 1	2	3	...	100	Spenden-ergebnis
Müller	500 m um Kaiserstr. 4	Kaiserstr.	200	0	0		60	
		Königinstr. ½	800	400	30		0	
		Ottostr.	...	...	...	...		
			120 1	503	44		0	3500,00 DM
Meier								

Tab. 3: Spendenergebnis und Regionalstruktur eines Straßensammlers

Spendenergebnis und Besetzung der Segmente lassen sich nun regressionsanalytisch gegenüberstellen:

$$\text{Sammlungsergebnis} \doteq f\left(\text{Besetzung\_Segment 1, Besetzung\_Segment 2, ..., Besetzung\_Segment n}\right) \tag{23}$$

Im einfachsten Fall der linearen Regression ist

$$\text{Sammlungsergebnis} \doteq \hat{y} := a_1 \cdot \text{Besetzung\_Segment 1} + \ldots + a_n \cdot \text{Besetzung\_Segment n} \tag{24}$$

Die Regressionskoeffizienten a_i lassen sich als die durchschnittlich von einer Familie dieses Segments erzielbaren Spendensummen (unter Einschluß von Nichtspendern) interpretieren. Der regionsspezifisch ermittelte Schätzwert stellt das Spendenergebnis dar, das bei durchschnittlicher Aktivität und Qualität der Sammler, sowie durchschnittlich ausgeprägten Drittvariablen (deren Einfluß hier nicht erfaßt wurde) zu erwarten wäre. Für derartige Drittvariablen erscheint eine große Anzahl als Kandidaten plausibel, z.B. Konkurrenzdruck, regional unterschiedliches Image, landsmannschaftliche Zugehörigkeit von Spender und Sammler, vorherrschende Religionszugehörigkeit, persönliche Aversionen etc. Das von Filialorganisationen her bekannte Vorgehen, realisierte Sammelwerte über dem Schätzwert als überdurchschnittliche Leistung zu interpretieren (vgl. Ruhland, Wilde 1983, Dobner 1994), erscheint daher an dieser Stelle nicht angebracht. Das Schätzmodell ist zu grob, die Einflußmöglichkeiten auf die Sammler zu gering.

Viele der (möglicherweise) relevanten Drittvariablen unterliegen aber, wie obige Beispiele zeigen, <u>innerhalb eines Spendengebiets</u> relativ geringen regionalen Schwankungen. Während also die absolute Schätzung aus Gleichung (24) mit großer Vorsicht zu werten ist, können die a_i dennoch verwandt werden, um innerhalb eines Gebiets die <u>relative</u> Vorteilhaftigkeit einer Straße zu bewerten.[12]

Ein mit diesen Überlegungen, den geringen Einflußmöglichkeiten auf die Sammler und den Kostenerfordernissen kompatibles Steuerungsinstrument könnte die in Tab. 4 dargestellte Gestalt haben.

Sammler: Müller

Straße/Abschnitt	Größe[Familien]	Segment	Wertung	Spender
Kaiserstr. 1-18 g	50	1	+++	卌
Kaiserstr. 10-28 g	60	100	- -	卄
Ottostr. (alle)	200	1	+++	卌 |

Tab. 4: Formular zur Steuerung von Straßensammlungen

Zentral werden nur die ersten vier Spalten ausgefüllt. Größe und Segmentzugehörigkeit werden dabei unmittelbar der Regionaldatenbank entnommen. "Wertung" stellt eine z.B. auf 5 Kategorien (+++ bis - - -) vergröberte Darstellung der a_i von Gleichung (24) dar und gibt Hinweise zur Adreßqualität in den Straßenabschnitten.[13]

Dem Sammler werden so Hinweise auf potentialstarke Regionen gegeben, ohne daß seine Vor-Ort-Kenntnisse abgeschnitten würden. Die weiteren Spalten sollen im Verlauf der Aktion vom Sammler selbst ausgefüllt werden, und sei es nur als Strichliste. Insbesondere erfolgen also keine Vorgaben zur Anzahl der Spender aus jedem Straßenabschnitt. Eine Rückkopplung an den Sammler erfolgt ebenfalls nur in der Weise, daß er wie bisher sein Sammlungsergebnis in

---

[12] Dem liegt stillschweigend die Annahme zugrunde, daß die Drittvariablen in den einzelnen Segmenten nicht völlig unterschiedlich wirken. Hierauf fanden sich bisher in keiner Studie Hinweise.

[13] Moderne Kartographiesoftware gestattet zudem eine sofortige und kostengünstige graphische Umsetzung dieser Tatbestände in thematische Karten (Straßenzüge werden nach ihrem pro-Kopf-Potential in 7 Farben eingefärbt).

einer Übersichtsdarstellung mit den Ergebnissen aller anderen Sammler gemeinsam wiederfindet und ggf. seinen Rangplatz innerhalb der Ortsgruppe und der Gesamtorganisation erfährt.

Auch ohne "Druck von oben" verbreitet sich dabei die Nutzung der Potentialkennziffern in der Organisation recht rasch. Wie üblich bilden einzelne Innovatoren den Startpunkt einer Diffusion, die mit demonstriertem Erfolg des Instruments bald auch weitere Kreise der Spendensammler umfaßt.

Erweiterungen dieses Konzepts zur Verbesserung der Genauigkeit sind durchaus denkbar, jedoch dürfte man aufgrund der spezifischen Randbedingungen (große Anzahl heterogen ausgebildeter, ehrenamtlich tätiger Sammler, Zeitdruck der Aktionen, Bedeutung von Stammspendern, ...) rasch an die Grenze des datentechnisch und kostenmäßig Vertretbaren gelangen.

7. Zusammenfassung

Die Datenbanken großer Spendenorganisationen lassen sich, auch wenn sie scheinbar lediglich die Adressen von Spendern enthalten, durch Verknüpfung mit externen Datenbanken zur Drehscheibe eines Database-Marketing ausbauen. Insbesondere wird es möglich:

- im Rahmen der schriftlichen Neuspenderwerbung die 3 wichtigsten Kriterien
  — Responsequote
  — Erstspende
  — Spenderhaltbarkeit
  in ein einheitliches Bewertungsinstrument zu integrieren
- Mitglieder- und Spendenwerbung zu differenzieren
- Marketingaktionen zur Pflege existierender Spender quantitativ zu unterstützen
- eine Verknüpfung zu anderen Spendenquellen zu schlagen.

Die damit einhergehenden Effizienzsteigerungen im Marketing kommen auf dem Weg über reduzierten Overhead letztlich auch dem ideellen Ziel der Organisation zugute.

Literaturverzeichnis:

Bunk B.; Was Kunden bindet, Absatzwirtschaft 4/1992, S. 36-42

Dallmer, H.; Handbuch Direct Marketing, Gabler, Wiesbaden 1992

Deutsche Postreklame GmbH; CAS: Clusteranalytisches Selektionssystem, Frankfurt 1992

Dobner, S.; Die Marktanalyse als Basis entscheidungsorientierter Verfahren im Verriebsereich, Lang, Frankfurt 1994

DZI; Deutsches Zentralinstitut für soziale Fragen, Berlin 1993, mdl. Auskunft

Borgmann–Quade, R.; Stichwort Spendenwesen, DZI, 1982

Ferschl, F.; Markovketten, DeGruyter, Berlin et al 1970

Hanssmann, F., Ruhland,J.M.; Geographische Marktsegmentierung für das Database Marketing, Teil I: ZP 1 (1991), S. 3-6; Teil II: ZP 2 (1991)

Holland, H.; Computergestütztes Entscheidungsunterstützungssystem (EUS) im Direct Marketing, S. 777-791, in: A. Hermanns, V. Flegl (Hrsg.), Handbuch des electronic Marketing, Beck, München 1992

Hornschild, K.; DIW, Wochenbericht 46/82

Kotler, P.; Marketing für Nonprofit–Organisationen, CE Poeschel, Stuttgart 1978

Mann, R., Bokatt, W.; Spendenmarkt Deutschland, Hohenheim , Hamburg 1985

Martin, M.; Mikrogeographische Marktsegementierung, Marketing ZFP 3/1993, S. 164-180

Münzberg, H.; Quantensprung in der Kundenbindung, Absatzwirtschaft 11/1993, S. 44-53

Ruhland, J.M.; Wilde, K.D.; Berücksichtigung regionaler Unterschiede in Struktur, Marketing und Wettbewerb bei der Außendienststeuerung, Bank und Markt 5/1983, S. 32-36

Wilde, K.D.; Differenziertes Marketing auf Basis von Regionaltypen, Marketing ZFP 3/1986, S. 153-162

o.V.; Kirchen und Marketing, Absatzwirtschaft 12/1992, S. 40-58

Anhang 1: Kapitalwertberechnung bei Berücksichtigung vorübergehenden Spendenausfalls

Wir übernehmen die Bezeichnung des Hauptteils und führen weiterhin ein:

d = erwartete Erstspende [DM] $(p \cdot E)$
N = Anzahl Spender
c = Kapitalwertkorrekturfaktor an Erstspende $(cw = c \cdot d)$.

Der in Abschnitt 4.2.2 skizzierte Prozeß weist (bei T = ∞) eine fraktale (selbstähnliche) Struktur auf. Insbesondere gilt: (vgl. Abb. A.1)

- wer in $t = 1$ gespendet hat, und für $t = 2$ und alle Folgejahre entscheidet, verhält sich annahmegemäß zu diesem Zeitpunkt und für alle Folgejahre genauso, wie ein Spender, der in $t = 0$ über die Folgejahre entscheidet. Das in seinem Verlauf noch nicht bekannte Abklingverhalten von 1 DM Spende im Jahr 1 sieht daher unter Zugrundelegung des Prozesses von Abb. A.1 genauso aus, wie das Abklingverhalten von 1 DM Spende heute (vgl. Abb. A.2).

- wer in $t = 1$ temporärer Nichtspender ist, wird mit Sicherheit in $t = 2$ wieder Spender und sieht sich in $t = 2$ gemäß Markoveigenschaft vor der gleichen Zukunft wie jeder andere $t = 2$ Spender und - abgesehen von Zeitverschiebung und reduzierter Summe - vor der gleichen Zukunft wie ein Spender heute.

- wer in $t = 1$ dauernder Nichtspender ist, wird niemals mehr spenden.

Der Kapitalwert der Spenden unserer N Spender bezogen auf den Zeitpunkt 0, gemäß Definition von c also $N \cdot d \cdot c$, kann daher für die unendliche Reihe aus folgender Überlegung berechnet werden:

- im Jahr $t = 0$ spenden alle, also insgesamt $N \cdot d$
- im Jahr $t = 1$ gibt es genau die folgenden, sich ausschließenden Zustände:

- <u>Spender:</u> die Gruppe umfaßt $N \cdot q'$ *Personen* (Erwartungswert); an ihren Spenden des Jahres $t = 1$ $(q' \cdot d \cdot q'')$ ist gemäß Abb. A.2 noch die Kapitalwertkorrektur c anzubringen, <u>um den auf das Jahr $t = 1$ bezogenen Kapitalwert</u> zu erhalten. Um den auf das Jahr $t = 0$

bezogenen Wert zu erhalten, muß noch 1 Jahr abgezinst werden, so daß alle Spenden der in $t = 1$ Spendenden[14] zum Kapitalwert einen Beitrag von

$$N \cdot q' \cdot d \cdot q'' \cdot c \cdot \frac{1}{1+r} \tag{A.1}$$

leisten.

- Temporäre Nichtspender: Diese $N \cdot \tilde{q}$ *Personen* spenden in $t = 1$ nichts, in $t = 2$ spenden sie $N \cdot \tilde{q} \cdot d \cdot q''^2$. Diese Spende klingt - wie jede in $t = 2$ gleistete Spende - wieder gemäß Abb. A.2 ab, so daß sich auf $t = 2$ bezogen der Kapitalwert $N \cdot \tilde{q} \cdot d \cdot q''^2 \cdot c$ ergibt und auf $t = 0$ bezogen

$$N \cdot \tilde{q} \cdot d \cdot q''^2 \cdot c \cdot \frac{1}{(1+r)^2} \tag{A.2}$$

- Dauernde Nichtspender leisten keinen Beitrag über $t = 0$ hinaus.

Es gilt also aus der Gleichsetzung des momentanen Kapitalwerts in der definitorischen Berechnung mit der obigen Überlegung:

$$N\,d\,c = Nd + Nq'dq''c\frac{1}{1+r} + N\tilde{q}dq''^2c\frac{1}{(1+r)^2} \tag{A.3}$$

so daß

$$c = \left(1 - \left\{\frac{q'q''}{1+r} + \frac{\tilde{q}q''^2}{(1+r)^2}\right\}\right)^{-1} \tag{A.4}$$

Für $\tilde{q} = 0$ wird natürlich wieder die Formel der geometrischen Reihe wiedergewonnen, für $q' = 0$ ergibt sich ebenfalls eine geometrische Reihe. In diesem (hypothetischen) Fall wird von allen Spendern alternierend gespendet und nicht gespendet, so daß sich auf Ebene einer auf Zweijahresrhythmen vergröberten Betrachtung wieder dasselbe Muster ergibt.

Gehen wir von einer Kommunikationspolitik aus, die

- alle Personen, die in diesem oder dem Vorjahr gespendet haben, mit einem Mailing zu Kosten w kontaktiert (und nehmen wir zunächst an, daß die Erstakquisition auch w kostet)

---

[14] genauer: alle Spenden, die die Gruppe ab $t = 1$ leistet.

- Personen, die an 2 aufeinanderfolgenden Jahren nicht gespendet haben, aus der aktiven Pflege streicht (eine gängige Politik),

so lassen sich für den Kapitalwert ω' der jährlichen Erhaltungsausgaben w Überlegungen analog zu den Einzahlungen anstellen (vgl. Abb. A.3), aus denen sich ergibt:

$\omega' = w$

$+q'\frac{1}{(1+r)}\omega'$	Die Zukunft von Spendern in $t = 1$ ist exakt die gleiche wie die von Spendern heute
$+\tilde{q}\left(w+\frac{1}{1+r}\omega'\right)\frac{1}{1+r}$	TNS in $t = 1$ erhalten in dieser Periode ein Mailing, sind in $t = 2$ wieder Spender und entwickeln sich ab dann wie alle Spender weiter
$+(1-\tilde{q}-q')\cdot w\frac{1}{1+r}$	Nicht-Spender in $t = 1$ erhalten ab $t = 2$ nie wieder ein Mailing

(A.5)

Es folgt:

$$\omega' = w\left\{1+\frac{1-q'}{1+r}\right\}\cdot\frac{1}{1-\frac{q'+\tilde{q}/(1+r)}{1+r}} \tag{A.6}$$

Für eine Politik, die als Erstwerbung W > w ausgibt, gilt durch Addition der sofort anfallenden Differenz W−w.

$$\omega' = w\left\{1+\frac{1-q'}{1+r}\right\}\cdot\frac{1}{1-\frac{q'+\tilde{q}/(1+r)}{1+r}}+(W-w) \tag{A.7}$$

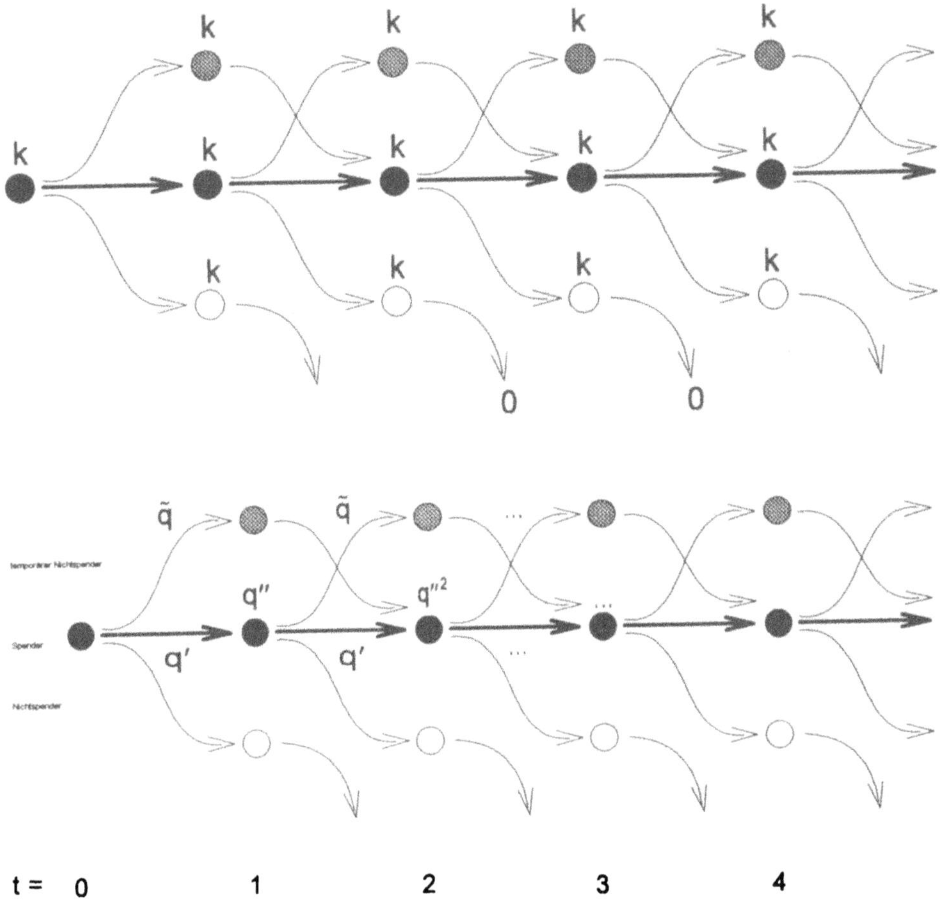

Abb. A.1: Stochastischer Prozess mit den drei Zuständen: Spender, Nicht-Spender und temporärer Nichtspender

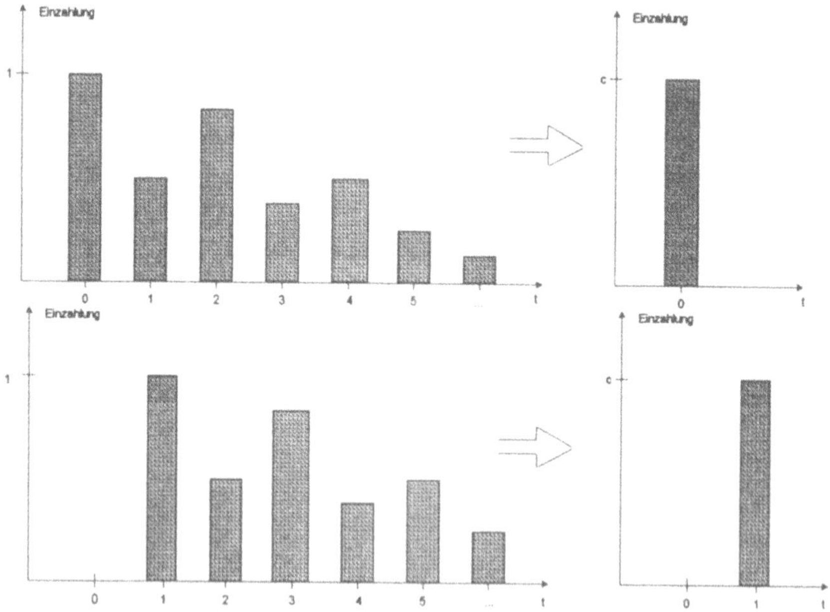

Abb. A.2: Abklingverhalten von 1 DM Erstspende heute bzw. 1 DM Spende in t = 1 und zugehörige Kapitalwertbildung

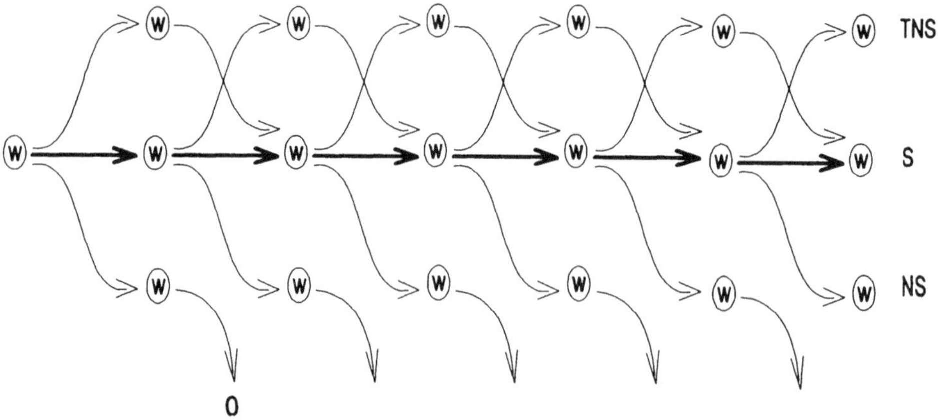

Abb. A.3: Entwicklung der Kontaktkosten

Anhang 2: Zur Bedeutung der Markov-Eigenschaft

Im Rahmen von Computersimulationen sollte die Frage untersucht werden, wie stark Abweichungen von der Markov-Annahme die Endergebnisse (insbesondere den Kapitalwertkorrekturfaktor c) beeinflussen. Zu diesem Zweck wird ein alternatives Bildungsgesetz der Zeitreihe unterstellt und die Spendenzeitreihen und der zugehörige Erwartungswert des Kapitalwertes ermittelt. Alternativ können die Schätzformeln des Hauptteils (insbesondere 6 und 7) auf die Zeitreihe angewandt und aus (16) der Kapitalwertkorrekturfaktor bezeichnet werden (vgl. Abb. A.4)

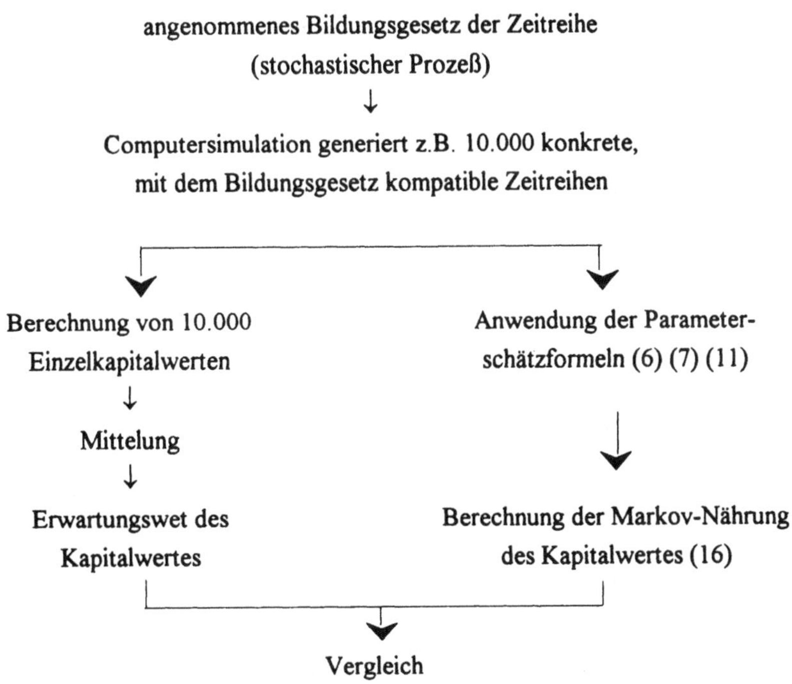

Abb. A.4: Bestimmung der Genauigkeit der Markov-Näherung

Beispielsweise wurde folgender Prozeß untersucht:

- die Spendenhöhen klingen weiterhin mit Faktor q'' ab
- der Prozeß hat ein zweiperiodiges Gedächtnis, das durch folgende Wahrscheinlichkeiten beschrieben wird:
  - P_{11} = Wahrscheinlichkeit, daß Spender in t - 2 und t - 1 auch in t spendet
  - P_{10} = Wahrscheinlichkeit, daß Spender in t - 2 und Nicht–Spender in t - 1 in t spendet
  - P_{01} = Wahrscheinlichkeit, daß Nicht-Spender in t - 2 und Spender in t - 1 in t spendet
  - P_{00} = 0, d. h. wer zweimal nicht spendet, ist endgültig verloren.

Die Computerexperimente wurden für $T = 30$ und 10'000 Fälle durchgeführt, zusätzlich wurde eine auf 6 Perioden ($T = 6$) verkürzte Simulation mit der Formel der endlichen Reihe (12 ff) verglichen.

Tab. A.1: Simulationsergebnisse und Markov-Nährung im Vergleich (zur Symbolik vgl. Anhang 4)

T	r	q''	P_{11}	P_{10}	P_{01}	c (*echt*)	c (*Markov*)
30	0,1	0,9	0,8	0,5	0,4	3,43	4,16
30	0,2	0,9	0,8	0,2	0,5	2,54	3,20
30	0,1	0,8	0,8	0,2	0,6	2,42	2,98
30	0,1	0,8	0,9	0,3	0,5	3,01	3,27
6	0,1	0,8	0,9	0,3	0,5	2,6	2,8

Abweichungen von der Markov–Annahme manifestieren sich in diesem Prozeß in erster Linie in der Abweichung zwischen P_{11} und P_{01}. Obwohl der Tabelle (unrealistisch) große Abweichungen zwischen diesen Parametern zugrunde liegen, bleiben die Fehler doch in erträglichen Grenzen und müssen vor dem Hintergrund der Tatsache gesehen werden, daß die momentane Politik einer Fokussierung auf die Erstspende mit c = 1 arbeitet.

Für Parameterwerte in realistischen Größenordnungen überschätzt die Annäherung durch die unendliche Reihe die Kapitalwerte regelmäßig und erwartet um einige Prozent. Mit einem 10% –Abschlag auf die in der Markov-Näherung berechneten Kapitalwerte wird dem Prinzip kaufmännischer Vorsicht reichlich Genüge getan.

Anhang 3: Parameterschätzung für Feinsegmente

Ist ein Segment hinreichend stark besetzt, werden relevante Bewertungskriterien wie Erstspende oder Kapitalwertkorrektur einfach für alle Feinsegmente getrennt berechnet. Häufig werden die Teilsegmente aber für statistisch abgesicherte Aussagen zu dünn besetzt sein. In diesem Fall empfiehlt sich folgender Umweg:

1. Zusammenfassung einzelner Segmente zu Grobsegmenten (etwa von Abb. 3) mit entsprechender Erhöhung der Besetzungszahlen. Bei der Bildung kann beispielsweise die im Rahmen von Regionaltypologien standardmäßig vorhandene Zuordnung Typen zu Grobtypen helfen. Durch diesen Vergröberungsschritt werden jetzt höhere Besetzungszahlen erhalten.

2. Aufspaltung der Grobsegmente nach dem neuen Segmentierungskriterium

3. In jedem Grobsegment: Ermittlung eines Zu- oder Abschlags für jedes Feinsegment auf den im Grobsegment ermittelten Mittelwert

4. Übertragung der Zuschläge auf die ursprüngliche Segmentierung.

Beispiel: Segment 5 habe eine durchschnittliche Erstspende von 60,- DM und bildet zusammen mit den Segmenten 1, 2 und 8 ein Grobsegment mit durchschnittlicher Spende von 58,- DM. Die Akademiker spenden hier 62,- DM, die Nicht-Akademiker 57,- DM. Der Aufschlag von 4,- DM wird in das Segment 5 übertragen und führt zu einer Schätzung der Akademikerspende von 64,- DM.

Mathematisch entspricht diese Annahme einem Schätzmodell für e_s^l (Spende im Feinsegment *s* von Segment *i*) von:

$$e_s^l = e_s + \delta_{g(s)}^l \tag{A.7}$$

mit $e_s = \varnothing$ Spende im Segment; $\delta_{g(s)}^l$ = Abschlag, der nicht vom Segment, sondern nur vom Grobtyp dieses Segmentes abhängt.

Bei überlegter Bildung der Grobsegmente liegt hierin ein plausibles, etwa von der Varianzanalyse bekanntes Schätzmodell.

Anhang 4: Symbole

B	Bewertung gemäß (17)
c	Kapitalwertkorrektur an der zu erwartenden Erstspende $(cw = c \cdot pE = cd)$
cw	Kapitalwert eines Erstkontaktes (unter Berücksichtigung der Responsewahrscheinlichkeit)
cw'	Kapitalwert nur der Einzahlungen
d	erwartete Erstspende unter Berücksichtigung der Fehlsteuerungen $(d = p \cdot E)$
E	durchschnittliche Erstspende, wenn nur über Spender eines Segments gemittelt wird
e	durchschnittliche Dauerspende, wenn nur über Spender eines Segments gemittelt wird
W	Kosten pro Kontakt im Erstmailing
w	Kosten pro Kontakt und Job im Erhaltungsmailing
ω	Kapitalwert aller Auszahlungen an einem Kontakt (abhängig von der gewählten Kontaktpolitik)
ω'	Kapitalwert der Erhaltungsausgaben
N	Spenderzahl
n(t)	in t verbleibender Spenderanteil
p	Reaktionswahrscheinlichkeit (alias: Responsequote)
q'	Abklingfaktor der Spenderzahl
q''	Abklingfaktor der Spendenhöhe
$\tilde{q}$	Übergangswahrscheinlichkeit Spender $\Rightarrow$ temporärer Nichtspender
r	Diskontierungsfaktor
T	Planungshorizont
Indizes	
i	Segment
t	Zeit

2.5 Entwurf und Bewertung von Bürovorgängen - eine Fallstudie zur Integration von Modellierungsmethoden aus der Systemforschung und der Wirtschaftsinformatik

Prof. Dr. Franz Schober
Albert-Ludwigs-Universität Freiburg
Institut für Allgemeine Wirtschaftsforschung
Lehrstuhl für Wirtschaftsinformatik
Europaplatz 1
79085 Freiburg i.Br.

Gliederung:

Entwurf und Bewertung von Bürovorgängen - eine Fallstudie zur Integration von Modellierungsmethoden aus der Systemforschung und der Wirtschaftsinformatik

1. Einführung

Sowohl die Systemforschung als auch die Wirtschaftsinformatik befassen sich mit der Gestaltung betriebswirtschaftlicher Systeme. Beide Disziplinen verwenden Systemmodelle als wissenschaftliche Instrumente. Jedoch wird der Modellbegriff in beiden Disziplinen unterschiedlich gehandhabt; auch stimmen die Modellierungszwecke nicht unmittelbar überein. Andererseits gibt es Zusammenhänge, deren Herausarbeitung reizvoll und für die praktische Anwendung fruchtbar zugleich ist. Dies soll am konkreten Fallbeispiel der modellgestützten Gestaltung von Bürovorgängen aufgezeigt werden. Die Fallstudie geht auf ein Kooperationsprojekt des Lehrstuhls für Wirtschaftsinformatik an der Universität Freiburg mit einer Freiburger Unternehmung zurück (Eipperle 1992a, 1992b).

Das folgende Kapitel 2 befaßt sich zunächst mit den unterschiedlichen Modellbegriffen und Modellierungszwecken in der Systemforschung und in der Wirtschaftsinformatik, aber auch mit den Zusammenhängen, um daraus als Synthese beider Sichten eine Modellintegration vorzuschlagen. Kapitel 3 stellt den Bezug zur konkreten Fallstudie her. In Kapitel 4 werden Folgerungen aus der Fallstudie abgeleitet.

2. Der Modellbegriff in der Systemforschung und in der Wirtschaftsinformatik

2.1 Das Entscheidungsmodell der Systemforschung

Unter einem Modell der Systemforschung versteht man eine funktionale Beziehung $E = f(X,Y)$, wobei X die Menge der gestaltbaren Entscheidungsvariablen des Systems und Y die Menge der nicht gestaltbaren Umweltfaktoren repräsentieren. E ist das Effektivitätsmaß des Systems, d.h. eine geeignete Quantifizierung des Gesamtziels des modellierten Realsystems in Form eines Zielkriteriums oder mehrerer Zielkriterien (Hanssmann 1993, S. 23).

Zweck des Modells der Systemforschung ist die Unterstützung der Entscheidungsfindung, wobei alternative Ausprägungen der Entscheidungsvariablen X mit Hilfe des Modells bewertet werden, idealerweise unter Berücksichtigung unterschiedlicher Konstellation für die Umweltfaktoren Y (Szenarien). Das Modell gestattet es, Experimente zur effektiven Gestaltung des Realsystems ohne direkte Eingriffe im Realsystem durchzuführen.

Formal stellen sich die Modelle der Systemforschung als mathematische Modelle entweder in einstufiger, geschlossener Form (analytische Modelle) oder in mehrstufiger, algorithmischer

Form (Simulationsmodelle) dar. Analytische Modelle enthalten häufig eine explizite Optimierungsanweisung bezüglich eines Zielkriteriums oder auch mehrerer Zielkriterien (Optimierungsmodell). Ein Entscheidungsmodell kann auch Prognosemodelle für die Umweltfaktoren Y mit enthalten (zur genaueren Beschreibung der Struktur von Optimierungs- und Prognosemodellen siehe z.B. Schober 1993).

Der Modellierungsprozeß durchläuft mehrere Phasen von der Istanalyse über die Formulierung der Zielkriterien und der Entscheidungsalternativen sowie die Konstruktion des Modells bis hin zum Einsatz des Modells im Rahmen der Entscheidungsfindung und zur Implementierung und Kontrolle der Entscheidungsergebnisse (zu den Phasen im Detail siehe Hanssmann 1993). Die Modelle der Systemforschung sind dabei stets falsifizierbare Abbildungen des modellierten Realsystems. Sie sollen im folgenden als Entscheidungsmodelle bezeichnet werden.

2.2 Das Architekturmodell der Wirtschaftsinformatik

Die Wirtschaftsinformatik befaßt sich mit der Planung, der Entwicklung und dem Einsatz computergestützter Informationssysteme als informatorisches Teilsystem der betrieblichen Organisation. Insofern ist der Untersuchungsgegenstand der Wirtschaftsinformatik im Vergleich zur Systemforschung enger gefaßt, da letztere das gesamte betriebliche Realsystem beziehungsweise beliebige Teilsysteme daraus betrachtet. Zum Entwurf und zur Implementierung der Informationssysteme bedient sich die Wirtschaftsinformatik verschiedener Modellierungsinstrumente, die vor allem die komplexen Strukturen der Systeme sichtbar machen sollen (siehe z.B. Scheer 1992).

Primärer Zweck der Modellierung ist nicht wie in der Systemforschung die Entscheidungsunterstützung, sondern die Unterstützung des Entwicklungsprozesses von Informationssystemen. Die Modelle der Wirtschaftsinformatik sind den Bauplänen eines Architekten vergleichbar. Dabei werden bei der Systementwicklung wie bei der Arbeit eines Architekten je nach Detailzweck (zum Beispiel Systemanalyse, Systemimplementierung) unterschiedliche Modellierungstechniken auf unterschiedlichen Abstraktionsebenen verwendet. Deshalb kann man zweckmäßigerweise die Modelle der Wirtschaftsinformatik als Architekturmodelle bezeichnen. Im Gegensatz zu den Entscheidungsmodellen der Systemforschung besitzen die Architekturmodelle der Wirtschaftsinformatik kein explizites Effektivitätsmaß. Vielmehr ist das Effektivitätsmaß implizit durch den Zweck des zu entwickelnden Informationssystems vorgegeben.

Formal lassen sich die Architekturmodelle der Wirtschaftsinformatik entweder in graphischer Form (Strukturmodelle), in algorithmischer Form (Spezifikationssprachen) oder mittels verschiedener anderer Konstrukte der Daten-, Funktions- und Prozeßmodellierung darstellen. Eine Überprüfung der Modelle auf ihren Realitätsgehalt ist in doppelter Hinsicht nötig, nämlich einmal durch den Vergleich der Modelle mit dem fertigen Informationssystem (Verifizierung) und zum andern durch einen Vergleich der Modelle mit den tatsächlichen Informationsbedürfnissen der späteren Systemnutzer (Validierung).

Vor dem Hintergrund einer durchgängigen Automatisierung der Systementwicklung ist man bestrebt, eine konsistente Verfeinerung der Architekturmodelle vom ersten Systemmodell bis hin zum fertigen Programmcode des Anwendungssystems durchzuführen. Das einsatzfähige System wäre bei dieser Vorgehensweise, die heute jedoch technisch noch nicht voll realisierbar ist, mit der letzten Modellierungsstufe identisch, so daß die Verifizierung entfiele.

2.3 Modellintegration

Die Architekturmodelle der Wirtschaftsinformatik beziehen sich sowohl auf eine Modellierung des Istsystems als auch auf das neu daraus abzuleitende Sollsystem. Die Stärke der Architekturmodelle liegt eindeutig in der Unterstützung des <u>Systementwurfs</u>. Die ökonomische <u>Bewertung</u> alternativer Sollkonzeptionen mit Hilfe der Architekturmodelle ist jedoch wegen des fehlenden Effektivitätsmaßes nicht möglich. Die Bewertung ist andererseits die Stärke der Entscheidungsmodelle der Systemforschung. Da bei der Entwicklung eines Sollsystems stets Freiheitsgrade zur alternativen Gestaltung vorliegen, bietet sich deshalb eine Kopplung beider Modelltypen an, siehe Abb. 1. Die wesentlichen Elemente der Kopplung sind zum einen gewisse Transformationsregeln (Schnittstelle), zum andern das Zufügen eines expliziten Effektivitätsmaßes für das Entscheidungsmodell.

Das Architekturmodell dient in dieser Kopplung dem Entwurf alternativer Systemarchitekturen einschließlich ihrer Grobmodellierung, das Entscheidungsmodell der Feinmodellierung und Bewertung der alternativen Systementwürfe.

Die Schnittstelle sorgt für den konsistenten Übergang zwischen beiden Modelltypen. Sie besteht in der Abbildung von Komponenten des Architekturmodells in semantisch äquivalente Komponenten des Entscheidungsmodells. Die Schnittstelle wird im Idealfall automatisiert sein, kann aber auch aus Anweisungen zur manuellen Übertragung bestehen. Das Zufügen des Effektivitätsmaßes geschieht durch die Festlegung der Entscheidungskriterien im Entscheidungsmodell, häufig unter Erweiterung des Entscheidungsmodells durch ein nachgelagertes Bewertungsmodell wie bei der Fallstudie in Kapitel 3.

Derartige Modellkopplungen bilden einen wichtigen Teilbereich eines aktuellen Forschungsgebiets, das sich unter unterschiedlichen Bezeichnungen wie "Modellmanagement", "strukturierte Modellierung" oder "integrierte Modellierungsumgebung" mit der Integration verschiedener Modellierungsparadigmen und -sprachen befaßt (siehe u.a. Müller-Merbach 1983, Geoffrion 1987, Schober 1990, Shetty/Bhargava/Krishnan 1992, Blanning/Holsapple/Whinston 1993, Dolk 1993). Dabei geht es bei diesen Forschungsbemühungen zum einen um die Identifikation der Zusammenhänge zwischen den Paradigmen und Sprachen, zum andern um die EDV-seitige Unterstützung des gesamten Modellierungsprozesses vom ersten Modellentwurf bis zur Deduktion der Lösungen und zur Präsentation der Entscheidungsempfehlungen. Zielsetzung des Einsatzes integrierter Modellierungsumgebungen ist sowohl die Verbesserung der Zusammenarbeit zwischen Modellierern und Entscheidungsträgern und damit der Akzeptanz der Modelle als auch die Steigerung der Produktivität der Modellentwicklung.

Im folgenden sollen das Konzept und das Anwendungspotential der Integration von Architektur- und Entscheidungsmodellen am konkreten Fallbeispiel der Vorgangsgestaltung im Büro aufgezeigt werden.

3. Fallstudie zur modellgestützten Vorgangsgestaltung im Büro

3.1 Betriebswirtschaftliche Problemstellung

Anlaß für das Projekt war die Einführung einer elektronisch unterstützten Administration von Dienstreisen in einer Freiburger Unternehmung. Aufgrund des spezifischen Tätigkeitsfelds der Unternehmung fielen sehr viele Dienst- und Weiterbildungsreisen an. Mit jeder Reise war ein hoher Administrationsaufwand verbunden, angefangen von der Reiseanmeldung und -genehmigung über die Reservierung der Kurse, Hotels und Transportmittel bis hin zur Prüfung und Verbuchung der Reiseabrechnungen. Die Unternehmensleitung erhoffte sich von der elektronischen Unterstützung eine deutliche Reduktion des Aufwands für die Reiseadministration.

Es ging im vorliegenden Projekt damit nicht um die Einführung eines allgemeinen elektronischen Bürokommunikationssystems, sondern um die Entwicklung einer spezifischen Anwendung auf der Grundlage der zu diesem Zeitpunkt bereits installierten Bürokommunikationsstruktur (zur modellgestützten Einführung einer allgemeinen Bürokommunikationsstruktur siehe Schober 1994). Dabei sollten die bisherigen Aufgaben der Reiseadministration nicht einfach auf das elektronische Medium übertragen werden, sondern neue

Gestaltungsmöglichkeiten der Vorgangsabwicklung zum Tragen kommen, die sich aus den organisatorischen und technischen Potentialen der installierten Informationstechnik ableiten ließen. Es ging damit um die Planung von Reorganisationsmaßnahmen unter Einsatz der Informations- und Kommunikationstechnik.

Zur Durchführung dieser Planungsaufgabe wurde eine Projektgruppe gebildet, die sich aus Repräsentanten aller von der Reiseadministration betroffenen Organisationsstellen sowie aus Mitarbeitern der Abteilung Organisation und Informationssysteme, einem Revisionsfachmann und einer Mitarbeiterin des Lehrstuhls für Wirtschaftsinformatik zusammensetzte. Letztere war für die Modellierung der Systemvarianten zuständig. Der Projektgruppe gehörten bei der Ausarbeitung wichtiger Zwischenresultate auch Führungskräfte mit an, um die spätere Akzeptanz der Projektergebnisse bei der Unternehmensleitung zu gewährleisten.

3.2 Datengrundlage: Analyse und Modellierung des Istsystems

Zur Schaffung einer geeigneten Datengrundlage wurde zunächst beschlossen, eine detaillierte Analyse und Modellierung des gegenwärtigen Ablaufs der Reiseadministration (Istsystem) durchzuführen.

Einen ersten, konzeptionellen Schritt bildete die Darstellung des Systems mit Hilfe eines einfachen graphischen Architekturmodells. Abb. 2 zeigt einen Ausschnitt aus dem Modell. Die Modellierungstechnik basiert auf einer spezifischen Variante von Petri-Netzen (Petri 1961), nämlich dem Kanal-Instanzen-Netz. Petri-Netze gehören ihrerseits zur Klasse der Prozeßmodelle. Sie eignen sich in besonderem Maße für die Darstellung komplexer paralleler Ablaufprozesse, wie sie im Fall der Reiseadministration vorgelegen haben.

Die Konstruktionselemente des Kanal-Instanzen-Netzes sind Kanäle, Instanzen und Stellen. Die Kanäle (Kreise in Abb. 2) beschreiben die Systemzustände und die Instanzen (Rechtecke) die Systemereignisse. Letztere führen zu Zustandsänderungen im System. Die Kanäle entsprechen im konkreten Anwendungskontext den Zuständen der Bearbeitungsdokumente, zum Beispiel "Reiseformular enthält den Vermerk genehmigt (RF genehmigt)", "Teilnehmerformular ist ausgefüllt (TF ausgefüllt)". Die Instanzen beziehen sich auf die einzelnen Bearbeitungsvorgänge, zum Beispiel "Reise genehmigen", "Teilnehmerformular ausfüllen". Der Ablauf der Ereignisse liest sich im Netz der Abb. 2 von oben nach unten. Dabei muß zwischen je zwei Kanälen eine Instanz vorliegen, die eine Zustandsänderung des Systems bewirkt. Umgekehrt ist es zweckmäßig, das System so zu präzisieren, daß je zwei Instanzen über einen Kanal verbunden sind, der den Zwischenzustand des Systems anzeigt.

Für den konkret vorliegenden Untersuchungszweck wurde das übliche Kanal-Instanzen-Netz um die Komponente der Stelle erweitert (umkreistes Quadrat in Abb. 2). Damit werden die unterschiedlichen Mitarbeiterklassen charakterisiert, die für die Bearbeitung einzelner Vorgänge zuständig sind. Im einzelnen handelt es sich um die Antragsteller der Reisen (AS), deren Vorgesetzte (V), die Sekretariate (SEK) sowie spezifische Sachbearbeiter zur Reiseadministration in der Lohn- und Gehaltsabrechnung (LG), an der Kasse (KA), in der Personalentwicklung (PE) und im Rechnungswesen (RE). Die Stellen sind im Kanal-Instanzen-Netz stets mit einer Instanz (Bearbeitungsvorgang) verbunden, wobei ein Pfeil auf die spezifische Stelle hinweist, die für die Bearbeitung verantwortlich ist.

Bei den Kanal-Instanzen-Netzen handelt es sich um eine recht einfache Form der Petri-Netze. Im Gegensatz zu den komplexeren Netzen, z.B. den logikbasierten Prädikat-Transitionen-Netzen, werden beim Kanal-Instanzen-Netz weder die Zustände noch die Ereignisse mit Hilfe einer formalen Sprache definiert, so daß sich ein solches Netz oft nur sehr eingeschränkt als technische Designvorlage für die Implementierung eines Informationssystems eignet. Dafür ist die Darstellungsform des Kanal-Instanzen-Netzes so verständlich und flexibel, daß mit Hilfe des Netzes und in Zusammenarbeit mit den späteren Systemnutzern die wesentlichen Elemente des Istsystems beschrieben und Optionen für ein Sollsystem entworfen werden können. Der deutliche Anwendungsschwerpunkt des Kanal-Instanzen-Netzes liegt somit bei der Systemanalyse und beim groben Entwurf von Systemalternativen.

Das Netz enthält jedoch noch keinerlei Informationen zum Mengengerüst der modellierten Vorgänge, weder zur Zahl der bearbeiteten Dokumente noch zur benötigten Kapazität der Stellen. Auch werden die dynamischen Eigenschaften des Systems nur teilweise reflektiert. Somit ist das Netz als typisches Architekturmodell ungeeignet, alternative Systemoptionen anhand ökonomischer Zielkriterien zu bewerten. Deshalb wurde in einem zweiten Schritt das Kanal-Instanzen-Netz um ein stochastisches Simulationsmodell ergänzt, das sowohl die Mengenflüsse und die Stellenauslastungen bei einem vorgegebenen gesamten Reise- und Schulungsaufkommen als auch die Vorgangsdauer ermitteln konnte. Dabei erwies sich das Kanal-Instanzen-Netz trotz des geringen Formalisierungsgrades als gute Grundlage für die Konstruktion des Simulationsmodells, zumal der verwendete Simulationsgenerator DOSIMIS3 (SDZ 1990) auf einer vergleichbaren, ereignisorientierten Struktur aufbaute. Die Simulationstechnik konnte durch die Definition geeigneter Module in DOSIMIS3 so modularisiert werden, siehe Abb. 3, daß schließlich für alle Bausteine im Kanal-Instanzen-Netz äquivalente Bausteine im Simulationsmodell vorlagen (Eipperle 1992a, S. 136 f.). Damit konnte die in Abschnitt 2.3. geforderte Schnittstelle zwischen einem Architektur- und einem Entscheidungsmodell, in diesem Fall zwischen dem Kanal-Instanzen-Netz und dem Simulationsmodell, spezifiziert werden. Die Schnittstelle erwies sich später als der ausschlaggebende Faktor für eine schnelle Modifikation der Simulationsmodelle, um das Verhalten neuer Systemvarianten im Detail analysieren zu können.

Mit Hilfe des Simulationsmodells ließen sich die Belastungen der einzelnen Stellen mit Aufgaben zur Reiseadministration und die Durchlaufzeiten für die gesamte Vorgangsabwicklung errechnen. Beide Kennziffern stellen häufig verwendete Proxikriterien für das ökonomische Effektivitätsmaß von Bürokommunikationssystemen dar und wurden im folgenden zur Messung der Effektivität des Istsystems herangezogen (für das Sollsystem wurden weitere Kriterien als Ergebnis eines zusätzlichen Bewertungsmodells berücksichtigt).

Das Simulationsmodell wurde so kalibriert, daß es das Istsystem in einer Form widerspiegelte, die von allen betroffenen Stellen als korrekt akzeptiert wurde. Ein gewisses Problem bereitete die Schätzung der Dauer einzelner Bearbeitungsgänge, da eine direkte Messung am Realsystem aus betriebsinternen Gründen nur vereinzelt möglich war. Die Schätzung beruhte statt dessen weitgehend auf Erfahrungswerten der Projektteilnehmer. Daher war die Validierung der Gesamtergebnisse des Simulationsmodells von besonderer Bedeutung. Abb. 4 zeigt als Ergebnis der Simulation des Istsystems die Belastung der einzelnen Stellen mit Tätigkeiten zur Reiseadministration. Dabei ist zu beachten, daß bei allen Stellen mit Ausnahme der dedizierten Stellen im Rechnungswesen die Reiseadministration nur einen Teil des gesamten Aufgabenspektrums umfaßte. Die Belastung der Stellen mit Tätigkeiten außerhalb der Grenzen des untersuchten Systems wurde im Simulationsmodell durch einen fixen Parameter repräsentiert.

Abb. 5 führt im linken Teil die gesamte mittlere Durchlaufzeit für die Reiseadministration im Istsystem als Ergebnis der Simulationsläufe auf, getrennt nach Dienstreisen und Reisen im Zusammenhang mit Schulungen. Neben den Mittelwerten errechnete das Simulationsmodell auch die Wahrscheinlichkeitsverteilungen der Zielgrößen.

Sowohl die Stellenbelastungen als auch die Durchlaufzeiten im Istsystem wurden schließlich von den Mitgliedern der Projektgruppe als realistisch eingeschätzt. Diese Einschätzung und darüber hinaus das Verständnis für die Funktionsweise des Simulationsmodells insgesamt wurden durch die technischen Eigenschaften des Simulationsgenerators DOSIMIS3 stark gefördert, vor allem durch die Möglichkeit der dynamische Visualisierung des Simulationsablaufs am Bildschirm (Animation). Damit konnten zum Beispiel Stausituationen, die zur Verzögerung der Bearbeitung von Reiseanträgen führten, identifiziert und durch Vergleich mit dem Realsystem validiert werden.

3.3 Modelleinsatz: Entwurf und Bewertung alternativer Konzeptionen für das Sollsystem

Im Anschluß an die Modellierung der Istsituation und die damit verbundene Modellvalidierung entwarf und bewertete das Projektteam sukzessive mehrere unterschiedliche Konzeptionen für das künftige Sollsystem zur Reiseadministration.

Für jede untersuchte Sollkonzeption wurden ein Kanal-Instanzen-Netz und ein darauf aufbauendes Simulationsmodell erstellt. Der sukzessive Entwurfs- und Bewertungsprozeß profitierte dabei wesentlich vom Zusammenspiel der beiden Modelltypen. Während das Kanal-Instanzen-Netz als Verständigungs- und Konstruktionswerkzeug des Projektteams für die Formulierung der alternativen Entwürfe diente, konnten mit Hilfe des Simulationsmodells die Konsequenzen des jeweiligen Entwurfs errechnet werden. Ein alleiniges Arbeiten mit dem Simulationsmodell stellte sich schnell als unpraktikabel heraus, denn dafür war das Modell zu groß und unübersichtlich. Auch entsprach die Simulationssprache nicht unmittelbar der Denkweise der meisten Mitglieder der Projektgruppe.

Eine wesentliche Schwäche der Simulationsergebnisse lag im nichtmonetären und damit sehr indirekten Bezug zu den primären Zielen der Unternehmung. Deshalb wurde versucht, für einen Teil der Ergebnisse, nämlich für die Belastung der einzelnen Stellen, die Aussagen des Simulationsmodells in eine geeignete monetäre Dimension überzuführen. Dies geschah in Form eines Bewertungsmodells, das mit dem Simulationsmodell gekoppelt wurde. Als Grundlage diente das Arbeitswertmodell (Sassone/Schwartz 1986).

Das Arbeitswertmodell (hedonic wage model) geht davon aus, daß der Gesamtwert L_i der Tätigkeit einer Stelle i, zum Beispiel der Tätigkeit der Antragsteller der Reisen, sich aus Wertkomponenten W_k für die einzelnen Aufgaben k zusammensetzt, die die Stelle i typischerweise verrichtet, multipliziert mit den Anteilen a_{ik} der Einzelaufgaben an der Gesamttätigkeit. Eine Tätigkeit kann sich zum Beispiel auf Führungsaufgaben, Fachaufgaben, Sachaufgaben, administrative Aufgaben und unproduktive Leerzeiten aufteilen. Bei insgesamt I unterschiedlichen Stellen und K unterschiedlichen Einzelaufgaben gilt somit

$$(1) \quad L_i = \sum_{k=1}^{K} a_{ik} W_k \qquad \text{für } i=1,\dots,I$$

Geht man von einer "leistungsgerechten" Entlohnung der Tätigkeit i aus, so stimmt L_i mit dem für die Tätigkeit effektiv gezahlten Stundenlohn überein, der sich aus dem für die Stelle typischen Aufgabenmix ergibt. Damit lassen sich bei vorgegebenen Löhnen L_i und vorgegebenen Arbeitsprofilen a_{ik} die Wertkomponenten W_k für die Einzelaufgaben durch Lösen des linearen Gleichungssystems (1) bzw. eines geeignet erweiterten Systems (so daß I=K gilt) errechnen.

Eine Neukonzeption der Vorgangsabwicklung unter Einsatz eines Bürokommunikationssystems führt zu einer veränderten Aufgabenverteilung zwischen den betroffenen Stellen und damit zu einer Modifikation der Arbeitsprofile a_{ik}. Die Differenz

$$(2)\quad \Delta L_i = \left(\sum_{k=1}^{K} a_{ik}' W_k \right) - L_i = \sum_{k=1}^{K} (a_{ik}' - a_{ik}) W_k \qquad \text{für } i = 1,\dots,I$$

mißt die absolute Wertänderung der Stelle i als Folge der Neukonzeption der Bürovorgänge. Dabei werden in (2) mit a_{ik}' die modifizierten Arbeitsprofile bezeichnet.

Durch Berücksichtigung der Gesamtzahl der jährlichen Arbeitsstunden H_i aller Mitarbeiter der Stelle i vor Einführung der Neukonzeption läßt sich die gesamte Wertänderung für alle betroffenen Stellen ermitteln; sie wird im folgenden als relativer Arbeitswert RAW bezeichnet:

$$(3)\quad RAW = \left(\sum_{i=1}^{I} \Delta L_i H_i \right) / \left(\sum_{i=1}^{I} L_i H_i \right)$$

Die meisten Größen des Arbeitswertmodells sind unmittelbare Ergebnisse des Simulationsmodells, nämlich die Arbeitsprofile a_{ik} und a_{ik}' vor und nach der Reorganisation der Arbeitsabläufe sowie die Zahl der Arbeitsstunden H_i vor der Reorganisation. Der effektive Stundenlohn L_i ist der aktuellen Lohn- und Gehaltsrechnung zu entnehmen.

Ein relativer Arbeitswert RAW > 0 Prozent bringt zum Ausdruck, daß die Neukonzeption einer Vorgangsabwicklung zu einer Verbesserung des gesamten Arbeitswerts der betrachteten organisatorischen Einheiten führt. In diesem Fall nehmen vor allem die höherwertigen Stellen verstärkt Aufgaben wahr, für die sie primär vorgesehen sind. Administrative Aufgaben werden dagegen an besser geeignete Stellen delegiert, z.B. an die Sekretariate. Man spricht in diesem Zusammenhang vom "Kooperationsmodell" einer Reorganisation, das auf die Verbesserung der Zusammenarbeit zwischen den einzelnen Stellen abzielt.

Ein relativer Arbeitswert RAW < 0 Prozent für eine Neukonzeption bedeutet dagegen eine Verschlechterung des gesamten Arbeitswerts. Er ergibt sich, wenn die Neugestaltung der Arbeitsabläufe mehr administrative Aufgaben den höherbezahlten Stellen aufbürdet, beispielsweise den Großteil der Reiseadministration den Antragstellern. Diese Stellen werden damit von den administrativen Hilfsstellen autark. Entsprechend spricht man vom "Autarkiemodell" einer Reorganisation (zu den beiden Begriffen im allgemeinen siehe Picot/Reichwald 1987).

Der relative Arbeitswert ist natürlich keine monetäre Größe im engeren Sinn, das heißt, er hat keinen unmittelbaren, kurzfristigen Einfluß auf das finanzielle Ergebnis der Unternehmung, insbesondere wenn die Zahl der Mitarbeiter je Stelle i von der Neukonzeption unberührt bleibt oder wenn eine Wertänderung konsequenterweise zur Änderung der effektiv gezahlten Löhne führt. Der relative Arbeitswert ist vielmehr ein Gradmesser für die veränderte Arbeitsqualität, deren Einfluß auf die strategischen Erfolgspotentiale der Unternehmung erst längerfristig sichtbar wird.

Die Reorganisation der Büroabläufe mit Hilfe der Informationstechnik ist aber auch mit ganz konkreten Ausgaben und Einsparungen verbunden. Zum einen sind hier die Aufwendungen für die Entwicklung und Einführung des elektronischen Vorgangssystems anzusetzen, zum andern die mit dem neuen System effektiv erzielbaren Personal- und Materialeinsparungen. Die jährlichen Personaleinsparungen S lassen sich für den Fall, daß Personal in der betroffenen Unternehmung als ein proportionaler Faktor betrachtet werden kann, unmittelbar aus den Ergebnissen des Simulationsmodells und des Arbeitswertmodells errechnen:

$$(4) \quad S = \sum_{i=1}^{I} \sum_{k=1}^{K} (a_{ik} H_i - a_{ik}' H_i') W_k$$

Dabei ist in (4) mit H_i' die Gesamtzahl der Arbeitsstunden je Stelle i in der Neukonzeption der Arbeitsabläufe bezeichnet. Diese Größe kann ebenfalls dem Simulationsmodell entnommen werden. Die übrigen Einsparungen und Ausgaben müssen in einer getrennten Berechnung erhoben werden. Da diese Zahlungsgrößen zu unterschiedlichen Zeitpunkten anfallen, sind sie zweckmäßigerweise unter Wahl eines geeigneten Planungszeitraums und eines Diskontierungsfaktors zu einem Kapitalwert (KW) zusammenzufassen.

Das Autarkiemodell stellt offensichtlich nur dann eine sinnvolle Alternative zum Kooperationsmodell dar, wenn es zu substantiellen Personalfreisetzungen bei den einfacheren Tätigkeiten führt. Dies läßt sich in der Regel nur durch die weitgehende Automation der einfachen Tätigkeiten erreichen. Die gleichzeitige Berücksichtigung des relativen Arbeitswerts einer Reorganisation im Büro und des Kapitalwerts kann dann zu einer Konfliktsituation führen, wie sie in Abb. 6 dargestellt ist. Dort symbolisieren die alternativen Konzeptionen I und II nach dem Kooperationsmodell und die Konzeption IV nach dem

Autarkiemodell "effiziente" Lösungen, d.h. es läßt sich keine eindeutige Rangordnung der Lösungen hinsichtlich beider Zielkriterien angeben. Vielmehr müssen die "trade-offs" zwischen den Kriterien vom Management im einzelnen abgewogen werden. Lediglich die "nicht effiziente" Alternative III ist den anderen drei Lösungen eindeutig unterlegen. In vielen konkreten Fällen ist eine Vorgangsgestaltung nach dem Autarkiemodell mangels realisierbarer Personalfreisetzungen wenig sinnvoll. Das gilt auch für die hier beschriebene Fallstudie.

3.4 Entscheidungsunterstützung

Mit Hilfe des in Abb. 7 schematisch zusammengefaßten Modellverbunds konnte das Projektteam eine Vielzahl von Modellrechnungen durchführen. Schließlich wurden drei alternative Neukonzeptionen für ein künftiges Sollsystem der Unternehmensleitung zur Entscheidung vorgelegt, die sich in der Zusammenarbeit zwischen den Antragstellern der Reisen und den Sekretariaten unterschieden.

Neukonzeption A: Die bisherige Arbeitsaufteilung zwischen den Antragstellern und den Sekretariaten bleibt gegenüber dem Istsystem unverändert, wird jedoch im Sollsystem von der elektronischen Vorgangsbearbeitung unterstützt, so daß bei beiden Stellen Zeiteinsparungen erzielt werden können. Charakteristisch für diese Konzeption ist, daß die Antragsteller wählen können, ob sie die für sie relevanten Teile der Reiseadministration selbst erledigen oder an die Sekretariate delegieren möchten. Die Häufigkeiten für beide Optionen wurden dem Istsystem entnommen.

Neukonzeption B: Die Antragsteller sind mit Ausnahme einiger weniger Arbeitsgänge nicht mehr mit der Reiseadministration befaßt, sondern delegieren alle damit verbundenen Aufgaben an die Sekretariate. Diese Konzeption entspricht am weitesten dem Kooperationsmodell der Reorganisation.

Neukonzeption C: Alle Antragsteller erledigen die mit der Reise verbundenen administrativen Aufgaben selbst. Die Sekretariate werden nahezu vollständig von der Reiseadministration entlastet. Diese Lösung orientiert sich am Autarkiemodell der Reorganisation.

Auf der Ebene der Sachbearbeiter in der Lohn- und Gehaltsabrechnung, an der Kasse, in der Personalentwicklung, im Reisebüro und im Rechnungswesen unterscheiden sich die drei Konzeptionen hinsichtlich der Arbeitsaufteilung nicht. Jedoch wird hier die Reiseadministration durch die elektronische Vorgangsabwicklung zum Teil erheblich modifiziert, was sowohl die einzelnen Arbeitsgänge selbst als auch deren Reihenfolge anbelangt. Zu den wesentlichen Eigenschaften der neuen Systemlösung gehören zum Beispiel der weitgehende Verzicht auf Papierformulare, die automatische Übertragung der relevanten Personaldaten in die elektronischen Formulare, eine stichprobenartige Prüfung der Reiseabrechnungen anstelle der bisherigen Vollprüfung sowie die automatische Verbuchung. Darüber hinaus werden bestimmte Aufgaben zur Administration von Schulungen von der Personalentwicklung an die Sekretariate delegiert, die damit auch höherwertige Sachaufgaben zu erledigen haben.

Eine Zusammenfassung der Entscheidungsunterlagen ist den Abbidungen 8 bis 11 sowie der rechten Seite der Abb. 5 zu entnehmen. Abb. 8 und 9 führen die Stellenbelastungen für die alternativen Neukonzeptionen im Vergleich zum Istsystem auf. Abb. 5 zeigt die Gesamtdauer für die elektronische Vorgangsabwicklung; sie ist für alle alternativen Neukonzeptionen bis auf vernachlässigbare Differenzen gleich, weist jedoch deutliche Verbesserungen gegenüber dem Istsystem auf.

Die Arbeitsprofile als Grunddaten des Arbeitswertmodells sind beispielhaft für das Istsystem und die Neukonzeption B in Abb. 10 aufgeführt. Abb. 11 enthält zusammengefaßt für alle drei Neukonzeptionen die relativen Arbeitswerte und die Kapitalwerte. Die Kapitalwerte wurden in undiskontierter Form über fünf Jahre errechnet. Sie berücksichtigen Ausgaben für die Systementwicklung und -einführung sowie Personal- und auch substantielle Papiereinsparungen. Die Neukonzeptionen A und B erweisen sich hinsichtlich der relativen Arbeitswerte und der Kapitalwerte als konfliktär, während die Lösung C nach dem Muster des Autarkiemodells bezüglich beider Zielkriterien den anderen Lösungen weit unterlegen und damit nicht effizient ist.

Die Modellergebnisse und weitere Detailinformationen organisatorischer und technischer Art wurden der Unternehmensleitung vorgelegt. Die Entscheidung fiel schließlich für die Konzeption B, also für die Einführung einer Lösung, die sich stark am Kooperationsmodell der Vorgangsabwicklung im Büro orientiert.

4. Folgerungen aus der Fallstudie

Die Fallstudie betrachtet als Teilausschnitt aus dem Bürosystem einer Unternehmung die Reiseadministration, die je nach Unternehmenstyp eine mehr oder weniger wichtige Rolle in der gesamten Bürowelt spielen wird. Die Erkenntnisse aus der Studie lassen sich jedoch unmittelbar auf andere Bürovorgänge übertragen, so daß die konkrete Anwendung exemplarisch für eine modellgestützte Vorgangsgestaltung im Büro betrachtet werden kann.

Dabei wird deutlich, daß sich komplexe Büroabläufe in Systemmodellen abbilden lassen, die Systemforschung damit einen wichtigen Beitrag zur Gestaltung organisatorischer Maßnahmen im Büro leisten kann.

Hierzu spielen Modellkopplungen eine wichtige Rolle, mit spezifischen Teilmodellen für die unterschiedlichen Phasen und Aufgaben im Modellierungsprozeß. Auf der semantischen Ebene des Systementwurfs sind die Architekturmodelle der Wirtschaftsinformatik von großem Nutzen, insbesondere Modelle zur Prozeßanalyse, wie zum Beispiel die Petri-Netze. Auf der Ebene der Systembewertung kommen die Entscheidungsmodelle der Systemforschung zum Tragen, für komplexe dynamische Vorgänge vor allem die Simulationsmodelle. Darüber hinaus sind geeignete Bewertungsmodelle wie zum Beispiel ein Arbeitswertmodell dem Modellverbund beizufügen, um die im allgemeinen nichtmonetären Ergebnisse der Simulationsrechnung in Zielkriterien zu transformieren, die sich stärker an den Gesamtzielen der Unternehmung ausrichten.

Ein für die praktische Anwendung sicher alles andere als zu vernachlässigendes Problem ist der Modellierungsaufwand. Die Entwicklung von Simulationsmodellen ist teuer, auch wenn sie wie im vorliegenden Fall durch vorgelagerte Architekturmodelle und leicht handhabbare Simulationsgeneratoren vereinfacht werden kann. Jedoch ist zu bedenken, daß die systematische Analyse und Modellierung organisatorischer Prozesse nicht nur zur konkret anstehenden Entscheidung beiträgt, sondern darüber hinaus zur Kompetenzerweiterung der Personen, die sich ganz allgemein mit Reorganisationsmaßnahmen im Zusammenhang mit der Einführung moderner Bürotechnik auseinandersetzen müssen. Insofern ist die Investition in die Modellierung und Simulation von Bürovorgängen gleichzeitig eine Investititon in Knowhow zur Gestaltung komplexer Organisationsabläufe, wobei mit wachsender Erfahrung nicht mehr jeder Einzelprozeß mit demselben analytischen Aufwand untersucht werden muß. So läßt sich auch bei der konkreten Fallstudie der Modellierungsaufwand nicht durch die Ersparnisse im Bereich der Reiseadministration allein rechtfertigen, sondern vor allem durch die dabei gewonnenen Erfahrungen, die späteren Reorganisationen im Büro zugute kommen werden. In diesem Sinne ist die Neugestaltung der Reiseadministration von der betroffenen Unternehmung als ein erster Schritt zu einer systematischen Reorganisation des gesamten Verwaltungsbereichs unter Einsatz der Informationstechnik gesehen worden.

Darüber hinaus zeigt die Fallstudie, daß der gelegentliche Rollenstreit zwischen der Systemforschung und der Wirtschaftsinformatik im Grunde wenig fruchtbar ist. Beide Disziplinen setzen unterschiedliche Schwerpunkte bei der Wahl des Forschungsgegenstands, aber auch bei den Forschungsmethoden. Dennoch gibt es Synergien, die es zu nutzen gilt (siehe Meyer 1991, Müller-Merbach 1992). Das trifft für die Erweiterung der Modellierungsmethoden der Systemforschung durch Konzepte der Wirtschaftsinformatik zu. Das gilt umgekehrt für die Anwendung von Entscheidungsmodellen der Systemforschung in der Wirtschaftsinformatik, wenn es um den Entwurf und die Bewertung alternativer Konzeptionen betrieblicher Informationssysteme geht. Zu beiden Aspekten bietet die vorliegende Fallstudie Ansatzpunkte.

Literatur:

Blanning, R.U., Holsapple, C.W., Whinston, A.B. (ed.); Special Issue on Model Management Systems, Decision Support Systems, Heft 1, 1993.

Dolk, D.R. (ed.); Special Issue on Integrated Modeling Environments, Decision Support Systems, Heft 3, 1993.

Eipperle, G.; Bürokommunikation - Simulationsmodelle für den Entwurf und die Bewertung der elektronischen Vorgangsabwicklung, Freiburg 1992a.

Eipperle, G.; Gestaltung der Bürokommunikation durch Vorgangssimulation, Information Management 2, 1992b, S. 42-49.

Geoffrion, A.M.; An Introduction to Structured Modeling, Management Science, 1987, S. 547-588.

Hanssmann, F.; Einführung in die Systemforschung, 4. Aufl., München 1993.

Meyer, M.; Wirtschaftsinformatik und Operations Research - Ein Plädoyer für mehr Kooperation, Wirtschaftsinformatik 1991, S. 231-233.

Müller-Merbach, H.; Model Design Based on the Systems Approach, Journal of the Operational Research Society, 1983, S. 739-751.

Müller-Merbach, H., Die ungenutzte Synergie zwischen Operations Research und Wirtschaftsinformatik, Wirtschaftsinformatik 1992, S. 334-339.

Petri, C.A.; Kommunikation mit Automaten, Diss. Darmstadt 1961.

Picot, A., Reichwald, R.; Bürokommunikation - Leitsätze für den Anwender, 3. Aufl., Hallbergmoos 1987.

Sassone, P., Schwartz, A.; Cost-Justifying OA, Datamation, Feb. 15, 1986, S. 83-88.

Scheer, A.-W.; Architektur integrierter Informationssysteme, 2. Aufl., Berlin et al. 1992.

Schober, F.; Strukturierte Entwicklung quantitativer Unternehmensmodelle, Zeitschrift für Planung, 1990, S. 177-193.

Schober, F.; Prognose- und Optimierungsrechnung, in Chmielewicz, K., Schweitzer, M., (Hrsg.), Handwörterbuch des Rechnungswesens, 3. Aufl., Stuttgart 1993, Sp. 1622-1634.

Schober, F.; Modellgestützte Kapazitäts- und Konfigurationsplanung für ein Bürokommunikationssystem, erscheint in Informatik Forschung und Entwicklung 1994.

SDZ; SimulationsDienstleistungsZentrum SDZ, Handbuch zu DOSIMIS3, Dortmund 1990.

Shetty, B., Bhargava, H.K., Krishnan, R. (ed.); Model Management in Operations Research, Annals of Operations Research Vol. 38, 1992.

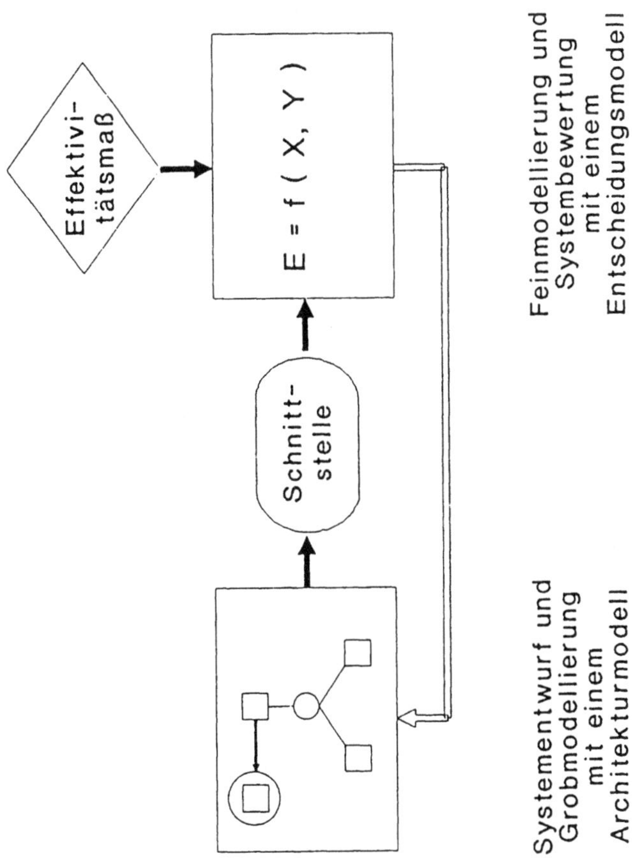

Abb. 1: Kopplung von Systemmodellen

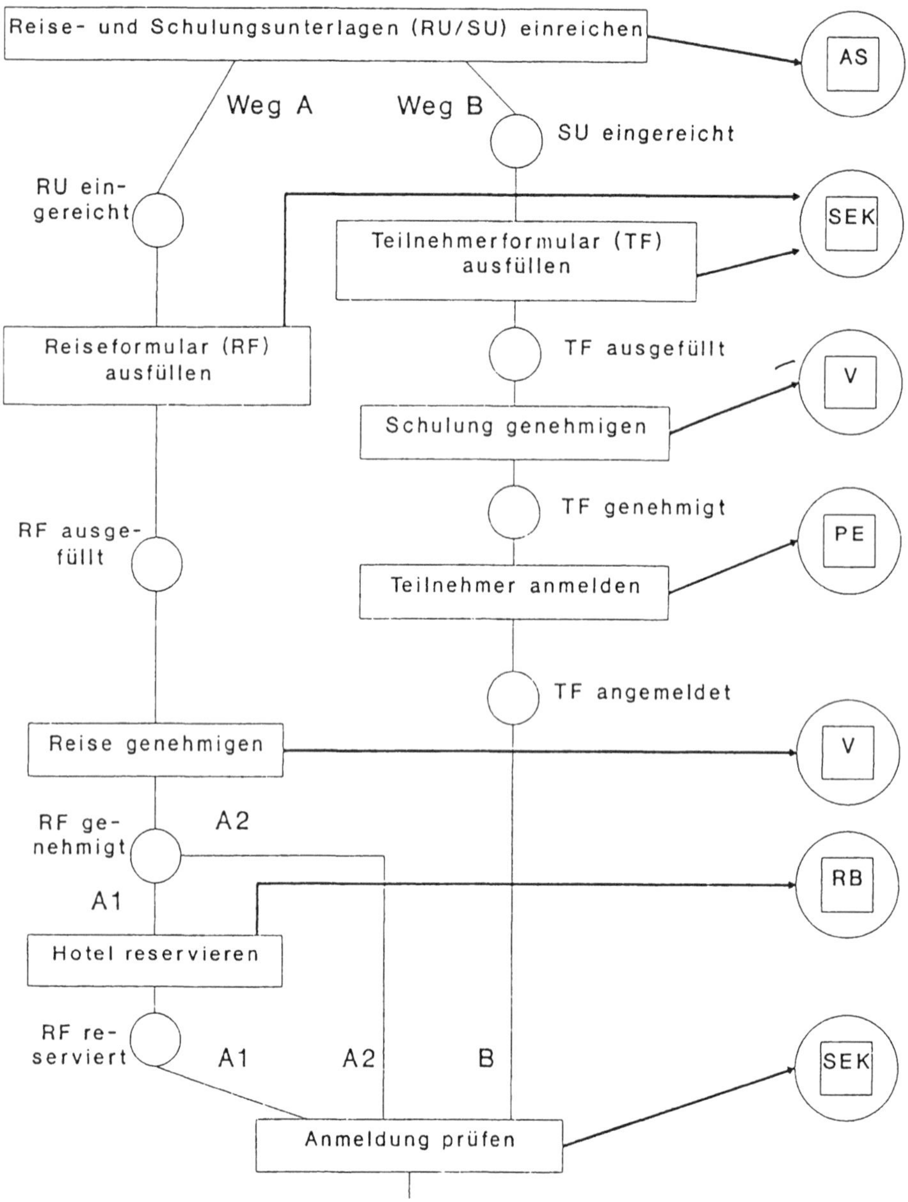

Abb. 2: Kanal-Instanzen-Netz (modifiziert aus Eipperle 1992a, S. 175)

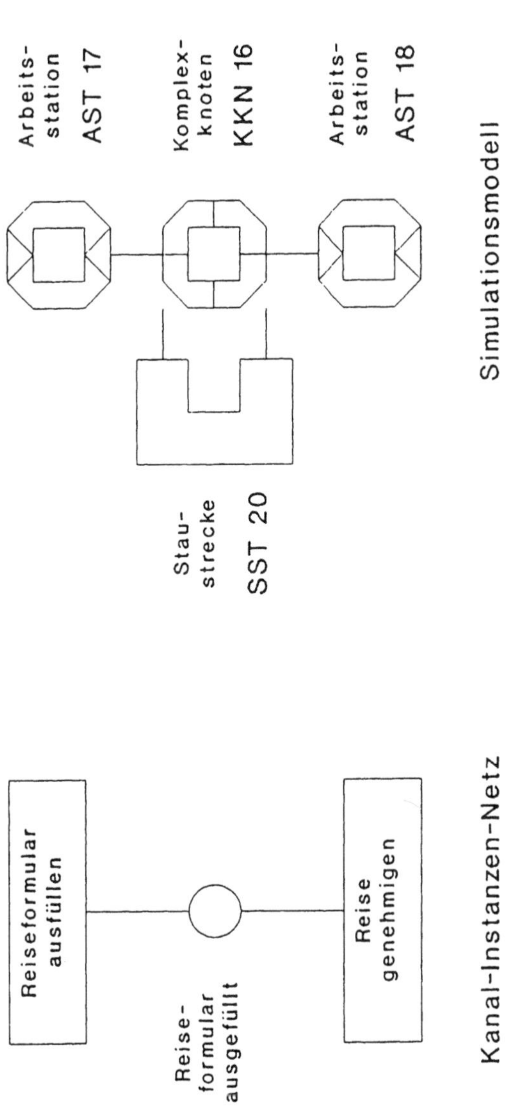

Abb. 3: Abbildung von Liegezeiten (modifiziert aus Eipperle 1992a, S. 139)

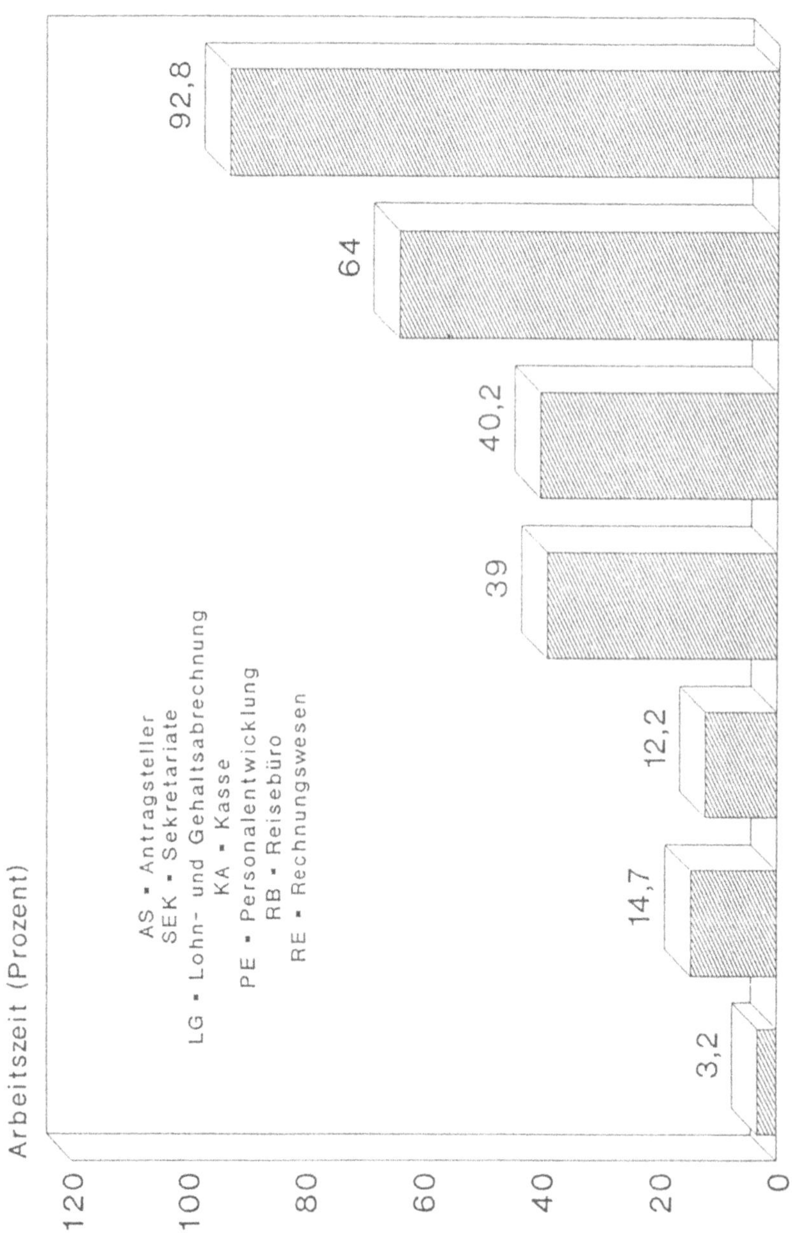

Abb. 4: Belastung der Stellen im.Istsystem (modifiziert aus Eipperle 1992a, S. 148)

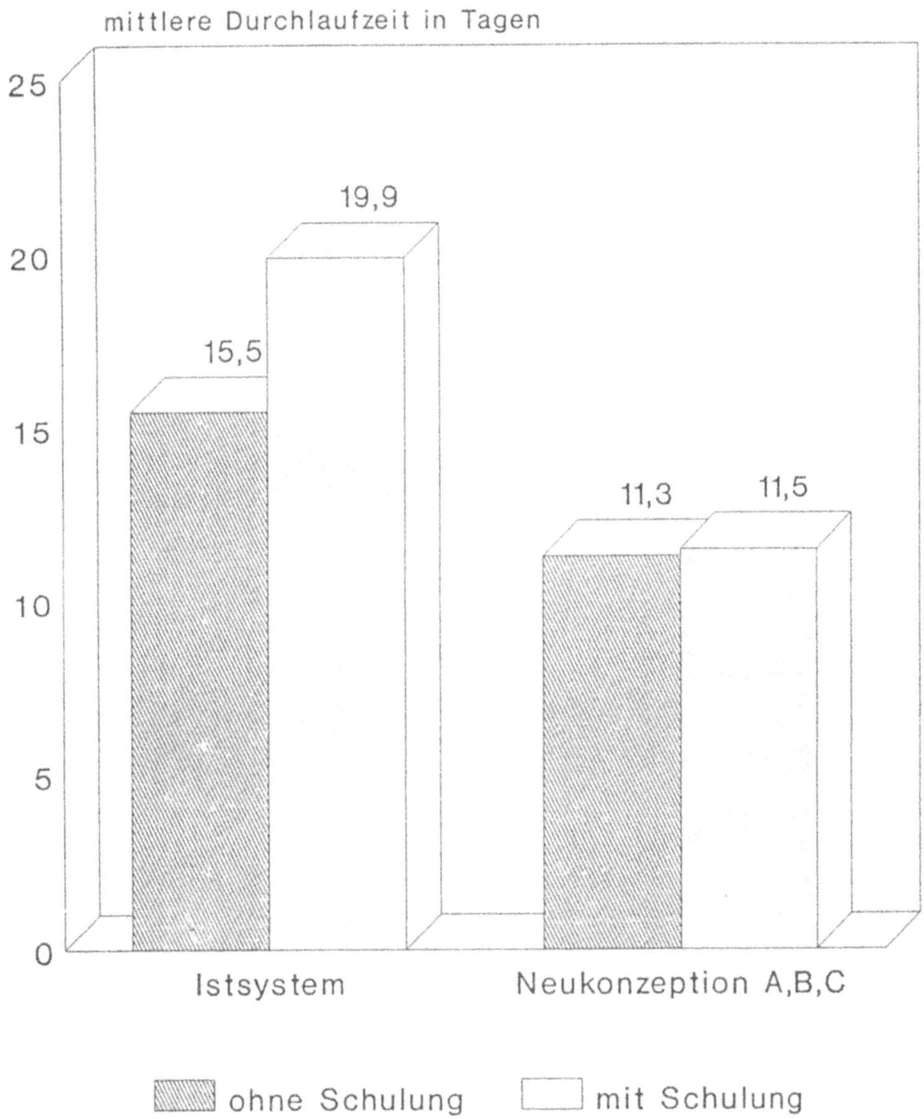

Abb. 5: Gesamtdauer der Vorgangsabwicklung (modifiziert aus Eipperle 1992a, S. 194)

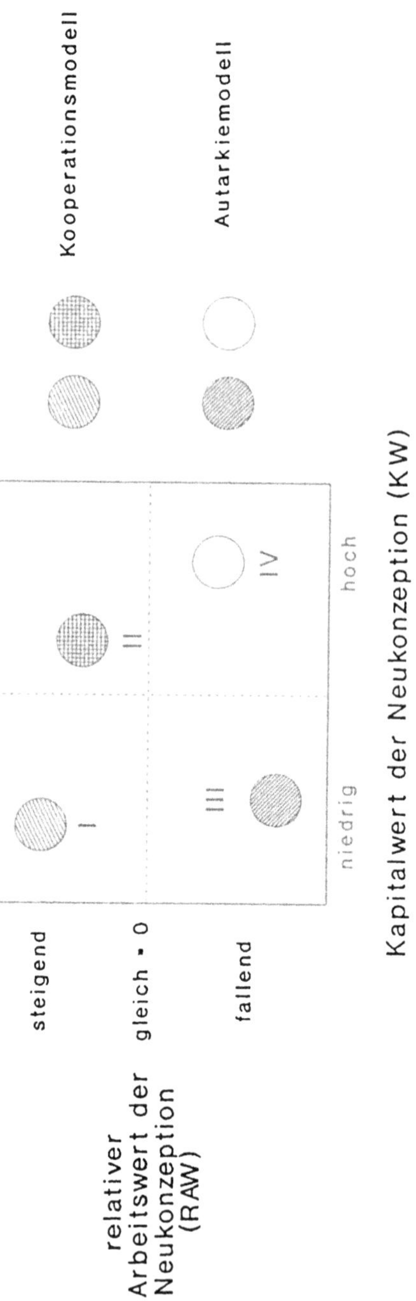

Abb. 6: Positionierung der Reorganisationsmodelle

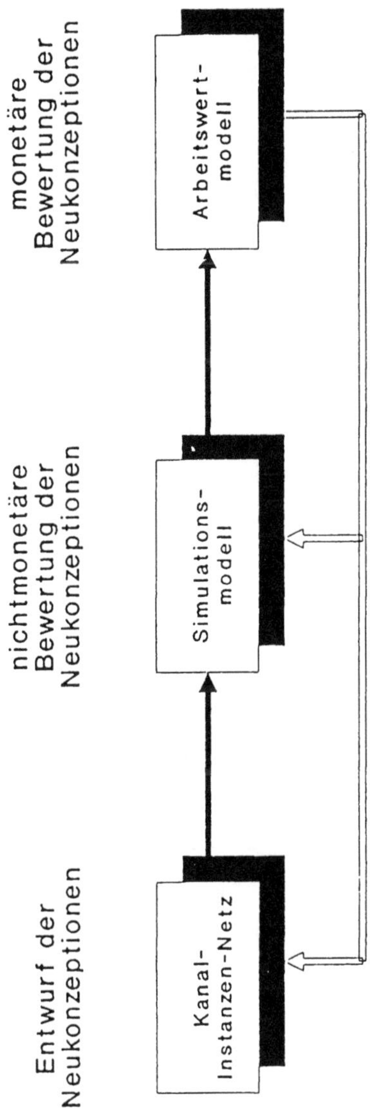

Abb. 7: Modellverbund der Fallstudie

Abb. 8: Belastung der Antragsteller und der Sekretariate in den Neukonzeptionen (modifiziert aus Eipperle 1992a, S. 152/153)

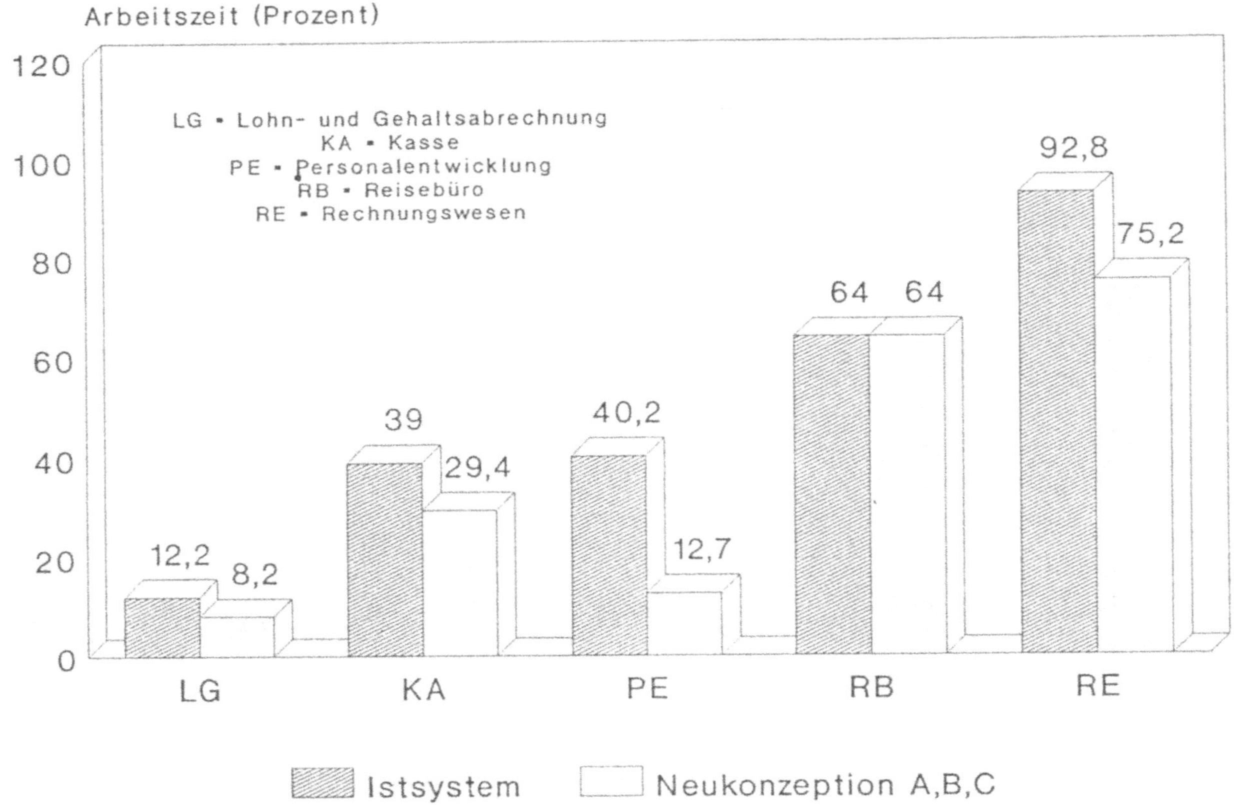

Abb. 9: Belastung der Sachbearbeiterstellen in den Neukonzeptionen (modifiziert aus Eipperle 1992a, S. 154)

Tätigkeit	Aufgabe Fachaufgabe	Sachaufgabe	administr. Aufgabe	effektive Stundenlöhne (L in DM)
Istsystem				
AS	.968	0	.032	67,20
LG	0	.960	.040	35,20
PE	0	.725	.275	35,20
SEK	0	0	1	25,60
Wertkomponenten (W) der Aufgabe (DM)	68,58	LG: 35,60 PE: 38,84	25,60	
Neukonzeption B				
AS	.986	0	.014	
LG	0	1	0	
PE	0	1	0	
SEK	0	.068	.932	

Abb. 10: Arbeitswertmodell (modifiziert aus Eipperle 1992a, S. 157/158)

Alternative	relativer Arbeitswert in Prozent (RAW)	Kapitalwert in 1000 DM (KW)
Neukonzeption A	+ 10,9	+ 597,9
Neukonzeption B	+ 19,5	+ 540,0
Neukonzeption C	- 10,2	- 134,9

Abb. 11: Zusammengefaßte Ergebnisse der Modellrechnungen

2.6 Analyse der Dynamik innerhalb der Privatkundschaft einer Bank

Universitätsprofessor Dr. Hermann Meyer zu Selhausen
Ludwig-Maximilians-Universität München
Seminar für Bankwirtschaft
Ludwigstr. 28 Rg./V
80539 München

Gliederung:

1. Ansatzpunkte für Strategie, Marketing und Kundenbetreuung angesichts der Strukturdynamik innerhalb der Privatkundschaft

2. Quantitative Modellierung der Kundschaftsstrukturdynamik und ihrer Auswirkungen auf den Erfolgsbeitrag
   2.1 Entwicklung der Kundschaftsstruktur als Markov-Prozeß
   2.2 Dynamischer Erfolgsbeitrag

3. Erhebung der Daten
   3.1 Identifizierung der Privatkunden mit Hauptbankverbindung zur betrachteten Bank
   3.2 Zustandssystematik und Datenverfügbarkeit
   3.3 Ermittlung der Zustands- und Übergangswahrscheinlichkeiten
   3.4 Zustandsbezogene statische Erfolgsbeiträge

4. Entscheidungsunterstützung

Literatur

1. Ansatzpunkte für Strategie, Marketing und Kundenbetreuung angesichts der Strukturdynamik innerhalb der Privatkundschaft

Im Gegensatz zu Industrie und Handel sind im Kreditwesen die Geschäftsverbindungen dadurch gekennzeichnet, daß Konten und Depots geführt werden. Daneben werden zwar auch andere Geschäfte abgeschlossen, die nicht über Kontoverbindungen abgewickelt werden; ihnen kommt aber insgesamt keine große Bedeutung zu.

Kontoführung verleiht den Geschäftsverbindungen zwischen Kunden und Bank traditionell eine gewisse Stabilität in dem Sinne, daß regelmäßig und routinemäßig bestimmte Geschäfte anfallen, die nicht immer wieder neu akquiriert werden müssen. Es ist also die Leistungsabnahme, die aufgrund des Bestehens von Kontoverbindungen stabilisiert oder verstetigt wird.

Das Ausmaß der Stabilität der Leistungsabnahme ist aber nach Kundengruppen differenziert zu beurteilen:

Firmenkunden haben typischerweise mehrere, teilweise sogar zahlreiche Bankverbindungen, und die Zuweisung ihrer Geschäfte zu den einzelnen Kreditinstituten hängt jeweils von den aktuellen Konditionen, den persönlichen Beziehungen u. a. ab. Hausbank-Beziehungen haben an Bedeutung verloren, und Transaction Banking nimmt zu, weil die Finanzabteilungen der Firmenkunden in vielen Fällen als Profit Center geführt werden, so daß sie darauf bedacht sind, auch kleinste Konditionsvorteile, z. B. im Bereich von wenigen Basispunkten, zu nutzen (Rossa 1991, S. 512 ff.).

Private Haushalte haben zu über 95 % mindestens ein Girokonto. 49 % aller privaten Haushalte und 64 % aller privaten Haushalte mit einem monatlichen Nettoeinkommen von über DM 5.000,-- haben sogar zwei oder mehr Bankverbindungen (Szallies 1991). Bei den Privatkunden tritt eine Stabilisierung der Leistungsabnahme schon dadurch ein, daß es für die Kontoinhaber verhältnismäßig mühsam ist, die Abbuchung von Lastschriften und Kreditkartenabrechnungen, ec-Schecks und Scheck-Karte und anderes mehr auf ein Girokonto bei einer anderen Bank umzustellen. Sämtliche Zahlungsverkehrsleistungen, die ein Privatkunde in Anspruch nimmt, sind Routineleistungen, die immer noch relativ häufig einen Kontakt zwischen Kunde und Bank erfordern; diese Kontakte sind zumeist aber sehr oberflächlich. Bei der Wahl des Kreditinstituts für die Abwicklung derartiger Leistungen hat die Nähe entweder zur Wohnung oder zum Arbeitsplatz des Kunden große Bedeutung (Süchting 1992). Zu dem Girokonto können noch Darlehens- und Anlagekonten sowie Wertpapierdepots hinzutreten, dies muß aber nicht der Fall sein. Bankverbindungen dieser Art werden hier als

Hauptverbindungen bezeichnet. Wechseln die Inhaber derartiger Girokonten ihren Wohnort oder ihren Arbeitsplatz, dann wird typischerweise auch die Bankverbindung gewechselt.

Im Leben von Privatkunden treten Ereignisse ein, z. B. Beendigung der Schulausbildung oder der Berufsausbildung, Übernahme neuer beruflicher Positionen, Heirat oder Tod, die dazu führen, daß die Kunden ihre Bankverbindung wechseln bzw. daß die Bank die Geschäftsverbindung verliert. Bei einigen dieser Ereignisse wird die Bankverbindung nicht zwangsläufig gewechselt, z. B. bei Beendigung der Berufsausbildung und Eintritt in den Beruf an demselben Ort.

Aufgrund von Ereignissen der genannten Art ändern Privatkunden also ihre Situation, oder besser gesagt ihren Zustand, so daß im Laufe der Zeit von jedem Kunden ganze Zustandsketten durchlaufen werden. Zustände, die eine Privatperson als Kunde der Bank einnimmt, lassen sich aus der Sicht der Bank durch die Bedarfsstruktur des Kunden sowie andere Merkmale charakterisieren.

Bankverbindungen, bei denen nicht die laufenden Routineleistungen im Vordergrund stehen, sondern Kreditleistungen wie z. B. Immobilienfinanzierungen und/oder Anlageleistungen wie Termin- und Spareinlagen sowie Wertpapierdepots, werden als Nebenverbindungen bezeichnet. Zu solchen Nebenverbindungen kann ein Girokonto gehören, das ist aber nicht zwingend notwendig. Beim Wechsel des Wohnortes oder des Arbeitsplatzes wechseln Privatkunden derartige Nebenverbindungen zum Teil nicht. Im Gegenteil: Für die Inhaber von Nebenverbindungen kann es nicht unwillkommen sein, daß solche Konten in größerer Entfernung vom Wohnort geführt werden, weil sie sich davon ein größeres Maß an Diskretion versprechen. Zustände, die von Privatkunden durchlaufen werden, wie sie in Zusammenhang mit Hauptverbindungen beschrieben wurden, lassen sich den Nebenverbindungen nur sehr eingeschränkt zuordnen.

Schließlich gibt es natürlich auch noch inaktive Bankverbindungen, die dadurch gekennzeichnet sind, daß die Kontostände vernachlässigbar klein sind und Umsätze praktisch nicht getätigt werden. Bei vielen Kreditinstituten kommen inaktive Girokonten aufgrund der praktizierten Gebührenmodelle kaum noch vor, aber jedes Institut hat beispielsweise noch eine größere Anzahl von Sparkonten mit minimalem Kontostand. Besteht im Einzelfall die ganze Bankverbindung nur aus einem derartigen Sparkonto, dann ist diese Geschäftsverbindung als inaktiv zu bezeichnen.

Gegenstand dieser Untersuchung, die in Zusammenarbeit mit einem kleinen regional tätigen Kreditinstitut durchgeführt wird, sind die Bankverbindungen von Privatkunden.

Anlaß für diese Studie war die Klage der Geschäftsleitung, daß das betrachtete Kreditinstitut zwar im Jugendmarkt stark sei, daß aber allzuviele Kunden abwanderten, wenn sie ertragsmäßig für das Institut interessant werden. Dieses Institut hatte im Jugendmarkt große Anstrengungen unternommen: Es bot seit Jahren kostenlose Kontoführung für Jugendliche an und war damit in dem Sinne auch sehr erfolgreich, daß ein erheblicher Zugang an jungen Leuten, die Girokonten eröffneten, zu verzeichnen war. Die Geschäftsleitung betrachtete die kostenlose Kontoführung, die zunächst natürlich zu defizitären Geschäftsverbindungen führte, als Investition, die sich in späteren Jahren amortisieren sollte, wenn aus den Jugendlichen gut verdienende Berufstätige werden, die dem Institut attraktive Erfolgsbeiträge einbringen. Diese Erwartungen haben sich aber nicht erfüllt. Zunächst sollte natürlich die Abwanderung von Kunden untersucht werden. Diese Perspektive erwies sich aber als zu eng, und es sollte daher auch erfaßt werden, welche Zustände von Privatkunden bis zur Abwanderung durchlaufen werden. Wenn sich für die Privatkunden solche Zustandsfolgen empirisch nachweisen lassen, dann wäre es interessant, aus welchem Zustand die Kunden abwandern, was die Ursachen für die Abwanderung sind und welche Abwanderungsursachen besonderes Gewicht haben.

Man kann externe und interne Ursachen unterscheiden: Extern verursacht sind Abwanderungen z. B. aufgrund von Wohnortwechsel oder Wechsel des Ausbildungsortes oder des Arbeitsplatzes. Dabei ist interessant, ob eine Netto-Abwanderung vorliegt, oder ob Abwanderungen durch Zuwanderungen kompensiert werden, und wenn ja, in welchen Zuständen die neuen Kunden eintreten.

Als interne Ursache für die Abwanderung von Kunden kommt primär die Unzufriedenheit in Betracht. Privatkunden können mit dem Leistungsprogramm, der Beratung und dem Service, den Konditionen etc. (insbesondere im Vergleich zu konkurrierenden Instituten) unzufrieden sein.

Als Ursache kommt aber auch in Betracht, daß ihnen das Image des Instituts nicht behagt.

Nun ist deutlich geworden, daß die Kundschaftsstruktur einer Bank im Zeitablauf einer gewissen Dynamik unterliegt. Die Zusammensetzung der Kundschaft, hier der Privatkundschaft, kann nach Kriterien wie Alter, Einkommen, Vermögen, Produktnutzung usw. strukturiert werden. Diese Struktur entwickelt sich im Zeitablauf fort, weil vorhandene Kunden ganze Zustandsketten durchlaufen und weil ständig neue Kunden hinzukommen und bisherige Kunden abwandern oder ausscheiden.

Die Geschäftsleitung fragte sich nun, in welcher Weise das Wanderungsverhalten der Kunden, also Zu- und Abwanderungen sowie die Übergänge von Zustand zu Zustand

- bei der Bildung von strategischen Geschäftsfeldern,
- bei der Akquisition und
- bei der Kundenbetreuung

zu berücksichtigen ist.

Grundsätzlich wird davon ausgegangen, daß Kunden bezüglich Strategie, Marketing und laufender Betreuung nicht allein nach dem Kundenkalkulationsergebnis der jeweils letzten Abrechnungsperiode, hier als statischer Erfolgsbeitrag bezeichnet, beurteilt werden können. Denn dann dürften sich die Institute gar nicht im Jugendmarkt engagieren, weil die Geschäftsverbindungen mit Jugendlichen wegen kostenloser Kontoführung regelmäßig defizitär sind. Dies geschieht dennoch, weil die Institute erwarten, daß diese Jugendlichen für längere Zeit in ihrem Kundenbestand bleiben und in andere Zustände übergehen, in denen sie

- ein höheres Einkommen haben,
- mehr Bankleistungen in Anspruch nehmen und
- marktbezogene Konditionen akzeptieren.

Wie Kundenverbindungen zu beurteilen sind, hängt also offenbar davon ab,

- welche Zustände die Kunden durchlaufen,
- wie lange sie in den einzelnen Zuständen im Mittel verweilen und
- welchen statischen Erfolgsbeitrag sie in den einzelnen Zuständen pro Jahr im Mittel einbringen.

Wenn Zustandsdurchlauf, Verweildauer und statische Erfolgsbeiträge in empirisch gesicherter Form vorliegen, dann müßte es auch möglich sein, wenigstens näherungsweise einen statistischen Erwartungswert für den Lebensdauer-Erfolgsbeitrag zu ermitteln (dynamischer Erfolgsbeitrag). Dies wäre der gesamte zukünftige Erfolgsbeitrag, den das betrachtete Institut mit einer Kundenverbindung erzielt, wobei der gesamte Zeitraum von der Aufnahme bis zur Beendigung der Geschäftsverbindung erfaßt wird.

Die Dynamik, die innerhalb der Privatkunden festzustellen ist, hat erhebliche Bedeutung für Strategie, Marketing und laufende Kundenbetreuung des jeweiligen Instituts. Es gilt nun zu zeigen, wie auf der Grundlage der Daten eines konkreten praktischen Falles die Dynamik der Kundschaftsstruktur erfaßt und bei der Entscheidungsvorbereitung nutzbar gemacht werden kann.

2. Quantitative Modellierung der Kundschaftsstrukturdynamik und ihrer Auswirkungen auf den Erfolgsbeitrag

Grundsätzlich sollte es vom Modell abhängen, welche Daten benötigt werden, und diese sollten dann möglichst genau so erhoben werden, wie das Modell es erfordert. Dieser Idealfall läßt sich in der Praxis aber häufig nicht realisieren. Es kann auf verschiedensten Ursachen beruhen, daß die Daten so, wie das Modell es erfordert, nicht beschafft werden können. In dieser Situation wird häufig ganz pragmatisch das Modell noch einmal revidiert, so daß es mit den verfügbaren Daten auskommt und die gewünschten Ergebnisse wenigstens näherungsweise erzielt werden können.

In der vorliegenden Fallstudie sind die Interdependenzen zwischen Modellierung und Datengrundlage besonders ausgeprägt. Einerseits wirkt sich die Datenverfügbarkeit auf die vorgesehene Modellstruktur aus, insbesondere auf die Definition der Zustände. Andererseits ergeben sich aus der Modellstruktur ganz spezifische Anforderungen, die an das Datenmaterial zu stellen sind. Daher wird hier zuerst die Modellkonzeption erläutert, bevor die Datenbeschaffung behandelt werden kann. Da diese Modellkonzeption schon publiziert worden ist (Meyer zu Selhausen 1989), mag hier eine Zusammenfassung genügen.

2.1 Entwicklung der Kundschaftsstruktur als Markov-Prozeß

Privatkunden tragen bankrelevante Merkmale wie z. B. Alter, Einkommen, Vermögen, Position in Ausbildung oder Beruf etc., die bisher schon zur Bildung von Zielgruppen verwendet wurden. Personen mit gleicher Ausprägung dieser Merkmale bilden dann eine Zielgruppe. Sie befinden sich also alle in demjenigen Zustand, der durch eine bestimmte Kombination von Merkmalsausprägungen definiert ist.

Durch Ereignisse im Leben eines Kunden, wie z. B. Beendigung der Ausbildung, Wechsel der beruflichen Position, Heirat etc. ändert sich die Kombination der Merkmalsausprägungen, so daß dieser Kunde in einen anderen Zustand übergeht. Ereignisse, die zum Zustandsübergang führen, treten mehrfach im Leben eines Kunden ein, so daß er insgesamt eine ganze Folge von Zuständen (Zustandskette) durchläuft.

Grundsätzlich besteht ein Zielkonflikt zwischen dem Detaillierungsgrad der zu erzielenden Ergebnisse und dem Aufwand für die Datenbeschaffung: Je mehr Zustände definiert werden, desto differenziertere Ergebnisse dürfen erwartet werden, desto größer muß aber auch die Stichprobe der Privatkunden sein, mit deren Hilfe die anfängliche Zustandsbelegung und die Häufigkeiten bzw. Wahrscheinlichkeiten für die Zustandsübergänge ermittelt werden.

Zur Verdeutlichung der Modellkonzeption ist die endgültige Zustandsliste, die die Zustände, in denen sich die betrachteten Privatkunden befinden können, erschöpfend aufzählt, noch nicht so wichtig. Diese Zustandsliste wird sich erst bei der Datenbeschaffung endgültig herauskristallisieren. Vorläufig kann die Modellkonzeption aber anhand der folgenden stark vereinfachten Zustandsliste demonstriert werden:

(1) Kunde in Ausbildung

(2) Kunde mit unterem Einkommen (kleiner als DM 2.000,--)

(3) Kunde mit mittlerem Einkommen (zwischen DM 2.000,-- und DM 4.000,--)

(4) Kunde mit höherem Einkommen (größer als DM 4.000,--)

(5) Nichtkunde wegen Wechsels der Bankverbindung oder Tod.

Man kann nun eine Stichprobe von N Privatkunden überprüfen und feststellen, in welchem Zustand jeder einzelne Kunde ist. Es ergibt sich eine Verteilung der absoluten Häufigkeiten. Dividiert man diese absoluten Belegungshäufigkeiten eines jeden Zustandes durch N, dann ergibt sich die Verteilung der relativen Häufigkeiten für die Zustandsbelegung, die auch als Verteilung der Zustandswahrscheinlichkeiten interpretiert und als Zustandsvektor dargestellt werden kann.

In unserem Demonstrationsbeispiel sei der anfängliche Zustandsvektor

(1) $\pi(0) = (0.13 \quad 0.29 \quad 0.46 \quad 0.12 \quad 0.0)$

Am Vektor $\pi(0)$ fällt auf, daß das Element für den Zustand (5) den Wert 0.0 hat. Dies ist ein Zustand, der abwandernde oder ausscheidende Kunden aufnimmt. Da in der Stichprobe nur Privatkunden betrachtet werden, die noch nicht abgewandert oder ausgeschieden sind, muß dieser Zustand zu Anfang unbelegt sein. Die Zustandsliste ist erschöpfend und deshalb gilt für die Zeit nach t Übergängen (t = 1, ..., T)

(2) $\sum_{i=1}^{n} \pi_i(t) = 1$

Die Zustandsübergänge, die die Kunden vollziehen, werden in einem festen Zeitraster betrachtet: Die Modellkonzeption geht vereinfachend davon aus, daß die Privatkunden nur in festen Zeitintervallen, z. B. 1 Jahr, und damit zu diskreten Zeitpunkten einen Übergang von Zustand i (i = 1, ..., n) in den Zustand j (j = 1, ..., n) vollziehen, wobei auch ein Verbleiben in dem alten Zustand möglich ist (Zielzustand j = Ausgangszustand i).

Man kann empirisch ermitteln, wie viele Privatkunden, die vor dem Übergang in Zustand i waren, in dem Zeitintervall von z. B. 1 Jahr in die Zustände j, (j = 1, ..., n), übergehen. Dividiert man diese absoluten Häufigkeiten durch die Gesamtzahl der Kunden, die vor dem Übergang im Zustand i waren, dann ergeben sich relative Übergangshäufigkeiten, die man auch als Übergangswahrscheinlichkeiten p_{ij} interpretieren kann. Es sind bedingte Wahrscheinlichkeiten, für die die Normierungsbedingungen

(3) $0 \leq p_{ij} \leq 1$

und

(4) $\sum_{j=1}^{n} p_{ij} = 1 \; (i = 1, ..., n)$

gelten. Diese Übergangswahrscheinlichkeiten p_{ij} kann man in einer Übergangsmatrix P mit n Zeilen und Spalten zusammenfassen.

Für unser Demonstrationsbeispiel mit n = 5 Zuständen nehmen wir folgende Übergangsmatrix an:

$$\begin{array}{cc} & \begin{array}{ccccc} (1) & (2) & (3) & (4) & (5) \end{array} \\ P = \begin{array}{c} (1) \\ (2) \\ (3) \\ (4) \\ (5) \end{array} & \begin{bmatrix} 0.35 & 0.35 & 0.10 & 0.00 & 0.20 \\ 0.00 & 0.75 & 0.10 & 0.00 & 0.15 \\ 0.00 & 0.05 & 0.70 & 0.05 & 0.20 \\ 0.00 & 0.05 & 0.15 & 0.75 & 0.05 \\ 0.00 & 0.00 & 0.00 & 0.00 & 1.00 \end{bmatrix} \end{array} \quad (5)$$

Ein Element p_{ij} dieser Matrix gibt an, mit welcher Wahrscheinlichkeit ein Privatkunde von einem Zustand i (Zeile i) in einen Zustand j (Spalte j) übergeht.

Modellmäßig stellt sich ein Zustandsübergang nun wie folgt dar: Der Zustandsvektor nach einem Übergang π (1) ergibt sich durch Multiplikation des anfänglichen Zustandsvektors $\pi(0)$ von rechts mit der Übergangsmatrix P. Die Zustandsvektoren nach weiteren Übergängen werden entsprechend berechnet.

$$\begin{aligned} \pi(1) &= \pi(0) * P \\ \pi(2) &= \pi(1) * P \\ \pi(t+1) &= \pi(t) * P \end{aligned} \quad (6)$$

$\pi(1)$ zeigt die Kundschaftsstruktur, also die Verteilung der Kunden auf die n Zustände nach einem Übergang.

Die Dynamik der Kundschaftsstruktur, also die Entwicklung der Kundschaftsstruktur im Zeitablauf, verdeutlicht Tab. 1. Schon an der Übergangsmatrix P fällt auf, daß der Zustand (5) (Nichtkunde) ein besonderer Zustand ist, weil $p_{55} = 1$ und alle übrigen $p_{5j} = 0$ sind. Kunden, die in diesen als absorbierend bezeichneten Zustand übergehen, verbleiben hier und kommen nicht mehr zurück in einen der anderen transienten Zustände. Wie Tab. 1 zeigt, befinden sich langfristig, also nach sehr vielen Übergängen, alle Privatkunden in dem absorbierenden Zustand.

Mit dieser Modellkonzeption, die in ihrer Grundstruktur einen diskreten Markov-Prozeß darstellt, steht nun ein Verfahren bereit, mit dessen Hilfe die dynamische Entwicklung der Kundschaftsstruktur erfaßt werden kann. Im nächsten Schritt ist die Verweildauer der Kunden in den einzelnen Zuständen bis zur Absorption zu ermitteln, damit die dynamischen Erfolgsbeiträge berechnet werden können.

2.2 Dynamischer Erfolgsbeitrag

Unter dem Erfolgsbeitrag wird hier grundsätzlich der Deckungsbeitrag verstanden, den ein Kunde seiner Bank einbringt. Für jeden nicht absorbierenden Zustand wird die Gruppe der Kunden aus der Stichprobe selektiert, die sich in diesem Zustand befinden, und für diese Kundengruppen wird mit Hilfe der Kundengruppenkalkulation jeweils der mittlere Erfolgsbeitrag pro Kunde und Jahr berechnet (statischer Erfolgsbeitrag).

Im nächsten Schritt wird der Erwartungswert der Verweildauer der Kunden in den einzelnen Zuständen bis zur Absorption, hier also bis zum Ausscheiden aus der Kundschaft, berechnet (vgl. Ferschl 1970, S. 106 ff. und Kemeny/Snell 1983, S. 43 ff.). Die Übergangsmatrix P wird zu diesem Zweck umgeformt, so daß der oder die absorbierenden Zustände am Anfang stehen.
Es ergibt sich die Matrix P'

$$(7) \quad P' = \begin{bmatrix} E \mid 0 \\ - \quad - \\ A \mid B \end{bmatrix}$$

wobei
E = Einheitsmatrix
0 = Nullmatrix
A = beliebige Untermatrix
B = quadratische Untermatrix.

Dann wird die Matrix C berechnet:
(8) $C = E - B$
wobei die Einheitsmatrix E dieselbe Zeilen- und Spaltenzahl hat wie die Matrix B.
In unserem Demonstrationsbeispiel ergibt sich die Matrix C wie folgt:

$$(9)\quad C = E - B = \begin{bmatrix} 1 & 0 & 0 & 0 \\ 0 & 1 & 0 & 0 \\ 0 & 0 & 1 & 0 \\ 0 & 0 & 0 & 1 \end{bmatrix} - \begin{bmatrix} 0.35 & 0.35 & 0.10 & 0.00 \\ 0.00 & 0.75 & 0.10 & 0.00 \\ 0.00 & 0.05 & 0.70 & 0.05 \\ 0.00 & 0.05 & 0.15 & 0.75 \end{bmatrix}$$

$$(10)\quad C = \begin{bmatrix} 0.65 & -0.35 & -1.10 & 0.00 \\ 0.00 & 0.25 & -0.10 & 0.00 \\ 0.00 & -0.05 & 0.30 & -0.05 \\ 0.00 & -0.05 & -0.15 & 0.25 \end{bmatrix}$$

Aus der Inversen der Matrix C abzüglich der Einheitsmatrix E kann man nun die Verweildauer ablesen:

$$(11)\quad C^{-1} - E = \begin{array}{c} \\ (1) \\ (2) \\ (3) \\ (4) \end{array} \begin{array}{cccc} (1) & (2) & (3) & (4) \\ 0.54 & 2{,}51 & 1.50 & 0.30 \\ 0.00 & 3{,}39 & 1.63 & 0.33 \\ 0.00 & 0.98 & 3.07 & 0.81 \\ 0.00 & 1.46 & 2.76 & 3.55 \end{array}$$

Kunden, die in unserem Demonstrationsbeispiel zu Anfang (t = 0) im Zustand 2 (Zeile 2) waren, bleiben im Mittel 3,39 ZE im Zustand 2, 1,63 ZE im Zustand 3 und 0,33 ZE im Zustand 4.

Die Zeilensumme zeigt die gesamte Verweildauer in der Bank, hier 5,35 ZE. Als Zeiteinheit (ZE) gilt in diesem Demonstrationsbeispiel die Zeit zwischen zwei Übergängen, also 1 Jahr.

Der dynamische Erfolgsbeitrag, also der erwartete Erfolgsbeitrag über die Gesamtdauer der Geschäftsverbindungen, ergibt sich für die Kunden, die zu Anfang in Zustand i waren, dadurch, daß man die Verweildauer dieser Kunden in den Zuständen j (j = 1, ..., n) jeweils mit den in diesen Zuständen j erzielten statischen Erfolgsbeiträgen multipliziert und über alle Zustände j summiert. Bezeichnet man mit SE den Spaltenvektor der statischen Erfolgsbeiträge, die die Bank mit Kunden in nicht absorbierenden Zuständen (Reihenfolge wie in Matrix C^{-1}) erwirtschaftet, dann berechnet man den dynamischen Erfolgsbeitrag DE wie folgt:

(12) $DE = (C^{-1} - E) * SE$

Unterstellt man für das Demonstrationsbeispiel statische Erfolgsbeiträge in Höhe von -600, 900, 1.500 und 2.500 GE pro Jahr für Kunden in den Zuständen 1 bis 4, dann ergibt sich der folgende Spaltenvektor DE für den dynamischen Erfolgsbeitrag:

$$(13)\quad \overset{(C^{-1}-E)}{\begin{bmatrix} 0.54 & 2.51 & 1.50 & 0.30 \\ 0.00 & 3.39 & 1.63 & 0.33 \\ 0.00 & 0.98 & 3.07 & 0.81 \\ 0.00 & 1.46 & 2.76 & 3.55 \end{bmatrix}} \overset{*}{*} \overset{SE}{\begin{bmatrix} -600 \\ 900 \\ 1500 \\ 2500 \end{bmatrix}} \overset{=}{=} \overset{DE}{\begin{bmatrix} 4941 \\ 6303 \\ 7508 \\ 14346 \end{bmatrix}}$$

Der Vektor DE zeigt die dynamischen Erfolgsbeiträge in Abhängigkeit vom Anfangszustand. War ein Kunde zu Anfang in Zustand 1, dann ist sein dynamischer Erfolgsbeitrag 4941 GE usw.

Von den dynamischen Erfolgsbeiträgen müßte man eigentlich den Marketing-Aufwand für die Akquisition der Kunden in den verschiedenen Eintrittszuständen absetzen. Hierfür stehen aber in der Praxis nicht einmal zuverlässige Schätzwerte zur Verfügung. Darüber hinaus kann die Zeitpräferenz der Erfolgsbeiträge berücksichtigt werden, wenn man den Rekursionsansatz des bewerteten Markov-Prozesses verwendet. Dieser Ansatz ermöglicht eine Diskontierung zukünftiger Erfolgsbeiträge, so daß sich Erwartungswerte für den Barwert des dynamischen Erfolgsbeitrages ergeben (Howard 1965, S. 73 ff.; Ferschl 1970, S. 106 ff.).

3. Erhebung der Daten

Die in Kap. 2 dargestellte Modellkonzeption läßt bisher nur das Grundprinzip erkennen, nach dem die Strukturdynamik in der Privatkundschaft erfaßt und bewertet werden soll. Dieses Grundprinzip wurde anhand einer ganz einfachen und zunächst noch hypothetischen Liste von nur 5 Zuständen demonstriert. Den Beteiligten war aber von Anfang an bewußt, daß bei der Operationalisierung der Modellkonzeption, die mit der Datenerhebung in engem Zusammenhang steht, noch ein ganz erhebliches Maß an Detailarbeit zu leisten sei, wenn die im Privatkundengeschäft anzutreffende sozio-demographische und verhaltensmäßige Vielfalt hinreichend erfaßt werden soll. Aus diesem Grund hat das Projekt-Team mit Mitarbeitern der betrachteten Bank, insbesondere mit den Privatkunden-Beratern, eine Serie von Besprechungen und Gruppendiskussionen durchgeführt, die außerordentlich wertvolle Beobachtungen und Hinweise ergaben.

Privatkunden, die im Mittelpunkt der vorliegenden Untersuchung stehen, wurden definiert als natürliche Personen, die bei der betrachteten Bank eines oder mehrere Konten und gegebenenfalls auch ein Wertpapierdepot unterhalten. Ehepaare wurden auf der betrachteten Verknüpfungsebene als ein Kunde definiert. Welche Konstellation auch vorliegt - ob der Kunde nur ein Girokonto oder ein Girokonto und ein Sparkonto oder nur ein Sparkonto und ein Depot usw. unterhält - immer werden alle Konten und Depots eines Kunden zusammengefaßt und dem Kunden zugeordnet, der dann mit seinen Konten und Depots Gegenstand der Analyse ist. Eine Zusammenfassung der Konten und Depots, die alle Mitglieder eines Haushalts bei dieser Bank unterhalten, ist technisch zwar möglich, sie wird für die vorliegende Untersuchung aber nicht durchgeführt.

Die Diskussionen mit Beratern der Bank ergaben recht bald, daß die der Modellkonzeption zugrundeliegende Vorstellung von Privatkunden, die bestimmte Zustände belegen und im Laufe der Zeit eine Zustandskette durchlaufen, hauptsächlich auf Kunden ausgerichtet ist, deren Geschäftsverbindung zur betrachteten Bank als Hauptbankverbindung zu verstehen ist. Kunden, die bei dieser Bank eine Nebenbankverbindung oder nur eine inaktive Bankverbindung unterhalten, vollziehen nur noch einzelne Übergänge, z. B. in einen Nichtkundenzustand. Außerdem ist zu berücksichtigen, daß Inhaber von Hauptbankverbindungen durch Zustandsübergang zu Inhabern von Nebenbankverbindungen oder inaktiven Verbindungen werden können.
Um die Inhaber von Hauptbankverbindungen identifizieren zu können, wurde ein Klassifikationsverfahren entwickelt, das in Kap. 3.1 vorgestellt wird.

Die Ermittlung der Übergangswahrscheinlichkeiten anhand einer umfangreichen Privatkunden-Stichprobe der Bank kann grundsätzlich retrospektiv oder prospektiv erfolgen. Die retrospektive Vorgehensweise hat den Vorteil, daß die Übergangswahrscheinlichkeiten ohne große Zeitverzögerung gewonnen werden können. Das setzt aber voraus, daß eine vollständige Kundenstichprobe verfügbar ist, die sich auf einen Zeitpunkt bezieht, der um ein Übergangsintervall zurückliegt. Dieses Übergangsintervall ist das Intervall zwischen zwei benachbarten Zeitpunkten, an denen modellmäßig ein Zustandsübergang vollzogen wird. Im vorliegenden Fall waren die Kontodaten des vergangenen Jahres, die zur Stichprobe gehören, schon wieder gelöscht, und die durch Befragung zu ermittelnden Daten hätten nicht mehr zuverlässig erfaßt werden können. Daher konnte nur prospektiv vorgegangen werden.

Es wurde eine Stichprobe aus der Privatkundschaft der Bank gezogen und für diese Kunden wurden per 01.04.1993 die Zustandsmerkmale erhoben, so daß der jeweils belegte Zustand festgestellt werden konnte. Nach Ablauf des Übergangsintervalls, also per 01.04.1994, wird dann ermittelt, in welchen Zustand j jeder Kunde übergegangen ist, der am Anfang des Intervalls im Zustand i war. Diese prospektive Datenerfassung ist in der Praxis zuverlässig durchführbar, weil die Kontodaten aktuell zur Verfügung stehen bzw. speziell für diese Erhebung gespeichert werden können, und weil bei der Befragung der Berater der aktuelle

Kenntnisstand genutzt werden kann. Der Nachteil dieser Vorgehensweise ist aber, daß ein ganzes Übergangsintervall abgewartet werden muß, bis Zielzustände und Übergangswahrscheinlichkeiten festgestellt werden können. Um nicht zu viel Zeit zu verlieren, wurde das Übergangsintervall für diese Untersuchung auf ein Jahr festgelegt. Da in einem Jahr naturgemäß viel weniger Übergänge stattfinden als z. B. in 5 Jahren, mußte eine relativ umfangreiche Stichprobe zugrunde gelegt werden.

Der erforderliche Stichprobenumfang hängt aber auch von der Anzahl n der möglichen Zustände bzw. der Anzahl der möglichen Zustandsübergänge ab, für die Übergangswahrscheinlichkeiten zu ermitteln sind. Zu berücksichtigen ist jedoch, daß eine hohe Anzahl absorbierender Zustände im Verhältnis zur Anzahl der transienten Zustände die Zahl der möglichen Zustandsübergänge und damit die erforderliche Stichprobengröße reduziert. Leider ist kein Verfahren bekannt, mit dem in dieser Situation der erforderliche Stichprobenumfang berechnet werden könnte. Im vorliegenden Fall wurde der Stichprobenumfang intuitiv auf N = 10 000 festgesetzt. Die Erarbeitung der Zustandssystematik wird in Kap. 3.2 und die Erhebung der Zustandsbelegung und der Zustandsübergänge wird in Kap. 3.3 behandelt. In Kap. 3.4 wird dann noch das Verfahren für die Berechnung der statischen Erfolgsbeiträge erläutert.

3.1 Identifizierung der Privatkunden mit Hauptbankverbindung zur betrachteten Bank

In Zusammenarbeit mit Privatkunden-Beratern wurde ein Verfahren zur Klassifikation von Privatkunden-Bankverbindungen als Hauptbankverbindungen, Nebenbankverbindungen oder inaktive Bankverbindungen entwickelt (vgl. Abb. 1). Dieses Verfahren steuert zunächst Kinder, Schüler, Auszubildende und Studenten aus, weil in diesen Fällen eine Klassifikation nicht entscheidbar ist. Dann läuft das Verfahren wie folgt ab: Wurde einem Kunden von der betrachteten Bank eine Kreditkarte verkauft, gilt die Verbindung ohne weitere Prüfung als Hauptbankverbindung. Wenn keine Kreditkarte verkauft wurde, aber ein Girokonto vorhanden ist, dann soll eine Hauptbankverbindung vorliegen, wenn eine Mindestzahl X_1 von Geschäftsvorfällen pro Periode überschritten und ein Höchstbetrag X_2 als Umsatz pro Geschäftsvorfall unterschritten wird. Sind diese beiden Bedingungen nicht erfüllt, oder hat der Kunde gar kein Girokonto, dann wird geprüft, ob eine Nebenbankverbindung vorliegt. Dies wird angenommen, wenn wenigstens ein Darlehenskonto vorhanden ist oder das Anlagevolumen V eine Untergrenze Y überschreitet oder wenn die Anzahl der Geschäftsvorfälle größer Null ist. Andernfalls handelt es sich um eine inaktive Bankverbindung.

Um dieses Klassifikationsverfahren zu testen und insbesondere numerische Werte für die Parameter X_1, X_2, und Y festlegen zu können, wurde das Verfahren mit alternativen

Parameterwerten auf eine Stichprobe von 422 Privatkunden der Bank angewandt. Da für diese Stichprobe außer den Kundenmerkmalen zugleich auch eine subjektive Klassifikation der Kunden durch die jeweils zuständigen Berater erhoben worden war, konnte ermittelt werden, wieviel Prozent der Kunden in der Stichprobe vom Klassifikationsverfahren genauso klassifiziert wurden wie durch die Berater. Im ersten Rechenlauf ergab sich eine Übereinstimmung in Höhe von 86 %. Da weder das Klassifikationsverfahren noch die Berater über einen objektiven Maßstab verfügen, wurde iterativ vorgegangen: Die abweichend klassifizierten Kunden wurden mit den Beratern noch einmal erörtert, wobei sich Modifikationen der Berater-Klassifikation und des Verfahrens ergaben. Dies führte schließlich dazu, daß die Übereinstimmung im zweiten Rechenlauf 94 % betrug. Dieses Verfahren wurde später eingesetzt, um in der Stichprobe vom Umfang N = 10 000 die Privatkunden mit Hauptbankverbindung zur betrachteten Bank zu identifizieren.

3.2 Zustandssystematik und Datenverfügbarkeit

Nachdem in Kap. 3 schon die grundsätzliche Vorgehensweise bei der prospektiven Datenerhebung zur Ermittlung von Zustands- und Übergangswahrscheinlichkeiten erläutert wurde, soll nun gezeigt werden, wie die im Modell verwendeten Zustände angesichts der begrenzten Datenverfügbarkeit definiert wurden. Der Ausgangspunkt für die Bestimmung der Zustände war eine Gruppendiskussion mit Privatkunden-Beratern der betrachteten Bank, die, ausgehend von den Beobachtungen der Berater bei der laufenden Kundenbetreuung, zu einer Liste von Ereignissen führte, die im Leben von Privatkunden eintreten können und den weiteren Weg der Kunden maßgeblich bestimmen. Da die vorliegende Fallstudie das Problem der Abwanderung von Kunden zum Gegenstand hat, muß es zwei Gruppen von Zuständen geben, Kunden- und Nichtkunden-Zustände.

Kundenzustände sind dadurch charakterisiert, daß sie von Privatkunden eingenommen werden, die eine Bankverbindung mit der betrachteten Bank unterhalten.

Nichtkunden-Zustände werden dagegen von Privatkunden belegt, die aus der Kundschaft der betrachteten Bank ausscheiden, sei es aufgrund von Unzufriedenheit, Umzug, Heirat oder Tod. Kunden, die mit der betrachteten Bank unzufrieden sind und daher ihre Geschäftsverbindung aufgeben, gehen in den Zustand "Nichtkunde ohne Umzug" über; es wird nicht erwartet, daß sie jemals in einen Kunden-Zustand bei dieser Bank zurückkehren.

Ziehen Kunden aus privaten oder beruflichen Gründen um und geben sie aus diesem Grund ihre Hauptbankverbindung bei der betrachteten Bank auf, dann gehen sie primär in den Zustand "Nichtkunde wegen Umzug" über. Sie können nach dem Umzug ihre bisherige Hauptbankverbindung aber auch als Nebenbankverbindung weiterführen; dann belegen sie einen der folgenden Zustände: "Nebenbankverbindung mit Anlageschwerpunkt", "Kleinsparer" oder "Nebenbankverbindung mit Finanzierungsschwerpunkt". Nach dem Umzug kann aber auch eine inaktive Bankverbindung zurückbleiben, so daß ein Übergang in den Zustand "inaktive Bankverbindung" vollzogen wird.

Wenn ein Kunde oder eine Kundin heiratet und aus diesem Anlaß nicht aus dem Geschäftsgebiet der betrachteten Bank wegzieht, kann es sein, daß die Konten der Ehepartner (unabhängig von der dann erfolgenden Verknüpfung der beiden Personen als ein Kunde) zusammengelegt werden. Dann geht der Ehepartner, dessen Geschäftsverbindung aufgegeben wird, modellmäßig in den Zustand "Nichtkunde wegen Heirat, gleiches Institut" über. Es kann aber auch sein, daß die Hauptbankverbindung dieses Kunden in eine Nebenbankverbindung oder in eine inaktive Bankverbindung übergeht, wenn der Ehepartner nicht Kunde des betrachteten Instituts ist.

Verstirbt ein Kunde, dann geht er in den Zustand "Nichtkunde wegen Tod" über. Es ist dabei modellmäßig unerheblich, ob die Erben die Geschäftsverbindung unter eigenem Namen fortführen oder nicht. Geschieht dies doch, dann gelten die Erben als neue Kunden.

Abb. 2 zeigt, welche Merkmale und Merkmalsausprägungen bei der Identifizierung der Zustände verwendet wurden. Die Nichtkunden-Zustände (Nr. 21-25), um mit dem einfacheren Fall zu beginnen, können erst am Ende des Übergangsintervalls belegt sein, denn die Stichprobe ist eine Kundenstichprobe, in der Nichtkunden naturgemäß nicht vorkommen. Das erste Merkmal von Nichtkunden ist "Kontoauflösung". Das zweite Merkmal beinhaltet den manuell zu erhebenden Auflösungsgrund: Abwanderung zur Konkurrenz, Umzug, Eheschließung oder Tod. Da am Ende des Übergangsintervalls der Auflösungsgrund nicht in allen Fällen durch Berater-Befragung zuverlässig ermittelt werden kann, wurde eine Sonderuntersuchung durchgeführt:

Das bei Kontoauflösung von der betrachteten Bank verwendete Formular wurde zur Erfassung der Auflösungsgründe erweitert und bei allen Kontoauflösungen während des Übergangsintervalls angewandt. Im persönlichen Gespräch zwischen dem Berater und der Person, die die Kontoauflösung vornimmt, wird der Auflösungsgrund mit Hilfe des Formulars zuverlässig festgestellt. Eine Abwanderung zur Konkurrenz mit oder ohne Umzug kann zusätzlich mit Hilfe der Bankleitzahl der vom abwandernden Kunden angegebenen neuen Bankverbindung festgestellt werden. Die neue Bankverbindung wird vor allem deshalb von den Kunden bekanntgegeben, weil noch eingehende Beträge nach Auflösung des Kontos andernfalls nicht weitergeleitet werden könnten.

Alle Zustände der Abb. 2, die dadurch gekennzeichnet sind, daß die betroffenen Personen eine Konto- und damit Kundenverbindung zur betrachteten Bank unterhalten (Nr. 1-20), werden hier als Kundenzustände bezeichnet. Hierzu gehören zunächst die Kinder, Schüler, Auszubildenden und Studenten, auf die das Klassifikationsverfahren gemäß Abb. 1 nicht anwendbar ist. Diese Personen werden identifiziert durch das Merkmal "kostenloses Konto", das im Datensatz an einem Gebührenartschlüssel erkennbar ist, und durch die Art der Ausbildung, die durch Befragung der Berater erhoben wird. Dies setzt aber voraus, daß die Berater ihre jungen Kunden wirklich gut kennen, und daß die Datenerhebung sehr sorgfältig durchgeführt wird. Speziell bei den Zuständen der Schüler und Auszubildenden (Nr. 2-5) fällt auf, daß sie jeweils noch einmal danach untergliedert sind, ob die Hochschulreife erreichbar bzw. vorhanden ist oder nicht. Diese Zustandsdefinition wurde vorgenommen, um die Beobachtung der Berater zu berücksichtigen, daß ein großer Teil der jungen Kunden mit Hochschulreife früher oder später ein Studium aufnimmt und damit die Region und auch den Einzugsbereich des betrachteten Instituts verläßt und nicht zurückkehrt. Die Wahrscheinlichkeit, daß junge Kunden ohne Hochschulreife langfristig im Einzugsbereich des Instituts bleiben, ist nach Aussage der Berater sehr viel höher.

In der Zustandssystematik (vgl. Abb. 2) folgen nun die Kundenzustände der Unselbständigen (Nr. 7-15), deren Bankverbindung gemäß Klassifikationsverfahren (vgl. Abb. 1) als Hauptbankverbindung zu betrachten ist. Sie werden nach ihrem Einkommen und Vermögen differenziert. Problematisch ist hierbei, daß die Bank Einkommen und Vermögen ihrer Kunden nicht genau kennt. In der vorliegenden Studie wird unterstellt, daß das dem Institut bekannte Jahresnettoeinkommen dem gesamten Einkommen des Kunden entspricht. Das Jahresnettoeinkommen wird mit Hilfe der Habenumsatzverschlüsselung festgestellt. Besondere Umsätze wie z. B. ein gewährter Kredit erhalten eine andere Umsatzverschlüsselung. Wird der Darlehensbetrag dem Konto des Kunden gutgeschrieben, verändert sich somit zwar der Habenumsatz des Kunden, nicht jedoch sein errechnetes Jahresnettoeinkommen. Entsprechendes gilt für das Vermögen: Hier wird als Schätzwert das Volumen der Anlageprodukte verwendet, die der einzelne Kunde auf Konten und Depots bei der betrachteten Bank hat. Dieser Schätzwert erfaßt nur das Finanzvermögen, und dies auch nur teilweise, wenn ein Kunde noch Anlageprodukte bei anderen Instituten nutzt. Die Schätzwerte für Einkommen und Vermögen sind also nur bedingt aussagekräftig; aus der Kundendatenbank des Instituts können aber die für ihre Spezifikation notwendigen Daten abgerufen werden. Da es sich bei Einkommen und Vermögen um in GE denominierte (stetige) Variable handelt, werden für beide Variablen je 3 Klassen (niedrig/mittel/hoch) gebildet, so daß sich für die Unselbständigen insgesamt 9 Zustände ergeben.

Die Zustände der Unselbständigen wurden verhältnismäßig fein aufgegliedert, weil ein großer Anteil der Privatkunden der betrachteten Bank zu dieser Kundengruppe gehört, weil diese Kunden nach Auffassung der Berater bezüglich Einkommen und Vermögen ein erhebliches Entwicklungspotential aufweisen und weil sie je nach Vermögen und Einkommen räumlich unterschiedlich mobil sind. Für Freiberufler und Selbständige (Nr. 16) gelten diese Aussagen nur mit erheblichen Einschränkungen. Ihr Anteil an der Privatkundschaft des betrachteten Instituts ist klein, Einkommen und Vermögen hängen kaum von einer Karriere oder ähnlichen Entwicklungen ab und sie sind räumlich nicht mobil. Daher wurde für die Freiberufler und Selbständige nur ein Zustand vorgesehen. Im Kundendatensatz der betrachteten Bank ist ein Branchenschlüssel enthalten, der anzeigt, ob ein Kunde zu den Freiberuflern und Selbständigen gehört. Auch die Existenz eines Geschäfts-Girokontos zeigt an, daß der Kunde zu dieser Gruppe gehört.

Zusammenfassend ist festzustellen, daß bei der Erarbeitung der Zustandssystematik (vgl. Abb. 2) zwei konfliktäre Ziele berücksichtigt werden mußten: Einerseits sollte die Zustandssystematik es erlauben, in Hinsicht auf den Zweck der Untersuchung, also die Erfassung und Bewertung der Kundschaftsstrukturdynamik und ihre Nutzung für Strategie, Marketing und Kundenbetreuung, möglichst differenzierte Aussagen zu erarbeiten. Und je höher der Differenzierungsgrad der angestrebten Aussagen, desto umfangreicher und differenzierter hätte auch die Zustandssystematik sein müssen. Aber schon hier kann man die Erwartung aussprechen, daß der Grenznutzen der Ergebnisse mit zunehmendem Differenzierungsgrad abnimmt.

Andererseits sollte der mit der Datenerhebung verbundene Aufwand und Zeitverbrauch niedrig gehalten werden. Natürlich wurden die aus der Kundendatenbank des Instituts abrufbaren Zustandsmerkmale soweit wie möglich genutzt. Aber schon dabei ergab sich die Problematik, daß praktisch nur die Buchungsdaten (Umsätze und Kontostände bzw. Depotvolumina) fehlerfrei waren, während andere Zustandsmerkmale wie z. B. die im Kundendatensatz enthaltenen Schlüssel, z. B. für den Beruf, teilweise nicht sorgfältig gepflegt worden waren, so daß diese Zustandsmerkmale insgesamt nach Befragung der jeweils zuständigen Berater manuell nachbearbeitet werden mußten. Die übrigen nicht elektronisch gespeicherten Merkmale mußten ohnehin von den Beratern erfragt werden. Der mit der Datenerhebung verbundene Arbeitsaufwand war nicht nur für das Projekt-Team, sondern auch für die Berater ganz erheblich, und es wurde spürbar, daß den unter Leistungsdruck stehenden Beratern kaum noch weiterer Zeitaufwand für die Datenerhebung zugemutet werden konnte. Bei einigen Merkmalen waren der Datenerhebung aber auch faktische Grenzen gesetzt: Da die Kunden selbst nicht befragt werden sollten, um Irritationen zu vermeiden, hing die Zuverlässigkeit der Ergebnisse der Beraterbefragung stark von Kundenkenntnis und Erinnerungsvermögen der Berater ab.

Die unter diesem Zielkonflikt erarbeitete Zustandssystematik (vgl. Abb. 2) ist als Kompromiß zu verstehen: Auf dieser Basis ist die Untersuchung der Kundschaftsstrukturdynamik praktisch durchführbar, und sie läßt Ergebnisse mit hinreichendem Differenzierungsgrad erwarten. Die Kundenzustände orientieren sich an bankrelevanten Merkmalen wie Ausbildung, Beruf, Einkommen und Vermögen, die mit der Inanspruchnahme von Bankleistungen und damit auch mit den Erfolgsbeiträgen der Kunden in Verbindung stehen. Die Gruppen von Kunden, die sich jeweils in einem bestimmten Zustand befinden, sollen - entsprechend der Cluster-Analyse - in sich möglichst homogen und untereinander möglichst heterogen sein. Ob dies gelingt, kann man leider erst nach Abschluß der Fallstudie feststellen. Das ist bedauerlich, weil die Zustandssystematik unter dem obigen Zielkonflikt weitgehend unter Berücksichtigung intuitiver und pragmatischer Überlegungen festgelegt werden mußte. In dieser Situation müßte man eigentlich in einem Trial- and Error-Prozeß die bestmögliche Zustandssystematik suchen, indem man die gesamte auf dem Markov-Modell beruhende Untersuchung mit verschiedenen Zustandssystematiken mehrfach durchführt. Wegen des damit verbundenen extrem hohen Aufwandes verbietet sich dies jedoch.

3.3 Ermittlung der Zustands- und Übergangswahrscheinlichkeiten

Das Projekt-Team hat vom Rechenzentrum der betrachteten Bank mit Stichtag 01.04.1993 drei Dateien erhalten, eine Kundendatei, eine Datei mit Kontoinformationen und eine Verknüpfungsdatei. Mit Hilfe der Verknüpfungsdatei wurden jeweils alle Konten und Depots eines Kunden zusammengeführt, so daß für jeden Kunden der Kundenstichprobe die gesamte Geschäftsverbindung datenmäßig verfügbar ist. Diese Daten wurden dann in einer Kundendatenbank abgespeichert. Anschließend wurden in jeden Kundendatensatz der Datenbank die manuell erhobenen Daten des jeweiligen Kunden in zusätzlich dafür vorgesehene Felder eingegeben, so daß jeder Datensatz nun die den jeweiligen Kunden betreffenden Ausprägungen aller Zustandsmerkmale gemäß Zustandssystematik vollständig enthält.

Per 01.04.1994 ist in derselben Gliederung erneut eine Kundendatenbank für die in der Kundenstichprobe vom 01.04.1993 enthaltenen Kunden zu erstellen. Dabei ist zusätzlich zu berücksichtigen, daß in dem Übergangsintervall Kunden in Nichtkunden-Zustände übergegangen sind. In diesen Fällen müssen die Merkmalsausprägungen der Nichtkunden-Zustände aus der Vollerhebung der Kontoauflösungen übernommen und in die Kundendatensätze eingestellt werden.

Mit Hilfe eines EDV-Programms, das die obigen Kundendatenbank-Bestände verarbeitet, wird nun unter Berücksichtigung der Zustandsmerkmale eines jeden Kunden die Zustands-Nr. des Kunden ermittelt. Aus dem Datenbestand per 01.04.1993 ergibt sich jeweils der

Ausgangszustand i, und aus dem Datenbestand per 01.04.1994 ergibt sich entsprechend der Zustand j des Kunden nach einem Übergang. Wenn auf diese Weise in beiden Datenbeständen jedem Kunden eine Zustands-Nr. zugeordnet ist, können in einem weiteren Programmteil oder Rechenlauf die Übergangshäufigkeiten festgestellt werden. Für jeden Kunden, der in der Kundenstichprobe per 01.04.1993 enthalten ist, wird nun abgefragt, in welchem Zustand i er per 01.04.1993 war, und in welchem Zustand j er sich per 01.04.1994 (nach einem Übergang) befindet. In der Matrix H der Übergangshäufigkeiten (mit n Zeilen und Spalten für n Zustände) wird er dann am Platz (i, j) aufkumuliert. Wenn dies für alle N = 10 000 Kunden der per 01.04.1993 gezogenen Kundenstichprobe geschehen ist, wenn also alle diese Kunden mit ihrem Übergang in der Matrix H erfaßt sind, dann muß die Summe aller Elemente von H genau gleich 10 000 sein

Ergänzend zur Matrix H berechnet man nun einen Vektor Z für die Zeilensummen von H und einen Vektor S für die Spaltensummen von H. Z zeigt dann die absoluten Häufigkeiten, mit denen sich die Kunden per 01.04.1993 auf die n Zustände verteilen, und S läßt die entsprechende Verteilung per 01.04.1994 erkennen. $\pi(0)$, der (anfängliche) Zustandsvektor nach 0 Übergängen, der für die Projektion der Kundschaftsstruktur ab 01.04.1994 benötigt wird, ergibt sich dann dadurch, daß man die absoluten Häufigkeiten des Vektors S Element für Element jeweils durch N dividiert. Als Ergebnis erhält man zunächst relative Häufigkeiten, die aber als Zustandswahrscheinlichkeiten interpretiert werden können.

Die Matrix der Übergangswahrscheinlichkeiten P ist eine stochastische Matrix, bei der gemäß Gleichung (4) der Modellkonzeption in jeder Zeile i (i = 1, ..., n) die Summe der Matrixelemente p_{ij} gleich 1 ist, weil zum Ende des Übergangsintervalls jeder Kunde, der vorher im Zustand i war, in einen der Zustände j der erschöpfenden Zustandsliste übergeht, wobei auch j = i zulässig ist. Daher sind die p_{ij} auch bedingte Wahrscheinlichkeiten. Schätzwerte für die Übergangswahrscheinlichkeiten p_{ij} erhält man nun dadurch, daß man die Elemente h_{ij} der Matrix H der Übergangshäufigkeiten durch die jeweilige Zeilensumme von H, also das Element z_i des Vektors Z dividiert.

(14) $p_{ij} = h_{ij}/z_i$ (für alle i und j)

Die p_{ij} sind relative Übergangshäufigkeiten, die wiederum als Übergangswahrscheinlichkeiten interpretiert werden können.

3.4 Zustandsbezogene statische Erfolgsbeiträge

Zur Berechnung des dynamischen Erfolgsbeitrages gemäß Gleichung (12) der Modellkonzeption werden Daten für die statischen Erfolgsbeiträge benötigt, die durch den Vektor SE repräsentiert werden. Das einzelne Element se_i des Vektors SE gibt an, wie hoch der mittlere Erfolgsbeitrag eines Kunden ist, der für ein Übergangsintervall, hier 1 Jahr, im Zustand i war. Schätzwerte für die se_i können mit Hilfe der Kundengruppenkalkulation ermittelt werden: Aus der Kundenstichprobe per 01.04.1993 selektiert man für jeden transienten Zustand i die Gruppe der Kunden, die zu Anfang im Zustand i waren und nach dem Übergangsintervall in den Zustand j = i übergegangen, also für ein Jahr im Zustand i geblieben sind. Mit Hilfe der Kundengruppenkalkulation ermittelt man dann für jede dieser Kundengruppen den mittleren Erfolgsbeitrag pro Kunden und Jahr.

Die statischen Erfolgsbeiträge dürfen nur entscheidungsabhängige Komponenten umfassen, also nur Erlöse und Kosten, die zusätzlich anfallen, wenn ein zusätzlicher Kunde akquiriert wird, und die auch wegfallen, wenn ein Kunde aus der Kundschaft der Bank ausscheidet. In der Bankkalkulation unterscheidet man eine Wert- und eine Betriebssphäre. In der Wertsphäre werden Werterlöse und Wertkosten, hauptsächlich Zinsen und Provisionen, erfaßt, während in der Betriebssphäre Betriebserlöse, wie z. B. Gebühren, und Betriebskosten, wie Personal- und Sachkosten, ermittelt werden.

In der Produktkalkulation, auf die die Kundengruppenkalkulation ja aufbaut, verwendet man überwiegend die Marktzinsmethode, die auf dem Opportunitätsprinzip beruht, zur Kalkulation des Wertbereichs und die Rechnung mit relativen Einzelkosten zur Kalkulation des Betriebsbereichs. Diese Verfahren erfassen die entscheidungsabhängigen Erlös- und Kostenkomponenten nur näherungsweise, insbesondere im Betriebsbereich, ihre Ergebnisse dürfen für die vorliegende Untersuchung aber als brauchbar betrachtet werden.
In der Kundenkalkulation werden nun die Ergebnisse der Produktkalkulation für alle Produkte, die ein Kunde im Laufe einer Abrechnungsperiode, hier ein Jahr, in Anspruch genommen hat, zum Erfolgsbeitrag dieses Kunden pro Jahr zusammengefaßt. Für eine Gruppe von Kunden, die sich für ein Jahr im Zustand i befunden haben, lassen sich diese kundenbezogenen Erfolgsbeiträge zum Erfolgsbeitrag der Kundengruppe aggregieren. Dividiert man den Kundengruppen-Erfolgsbeitrag durch die Anzahl der Kunden in der Kundengruppe i, dann erhält man se_i den mittleren statischen Erfolgsbeitrag eines Kunden, der für ein Jahr im Zustand i war.

4. Entscheidungsunterstützung

Da die vorliegende Fallstudie noch nicht abgeschlossen ist, kann naturgemäß auch noch nicht über die Implementierung der Ergebnisse berichtet werden. Ergebnisse der folgenden Art werden aber schon mit Spannung erwartet:

In der laufenden Kundenbetreuung wird man sich auf die Kunden konzentrieren, die, ausgehend von ihrem derzeitigen Zustand, noch hohe dynamische Erfolgsbeiträge erwarten lassen. Bei den Kunden mit hoher Abwanderungswahrscheinlichkeit und entsprechend niedrigem dynamischem Erfolgsbeitrag interessieren besonders die Abwanderungsursachen. Ist es Unzufriedenheit mit der Bank oder sind es Ereignisse, auf die die Bank keinen Einfluß hat, wie Umzug, Heirat oder Todesfall?

Bei Kunden, die ohne Umzug oder Heirat zur Konkurrenz abwandern, muß die Bank nicht tatenlos zusehen. Sie kann diese Kunden in bezug auf ihren Ausgangszustand identifizieren und durch eine Befragung prüfen, ob die Abwanderungsursache auf strukturellen Mängeln beruht, die der Kunde empfindet, oder ob durch eine Intensivierung der Betreuung dieser Kunden der Abwanderung entgegengewirkt werden kann.

Mit der Abwanderung nahe verwandt ist der Übergang in den Zustand "inaktive Bankverbindung". Auch hier kann festgestellt werden, aus welchen Zuständen heraus die Verbindungen inaktiv werden, und welche Ansatzpunkte in der Kundenbetreuung gegeben sind.

Für die Akquisition neuer Kunden sind die dynamischen Erfolgsbeiträge besonders wichtig. Es wird sich zeigen, ob ein breites Engagement im Jugendmarkt sinnvoll ist, oder ob schon hier selektiv vorgegangen werden sollte. In diesem Zusammenhang ist gegebenenfalls auch die Preispolitik zu überprüfen. Kostenlose Kontoführung für Kunden, die mit großer Wahrscheinlichkeit nie den Break-even-point erreichen und daher keinen positiven dynamischen Erfolgsbeitrag aufweisen, ist eigentlich nicht zu rechtfertigen.

Die Frage, ob das Institut mit der Akquisition bei Privatkunden in Zuständen mit höherem dynamischem Erfolgsbeitrag ansetzen sollte, führt unmittelbar zur Problematik des Akquisitionsaufwands, z. B. in Form von Werbeaufwand im weiteren Sinne und Preiszugeständnissen. Für die Entscheidung, welcher Akquisitionsaufwand gerade noch akzeptiert werden soll, kann der dynamische Erfolgsbeitrag nur ein erster Anhaltspunkt sein.

Für die strategische Planung im Privatkundengeschäft ist es wichtig zu wissen, wieviele Kunden jährlich in ein besonders interessierendes strategisches Geschäftsfeld hineinwachsen, und wieviele von ihnen jährlich wieder abwandern. Mit Hilfe der vorliegenden Studie kann dann abgeschätzt werden, wieviele Kunden sich ständig im Mittel in diesem Geschäftsfeld befinden. Dies ist in strategischer Hinsicht aber nur ein Teilaspekt, und weitere Analysen, insbesondere in bezug auf die Wettbewerbsposition des betrachteten Instituts, müssen hinzukommen.

Literaturverzeichnis:

Ferschl, F.; Markovketten, Berlin et al. 1970

Howard, R. A.; Dynamische Programmierung und Markov-Prozesse, Zürich 1965

Kemeny, J. G., Snell, J. L.; Finite Markov Chains, Berlin et al. 1983

Meyer zu Selhausen, H.; Prospektive Lebensdauer-Kalkulation von Kundenverbindungen, in: Zeitschrift für Bankrecht und Bankwirtschaft, 2/1989, S. 77-84

Rossa, M.; Das In-House Banking, in: Zeitschrift für das gesamte Kreditwesen, 11/1991, S. 512-518

Süchting, J.; Bankmanagement, 3. Aufl., Stuttgart 1992

Szallies, R.; Kundenbindung: Herausforderung im Privatkundengeschäft der 90er Jahre, in: Bankenfachverband, Hrsg., Jahresbericht 1991, S. 9-21

Klassifikationsverfahren

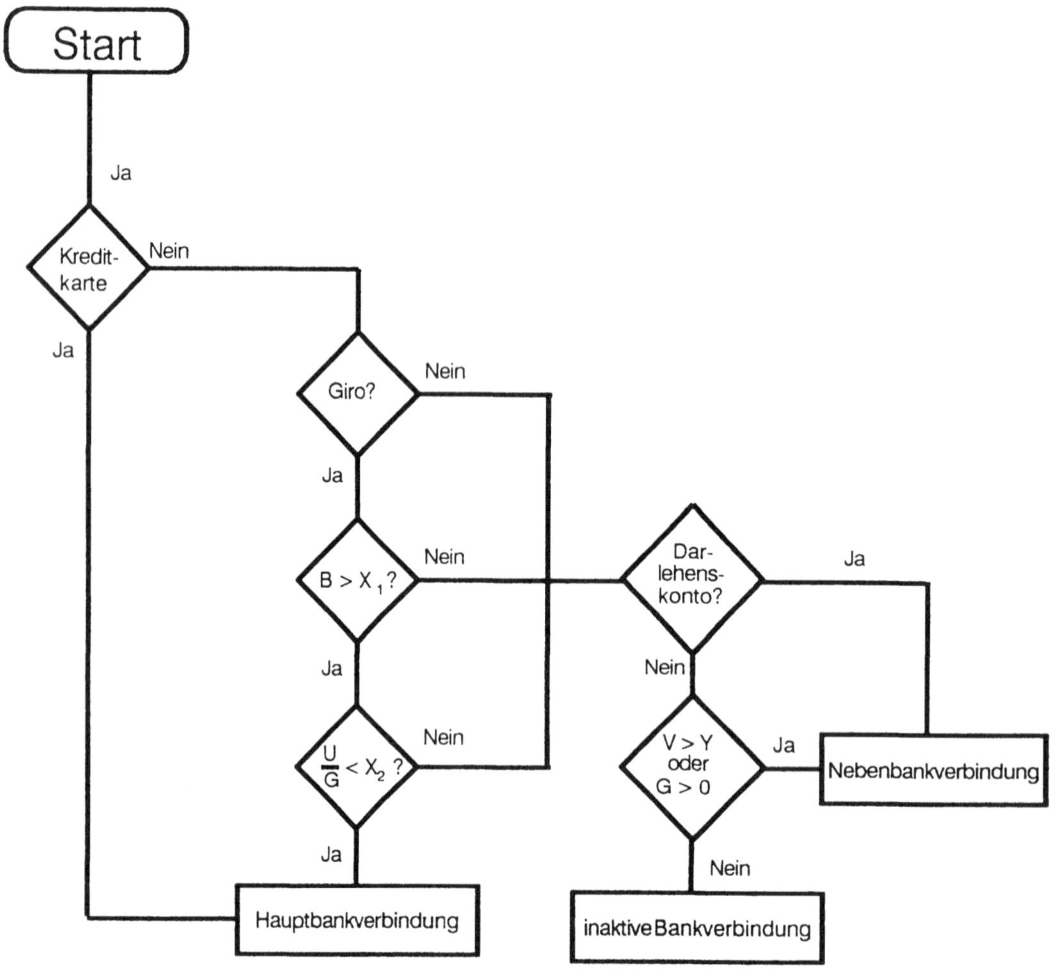

<u>Legende:</u>

B = Anzahl der Buchungsposten je Periode

G = Anzahl der Geschäftsvorfälle

U = Soll- oder Habenumsatz je Periode

X_1 = Trennwert für Anzahl der Geschäftsvorfälle

X_2 = Trennwert für Umsatz pro Geschäftsvorfall

V = Anlagevolumen über alle Produkte

Y = Trennwert für Anlagevolumen

Abb. 1: Klassifikationsverfahren

Nr.		Merkmale		
	Zustände	1	2	3
1	Kind	Alter < 14		
2	Hauptschüler/ Realschüler	kostenloses Konto	Manuell erhobene Information	
3	Gymnasiast	kostenloses Konto	Manuell erhobene Information	
4	Azubi mit Haupt- oder Realschule	kostenloses Konto	Manuell erhobene Information	
5	Azubi mit Hochschulreife	kostenloses Konto	Manuell erhobene Information	
6	Student	kostenloses Konto	Manuell erhobene Information	
7	Unselbständig; nEK, nV	Hauptbankverbindung	Jahresnettoeinkommen < x1	Habensaldo+ Depotvolumen < y1
8	Unselbständig; nEK, mV	Hauptbankverbindung	Jahresnettoeinkommen < x1	y1 < Habensaldo+ Depotvolumen < y2
9	Unselbständig; nEK, hV	Hauptbankverbindung	Jahresnettoeinkommen < x1	Habensaldo+ Depotvolumen > y2
10	Unselbständig; mEK, nV	Hauptbankverbindung	x1 < Jahresnettoeinkommen < x2	Habensaldo+ Depotvolumen < y1
11	Unselbständig; mEK, mV	Hauptbankverbindung	x1 < Jahresnettoeinkommen < x2	y1 < Habensaldo+ Depotvolumen < y2
12	Unselbständig; mEK, hV	Hauptbankverbindung	x1 < Jahresnettoeinkommen < x2	Habensaldo+ Depotvolumen > y2
13	Unselbständig; hEK, nV	Hauptbankverbindung	Jahresnettoeinkommen > x2	Habensaldo+ Depotvolumen < y1
14	Unselbständig; hEK, mV	Hauptbankverbindung	Jahresnettoeinkommen > x2	y1 < Habensaldo+ Depotvolumen < y2
15	Unselbständig; hEK, hV	Hauptbankverbindung	Jahresnettoeinkommen > x2	Habensaldo+ Depotvolumen > y2
16	Freiberufler/ Selbstständige	Branchenschlüssel oder Geschäftsgirokonto		
17	inaktive Bankverbindung	inaktive Bankverbindung		
18	Kleinsparer	Nebenbankverbindung	Nur ein Sparkonto	Sollsaldo=0 und Habensaldo < s
19	Nebenbankverb. mit Anlageschwerpunkt	Nebenbankverbindung	Habensaldo-Sollsaldo>s	
20	Nebenbankv. mit Finanzierungsschwerpunkt	Nebenbankverbindung	Habensaldo-Sollsaldo<0	
21	Nichtkunde wegen Heirat, gleiches Institut	Kontoauflösung	Manuell erhobene Information	
22	Nichtkunde wegen Heirat, Konkurrenz	Kontoauflösung	Manuell erhobene Information	
23	Nichtkunde wegen Umzug	Kontoauflösung	Manuell erhobene Information	
24	Nichtkunde ohne Umzug	Kontoauflösung	Manuell erhobene Information	
25	Nichtkunde wegen Tod	Kontoauflösung	Manuell erhobene Information	

Abb. 2 Zustandssystematik

Legende zu Abb. 2

hEK	"hohes Einkommen"; Einkommen über Grenzwert x2
hV	"hohes Vermögen", Vermögen über Grenzwert y2
Habensaldo	Gesamter Habensaldo des Kunden über alle Konten außer Depot
Sollsaldo	Gesamter Sollsaldo des Kunden über alle Konten
mEK	"mittleres Einkommen"; Einkommen zwischen Grenzwert x1 und x2
mV	"mittleres Vermögen", Vermögen zwischen Grenzwert y1 und y2
Jahresnettoeinkommen	Jahresnettoeinkommen, soweit der Bank bekannt (aus Umsatzverschlüsselung)
nEK	"niedriges Einkommen"; Einkommen unter Grenzwert x1
nV	"niedriges Vermögen", Vermögen unter Grenzwert y1
s	Grenzwert des Sparvolumens auf einem Sparbuch zur Erkennung von Kleinsparern
x1, x2	Grenzwerte des Jahresnettoeinkommens zur Differenzierung nEK/mEK/hEK
y1, y2	Grenzwerte des Anlagevolumens zur Differenzierung nV/mV/hV

Anzahl der Zustands-übergänge	Kunden in Ausbildung	Kunde mit unterem Einkommen	Kunden mit mittlerem Einkommen	Kunde mit höherem Einkommen	Nichtkunde
0	0.13	0.29	0.46	0.12	0.0
1	0.0455	0.2920	0.3820	0.1130	0.1675
2	0.0159	0.2597	0.3181	0.1038	0.3024
4	0.0020	0.1860	0.2228	0.0836	0.5056
6	0.0002	0.1299	0.1578	0.0648	0.6472
8	0.0	0.0910	0.1126	0.0490	0.7474
10	0.0	0.0641	0.0807	0.0366	0.8186
15	0.0	0.0274	0.0354	0.0170	0.9203
20	0.0	0.0119	0.0157	0.0077	0.9648

Tab. 1: Zustandsfortschreibung für das Demonstrationsbeispiel

2.7 Marketing-Decision-Support-Systeme am Beispiel der Pharma-Industrie

Prof. Dr. Klaus D. Wilde
Lehrstuhl für ABWL und Wirtschaftsinformatik
Wirtschaftswissenschaftliche Fakultät Ingolstadt
Katholische Universität Eichstätt
Auf der Schanz 49
85049 Ingolstadt

Gliederung:

Bereits seit den Sechziger-Jahren wurde eine Vielzahl interessanter Modellansätze zur Entscheidungsunterstützung im Marketing entwickelt (vgl. z.B. Bass (1961), Funke (1976), Hammann (1975), Montgomery/Urban(1969)), die sich jedoch über lange Jahre hinweg nicht in der Praxis durchsetzen konnten. Die Ursache lag dabei nicht in der mangelnden Validität oder Praxisrelevanz der Modelle, sondern am Fehlen der Rahmenbedingungen, die für den praktischen Einsatz von Entscheidungsmodellen gegeben sein müssen. Diese Rahmenbedingungen sind in der Praxis in vielen Branchen erst seit Ende der Achziger Jahre gegeben.

1. Entscheidungsunterstützung im Marketing-Management

Engpaß der Computerunterstützung in diesem Bereich war lange Zeit die Datenbasis, die dem Marketing-Management zur Verfügung stand.

Während Finanzwirtschaft, Beschaffung, Produktion und Logistik durch die Verfügbarkeit von Echtzeitdaten und durch klar erkennbare, zeitlich stabile Ursache-Wirkungs-Zusammenhänge ideale Voraussetzungen mitbrachten, war der Marketing-Bereich bis vor kurzem charakterisiert durch eine hinsichtlich Aktualität, Inhalt und Detaillierungsgrad unzureichende Datenbasis: Noch vor wenigen Jahren war die Datenbasis des Marketing-Managements in vielen Unternehmen wie folgt charakterisiert:

- Umsatz- und Auftrags-Daten auf Wochen- oder Monatsbasis, nach groben Produktgruppen gegliedert und oft erst Wochen später verfügbar.
- Marktvolumina auf Quartals- oder Jahresbasis aus Verbandsstatistiken, nach groben Produktgruppen gegliedert und oft erst Monate später verfügbar.
- keine aktuelle, systematische Dokumentation der Marketing-Aktionen, allenfalls grob aggregierte interne Statistiken der ausführenden Organisationseinheiten.
- Nachfragedaten über Kundenbedürfnisse, Kaufkraft, Produktnutzung, Kaufverhalten aus sporadischen, ad hoc durchgeführten Erhebungen mit wechselnden Inhalten. Die wichtigsten Zusammenhänge wurden in schriftlichen Berichten dokumentiert, spätere Zusatz-Auswertungen der Erhebungen unter veränderten Fragestellungen kamen aus Zeit- und Kosten-Gründen nicht in Betracht.
- Systematische und aktuelle Information über Wettbewerber war nicht verfügbar. Damit fehlt ein zentraler Bestimmungfaktor der Ursache-Wirkungs-Beziehungen zwischen Marketing-Aktionen und Käufer-Verhalten fast vollständig.

Die Ursache-Wirkungs-Relationen zwischen Marketing-Aktionen und ihren Auswirkungen im Markt werden maßgeblich vom Kauf- und Nutzungs-Verhalten der Nachfrager und vom Wettbewerbs-Verhalten bestimmt, die durch veränderte ökonomische Rahmenbedingungen,

Wandlungen des Lebensstils oder einfache Modewellen einem laufenden Wandel unterliegen. Die Bestimmung der Ursache-Wirkungs-Beziehungen zwischen Marketing-Aktionen und ihren Auswirkungen am Markt scheiterte damit zum einen an der Unvollständigkeit der erforderlichen Daten, zum anderen am erforderlichen Aktualisierungs-Rhythmus.

Aufgrund der daraus resultierenden Unkenntnis der Marktreaktion auf geplante Marketing-Aktionen war das Marketing-Management zum "intuitiven Blindflug" verurteilt. Diese Ausgangssituation, die Dank der weitgehenden Computerisierung der administrativen Unternehmensprozesse (z.B. "Computer Integrated Manufacturing", "Electronic Banking" oder "Database Marketing", vgl. Mertens (1993), Scheer (1990), Hermanns/Flegel (1992)) und der Errungenschaften der "elektronischen Marktforschung" (vgl. Hermanns/ Flegel (1992)) in vielen Branchen längst überwunden ist, prägte jedoch maßgeblich das Image des Marketing-Managements als "vorwiegend durch qualitative Einflüsse geprägt" und "einer quantitativen Betrachtung nicht zugänglich". Ein Image, das sich trotz revolutionärer Umwälzungen bei der Verfügbarkeit von Markt- und Wettbewerbs-Daten in den Köpfen vieler Marketing-Manager hartnäckig hält und nicht selten unreflektiert von Generation zu Generation weitergegeben wird.

1.1 Computergestützte Informationsbeschaffung im Marketing

Bedingt durch die stürmische Entwicklung der Informationstechnologie haben sich in den letzten Jahren die Rahmenbedingungen für die Entscheidungsunterstützung im Marketing-Management grundlegend geändert.

Bezüglich der unternehmensinternen Marketing-Daten haben sich der verfügbare Detaillierungsgrad und die Aktualität durch die weitgehende Computerintegration der administrativen Unternehmensprozesse erheblich verbessert. Beispielhaft seien genannt:

- Computer Integrated Manufacturing: Im Rahmen des CIM-Konzepts wird die gesamte Auftragsabwicklung und der damit verbundene Materialfluß vom Auftragseingang bis zum Versand per Computer auf der Grundlage einer zentralen Datenbasis gesteuert. Alle zur Auftragsabwicklung benötigten und bei der Auftragsabwicklung anfallenden Informationen werden dabei in einer zentralen Datenbank verwaltet. Aus dieser Datenbank können Umsatz-und Auftragsdaten differenziert nach Kunden, Produkten und Zeitpunkt aktuell in nahezu beliebigem Detail abgerufen werden (vgl. Scheer (1990)).

- "Database-Marketing-Systeme": der mit der fortschreitenden Fragmentierung der Märkte in immer feinere Marktsegmente verbundene Zwang zur differenzierten Ansprache immer kleinerer Zielgruppen führte im Marketing zu einer Renaissance direkt adressierbarer Medien, wie Werbebrief, Telefon, Katalogversand oder Verkaufs-Außendienst. Mit Hilfe des Computers ermöglichen diese Medien selbst bei Millionen von Kunden einen nahezu individuellen Kunden-Dialog im Marketing. Kern dieses "Database-Marketing" ist eine Kunden-Datenbank, in der sämtliche Kundenkontakte jedes einzelnen Kunden und die dabei bekannt gewordenen Kunden-Charakteristika abgespeichert werden. Ausgehend von den Informationen aus der Kundendatenbank werden für jeden Kunden individuell die erfolgversprechendsten Marketing-Aktionen ausgewählt. Jede Kundenreaktion, sei es Auftrag, Anforderung von Informationsmaterial usw. wird wieder in der Kunden-Datenbank vermerkt. Damit speist und aktualisiert sich die Kunden-Datenbank über die laufenden Marketing-Aktionen selbst und wird mit wachsender Erfahrungsbasis immer aussagekräftiger (vgl. Schweiger/Wilde (1993)).

Bezüglich der unternehmensexternen Marktdaten haben sich Umfang, Systematik, Aktualität und Detaillierungsgrad durch die Computerisierung der Marktforschung erheblich verbessert. Um dem Marketing-Management eine optimale Nutzung der erhobenen Marktdaten zu ermöglichen, bieten immer mehr Marktforschungs-Institute zusammen mit ihren Marktdaten komfortable Datenbank-Systeme an, die dem Marketing-Management selbst ohne Unterstützung durch EDV-Spezialisten den direkten Zugriff auf die Urdaten und individuelle ad-hoc-Auswertungen ermöglichen. Marktdaten und Datenbank werden entweder direkt auf dem Arbeitsplatz-Rechner des Marketing-Managers installiert oder können jederzeit über Datenfernverarbeitung auf dem Rechner des Marktforschungs-Instituts genutzt werden. Die Entwicklung solcher Online-Datenbanken, die auf die Datenstruktur der jeweiligen Marktdaten zugeschnitten sein müssen, ist jedoch relativ aufwendig. Damit bieten inhaltlich standardisierte, periodisch wiederholte Gemeinschafts-Befragungen, die von mehreren Unternehmen gemeinsam getragen werden, die besten Vorausetzungen für die optimale Nutzung der Marktdaten. Dementsprechend hat diese Form der Marktdaten-Erhebung gegenüber den "traditionellen" unternehmensindividuellen Ad-hoc-Marktstudien mit variierenden Inhalten stark an Bedeutung gewonnen. Dies eröffnet über die Nutzung der modernen Informationstechnik hinaus zugleich eine ganze Reihe weiterer Vorteile hinsichtlich der Aktualität, Validität und Verknüpfbarkeit der Marktdaten:

- schnellere Verfügbarkeit der Marktdaten durch standardisierte Auswertungsprozeduren
- höhere Validität der Marktdaten durch erprobte Erhebungstechniken und Fragestellungen
- Aufdeckung der Dynamik des Marktes durch vergleichbare Marktdaten aus mehreren Zeitperioden.

In vielen Branchen werden zunehmend systematisch Wettbewerbs-Informationen erhoben. So werden Art und Umfang der Marketing-Aktionen der einzelnen Wettbewerber durch kontinuierliche Kundenbefragungen, Auswertungen von Preislisten, Firmen-Prospekten oder Zeitschriften-Anzeigen ermittelt. Diese Informationen werden ebenfalls von Marktforschungs-Instituten als Standard-Untersuchungen in Online-Datenbanken angeboten.

Durch die Computerisierung der administrativen Unternehmensprozesse und der Marktforschung verfügen wir heute in vielen Märkten über ein aktuelles, objektives, detailliertes und umfassendes Bild des Marktgeschehens. Damit wird zunehmend auch im Marketing-Management der "Ersatz von Intuition durch Fakten" möglich. Die objektive Bestimmung der empirischen Ursache-Wirkungs-Beziehungen zwischen Marketing-Aktionen und Nachfrage-Verhalten auf dieser Datengrundlage schafft objektive Entscheidungs-Grundlagen für das Marketing-Management. Damit erschließen sich dem Marketing-Management künftig die Chancen der Entscheidungs-Unterstützung in gleichem Maß, wie heute bereits der Finanzwirtschaft, der Produktion oder der Logistik.

Dies setzt jedoch voraus, daß das Marketing-Management direkt auf die verbesserte Datenbasis zugreifen kann und die Daten der jeweiligen Fragestellung entsprechend, flexibel miteinander verknüpfen kann.

Bei der Bereitstellung der Informationen werden jedoch in vielen Unternehmen zwei weitere Engpässe wirksam, die einer erfolgreichen Entscheidungs-Unterstützung im Marketing-Management im Wege stehen:

Dies ist zum einen die Inflexibilität des innerbetrieblichen Informations-Angebots: Organisation und Technologie der betrieblichen Datenverarbeitung sind traditionell geprägt durch die standardisierte Verarbeitung großer Datenvolumina im Rechnungswesen, der Produktion und der Logistik. Der einseitig an Standardisierung und Hardware-Effizienz orientierte Rechenzentrums-Betrieb wird dem oft kurzfristig auftretenden Informationsbedarf im Marketing-Management und seinem laufenden Wandel nicht gerecht. Wichtige Entscheidungen fallen auf unzureichender Informationsbasis, weil die prinzipiell verfügbaren Informationen nicht rechtzeitig bereitgestellt und ausgewertet werden können.

Der zweite Engpaß bei der Informationsbereitstellung ist die Informations-Fragmentierung: Aufgrund der Inflexibilität des innerbetrieblichen Informations-Angebots haben zahlreiche Stellen im Marketing ihre Informationsversorgung in "Selbsthilfe" in die Hand genommen. Die Folge sind vielfältige, auf die Bedürfnisse einzelner Stellen zugeschnittene, aber untereinander nicht verknüpfbare "Insellösungen", meist auf PC-Basis. Hinzu kommen weitere

"Insellösungen" von unternehmensexternen Datenbank-Anbietern oder Marktforschungs-Instituten, die häufig eigene Computer-Systeme bereitstellen, um die Nutzung ihres Informations-Angebots von inflexiblen innerbetrieblichen Infrastrukturen unabhängig zu machen. Marketing-Informationen sind damit oft über eine Vielzahl unzusammenhängender "Insellösungen" verteilt. Wichtige Information, die erst durch Verknüpfung verschiedener Informationsquellen entsteht, geht an den Schnittstellen zwischen diesen "Inseln" verloren. Der Zugriff des Marketing-Managements auf entscheidungsrelevante Information wird unnötig verzögert und erschwert.

1.2 Computergestützte Informationsbereitstellung im Marketing

Zur Überwindung dieser Datenzugriffs-Beschränkungen wurden in vielen Unternehmungen "Marketing-Informations-Systeme" (MAIS) aufgebaut: Computer-Systeme die automatisch alle benötigten Daten aus allen unternehmensinternen und -externen Informationsquellen in einer zentralen Datenbank zusammenführen. Diese zentrale Datenbank eröffnet dem Marketing-Management ohne Einschaltung von EDV-Spezialisten den direkten Zugriff auf alle benötigten Informationen über eine einheitliche Benutzerschnittstelle.

Marketing-Informations-Systeme repräsentieren heute den aktuellen Stand des Computereinsatzes im Marketing-Management in fortschrittlichen Unternehmen. Der Computer wird dabei jedoch primär genutzt, um dem Marketing-Management immer mehr und immer detailliertere Informationen zur Verfügung zu stellen.

In den Sechziger-Jahren warnte jedoch bereits Ackoff (1967) unter dem Schlagwort "Management Misinformation Systems" vor der trügerischen Hoffnung auf bessere Management-Entscheidungen allein durch die Bereitstellung von immer mehr Daten.

Nicht selten steht das Marketing-Management der "Informationsflut" der Marketing-Informations-Systeme hilflos gegenüber. Die Fülle der relevanten Einzelinformationen kann in der Kürze der verfügbaren Zeit ohne methodische Hilfsmittel nicht sinnvoll verarbeitet werden. Das Marketing-Management leidet unter "Informations-Mangel im Informations-Überfluß" und kehrt resignierend zu seiner vertrauten, intuitiven Entscheidungspraxis zurück.

Damit wird ein weiterer Engpaß eines wirksamen Computereinsatzes im Marketing-Management sichtbar: die gezielte Auswertung von Informationen im Hinblick auf konkrete Marketing-Entscheidungen.

1.3 Computergestützte Informationsauswertung im Marketing

Die entscheidungsorientierte Auswertung großen Datenmengen erfordert den Einsatz sogenannter "Methodenbanken". Darunter verstehen wir Programmpakete, die dem Anwender komplexe Methoden zur Verfügung stellen, wie z.B. multivariate statistische Verfahren zur Bestimmung von Marktreaktions-Modellen oder mathematische Optimierungs-Verfahren. Mit wenigen Befehlen oder Menü-Eingaben können diese Methoden ohne detaillierte EDV-Kenntnisse auf die in MAIS enthaltenen Daten angewandt werden. Bekannte Beispiele derartiger Methodenbanken sind BMDP, SAS oder SPSS.

Methodenbanken wurden lange Zeit als Allheilmittel für eine entscheidungsorientierte Auswertung der von den MAIS bereitgestellten Daten propagiert, konnten sich jedoch bis heute in der Praxis kaum durchsetzen. Marketing-Manager und Marktforscher, die lediglich sporadisch mit komplexen mathematischen oder statistischen Methoden zu tun haben, fehlt häufig das Know-How und die Erfahrung, um diese anspruchsvollen Methoden wirksam einzusetzen. Durch die Einschaltung entsprechender externer Methoden-Spezialisten wird die Daten-Auswertung oft zu aufwendig und zeitraubend. Methodenbanken finden daher primär bei Einzelentscheidungen mit herausragender Bedeutung und langem zeitlichen Vorlauf Anwendung.

Marketing-Decision-Support-Systeme (MDSS) erlauben demgegenüber dem Marketing-Management ohne detailliertes Methoden- und Informatikwissen die Generierung von entscheidungsrelevanten Informationen. Kern eines MDSS ist die Darstellung der Ursache-Wirkungs-Beziehungen zwischen konkreten Marketing-Maßnahmen und ihren Auswirkungen auf die Marketing-Ziele. Weitere Komponenten sind eine Datenbankschnittstelle, über die das Entwicklungsmodell automatisch mit Daten versorgt wird und eine interaktive Benutzerschnittstelle, über die der Manager in seiner "Alltagssprache" kommunizieren kann. Auf der Grundlage dieser Ursache-Wirkungs-Beziehungen können die zu erwartenden Auswirkungen von Marketing-Entscheidungen prognostiziert werden oder sogar rechnergestützt optimale Gestaltungsvorschläge entworfen werden.

MDSS, die diesen Anforderungen entsprechen, bestehen aus Modulen, die

- auf konkrete Entscheidungs-Situationen zugeschnitten sind (z.B. Zielgruppen-Planung, Außendienst-Gebiets-Optimierung, strategische Portfolio-Planung, Preisbildung etc.),
- Ursache-Wirkungs-Aussagen zwischen Marketing-Aktionen und Marketing-Zielen ermitteln,

- dabei alle problemrelevanten MAIS-Daten und Methoden (z.B. multivariate statistische Methoden, Expertensysteme, Neuronale Netze) nutzen,
- ohne den Anwender mit der Handhabung dieser Daten und Methoden zu belasten.

Marketing-Decision-Support-Systeme kommen zur Anwendung, wenn komplexe Datenanalysen für wiederkehrende Marketing-Entscheidungen benötigt werden. Der vergleichsweise hohe Entwicklungsaufwand ist nur sinnvoll, wenn eine Mehrfachnutzung über mehrere Entscheidungszyklen gegeben ist.

2. Marketing-Decision-Support-Systeme im Pharma-Markt

Verglichen mit anderen Branchen war die Verfügbarkeit aktueller, objektiver und umfassender Markt- und Wettbewerbs-Daten im Pharma-Markt seit jeher exzellent. Bereits seit den Siebziger-Jahren verfügt der Marketing-Manager im Pharma-Markt z.B. über folgende Informationen über niedergelassene Ärzte:

- Arztdaten-Pool: Namen und Adressen aller Ärzte mit Aktions- und Reaktions-Daten des Arztes sowie Außendienst-Angaben zur Praxisstruktur, und Arztdemographie
- Regionaler Pharmazeutischer Markt (RPM): monatliche Umsatz- und Absatz-Daten aller Produkte auf Basis Apotheken-Einkauf, gegliederte nach über 1200 regionalen Segmenten
- Verschreibungsindex für Pharmazeutika (VIP): quartalsweise Verordnungs- und Diagnose-Daten für alle Produkte aus Rezeptkopien von ca. 2000 repräsentativen Panel-Ärzten
- GPI-Werbeindex: monatlich erfaßte Marketing-Kontakte von ca. 1000 repräsentativen Panel-Ärzten, differenziert nach Firma und Produkt

Seit Ende der Achziger-Jahre stehen zusätzliche Informationen zur Verfügung, z.B.:

- Profiling-Daten: flächendeckende, jährlich aktualisierte schriftliche Ärzte-Befragungen hinsichtlich Verordnungsverhalten, Praxisausstattung, Interessenschwerpunkten etc., deren Ergebnisse für ca. die Hälfte der niedergelassenen Ärzte der wichtigsten Fachgruppen namentlich identifizierbar vorliegen

- Medibase: ca. 500 Praxen mit Praxiscomputer, bei denen sich in anonymisierter Form tagesgenau das Therapieverhalten des Arztes verfolgen läßt.

Wenn trotz dieser exzellenten Daten-Versorgung auch im Pharma-Markt bis heute kaum leistungsfähige MDSS im Einsatz sind, so kann dies offensichtlich nicht an der Verfügbarkeit von Markt- und Wettbewerbs-Daten liegen.

Bis vor wenigen Jahren (und in vielen Unternehmen bis heute) waren jedoch die Markt- und Wettbewerbs-Daten auf eine Vielzahl inkompatibler Computer-Systeme verteilt und lediglich über wenige Standardauswertungen greifbar, oft nur in Papierform. Sonderauswertungen, gar unter Verknüpfung mehrerer Informationsquellen, waren unter diesen Rahmenbedingungen außerordentlich zeit- und kostenaufwendig. Erst seit Ende der Achziger-Jahre steht in Form von leistungsfähigen Datenbanksystemen, graphischen Benutzeroberflächen, Computer-Netzwerken und preisgüstigen Massenspeichern die notwendige informationstechnische Infrastruktur für integrierte MAIS zur Verfügung. Bis heute scheitert jedoch die Integration der Marketing-Daten in vielen Unternehmen an den organisatorischen Schranken zwischen Marktforschung, Direktwerbung, Außendienst, Veranstaltungs-Management und Medizinisch-Wissenschaftlicher-Abteilung.

Dort, wo auch diese organisatorischen Barrieren erfolgreich ausgeräumt wurden, wurde der nächste Engpaß auf dem Weg zu "besseren Marketing-Entscheidungen durch bessere Information" sichtbar, Information Overflow:

- So benötigt ein Außendienst-Mitarbeiter nicht 150 Einzelinformationen über jeden Arzt, um seinen Besuchsplan für die kommende Woche aufzustellen, wesentlich hilfreicher ist eine "Prioritäts-Kennziffer", die das Verordnungs-Potential, die Beeinflußbarkeit des Arztes und den Zeitpunkt des letzten Kontakts berücksichtigt.

- Ebensowenig benötigt die Marketing-Leitung bei der Portfolio-Planung zahllose Zeitreihen, Balken- und Tortendiagramme über Umsätze, Absätze, Marketing-Ausgaben, Wachstumsraten der verschiedenen Produkte und ihrer Wettbewerber, sondern klare Aussagen, welche Umsatz/Deckungsbeitrags-Zuwächse bzw -Einbußen bei den einzelnen Produkten bei verschiedenen Marketing-Budgets zu erwarten sind.

Nachfolgend werden zwei konkrete MDSS-Module vorgestellt, die stellvertretend diese beiden Entscheidungs-Situationen aus dem strategischen und dem operativen Pharma-Marketing aufgreifen.

2.1 MDSS im Strategischen Marketing: Strategische Marktreaktions-Analyse (SMRA)

SMRA wurde als MDSS-Modul zur Unterstützung der strategischen Portfolio-Planung im Pharma-Markt konzipiert. Die klassischen Portfolio-Matrizen (vgl. Wilde(1992)) geben zwar eine erste Diagnose der strategischen Ausgangsbasis und grobe Investitions-Richtlinien, lassen jedoch die zentralen Fragen des strategischen Portfolio-Managements unbeantwortet (vgl. Hanssmann (1990)):

- Welches Marketing-Budget und welche Außendienst-Kapazität wird benötigt, um die Marktposition eines "Stars" angesichts wachsenden Wettbewerbsdrucks zu verteidigen ?

- Welches Marketing-Budget und welche Außendienst-Kapazität ist erforderlich, um den geplanten Marktanteils-Zuwachs bei einem Neuprodukt zu realisieren ?

- Wieviel Marketing-Budget und Außendienst-Kapazität kann bei einer Cash-Cow zugunsten anderer Produkte abgezogen werden, ohne ihr Gewinnpotential durch beschleunigte Marktanteils-Erosion zu gefährden ?

Zur Beantwortung dieser Fragen müssen Wirkungen der strategischen Erfolgsfaktoren auf die Wettbewerbsposition eines Produktes objektiv gemessen werden.

So kann auf der Basis von Umsatz- und Werbeindex-Daten bei vielen Produkten ein direkter Zusammenhang zwischen "Besprechungsanteil" (Anteil des Produkts an den insgesamt im Markt getätigten Außendienst-Besprechungen) und Marktanteils-Veränderung beobachtet werden (Abb. 1).

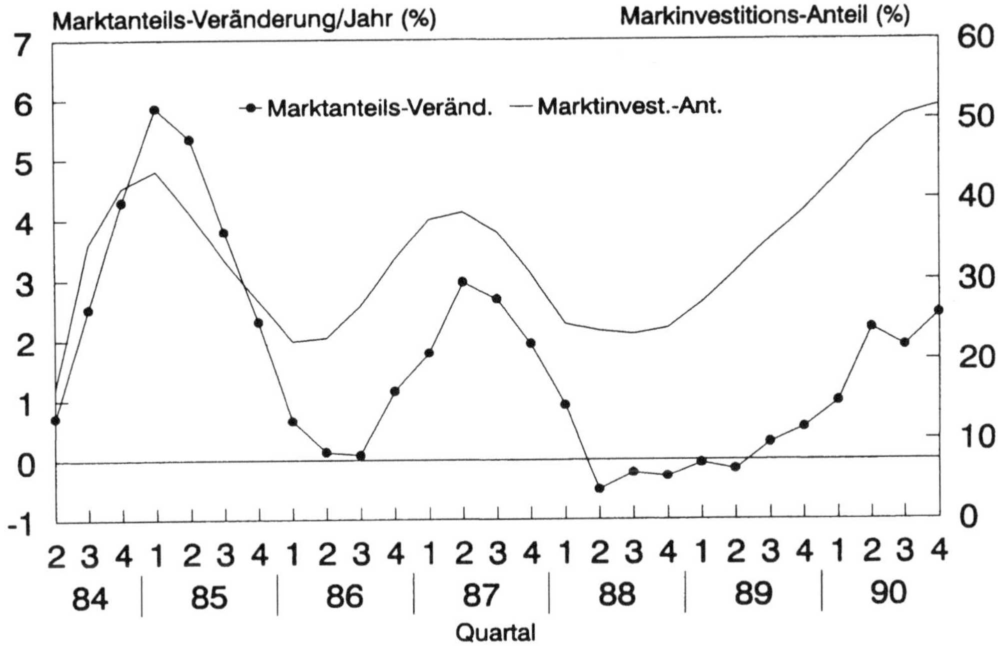

Abb. 1: Besprechungsanteil und Marktanteils-Veränderung

Dieser Zusammenhang wird häufig von weiteren Erfolgsfaktoren überlagert, deren Wirkung jedoch ebenfalls objektiv gemessen werden kann. So ist die Marktanteils-Wirkung z.B. in den beiden ersten Jahren nach Markteinführung wesentlich höher als in den späteren Phasen des Produkt-Lebenszyklus (Abb. 2).

Generell lassen sich anhand der verfügbaren Datenbasis folgende Erfolgsfaktor-Wirkungen auf die Wettbewerbsposition eines Produktes objektiv messen:

- Besprechungsaktivitäten Produkt/Wettbewerb
- Besprechungsqualität Produkt/Wettbewerb
- Preispositionierung Produkt/Wettbewerb
- Sonstige Promotionsaktivitäten Produkt/Wettbewerb
- Marktführer/Mee-Too-Effekte
- Lebenszyklusposition
- Markteintritts-Zeitpunkt
- Wettbewerbs-Innovationen
- Produktvorteile (Wirkstoffgruppen)
- Generica/Markenpräparate

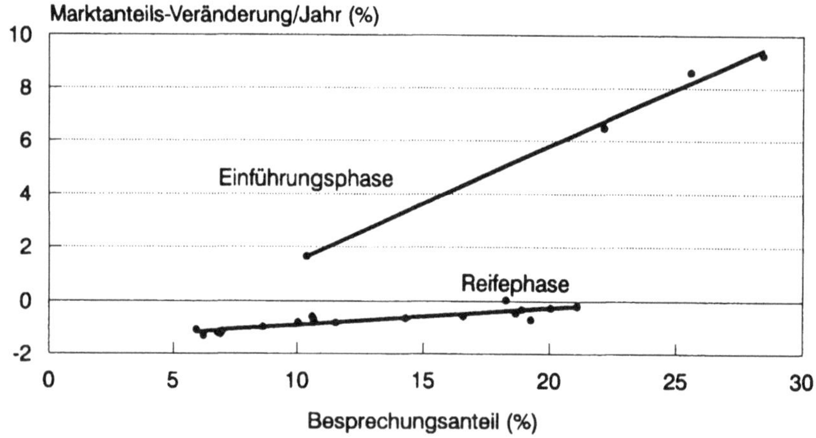

Abb. 2: Produktlebenszyklus und Besprechungs-Wirkung

Dabei werden auch komplexe Wechselwirkungen zwischen den verschiedenen Erfolgsfaktoren sichtbar. So zeigt Abb. 3 anhand eines empirischen Beispiels die regressionsanalytisch ermittelte Abhängigkeit der Marktanteils-Wirkung des Besprechungsanteils vom Ausgangs-Marktanteil: während bei einem Ausgangs-Marktanteil von 5 % mit einem Besprechungsanteil von 10 % über ein Jahr ein Marktanteilszuwachs von über 8 % erreicht werden kann, reicht der gleiche Besprechungsanteil bei einem Ausgangs-Marktanteil von 45 % gerade noch aus, um den erreichten Marktanteil zu halten.

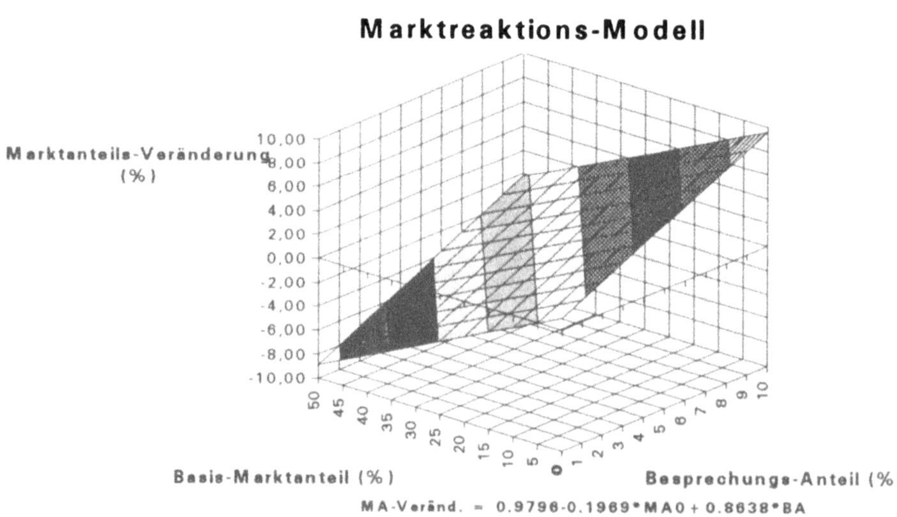

Abb. 3: Marktanteils-Wirkung von Besprechungsanteil und Ausgangs-Marktanteil

Vorausetzung für die objektive Wirkungsmessung der Erfolgsfaktoren und ihrer Wechselwirkungen ist eine breite Basis an Beobachtungswerten. SMRA nutzt deshalb den Ansatz der "Moving-Cross-Section-Analysis" (MSCA, kombinierte Längs- und QuerschnittsAnalyse), um auch die Erfahrungen aus der Markthistorie der Wettbewerbs-Produkte nutzbar zu machen.

Abb. 4 zeigt am Beispiel des Produkts Sostril, daß die historische Marktanteils-Entwicklung eines Produkts auch über lange Jahre hinweg hervorragend durch Marktreaktions-Modelle auf dieser Datenbasis erklärt werden kann.

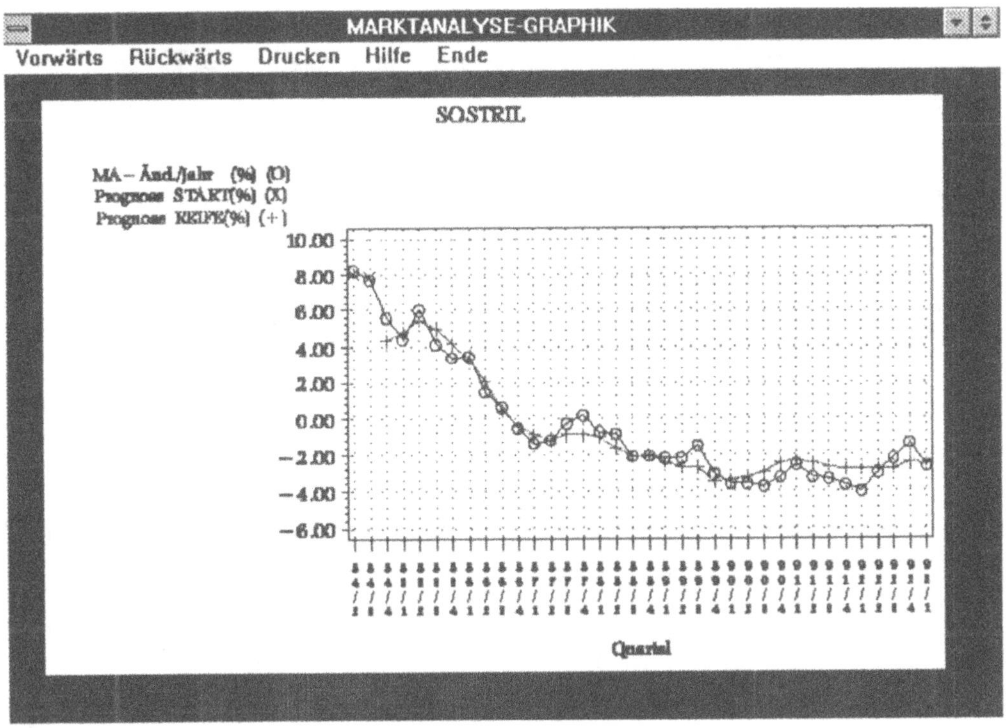

Abb. 4: Marktanteils-Entwicklung Sostril 1984-92 Computersimulation und Realität

Strategische Marktreaktions-Analysen wurden mittlerweile bereits für über 200 Produkte im deutschen, europäischen und amerikanischen Pharma-Markt durchgeführt, wobei die hohe Erklärungskraft der SMRA für ein breites Spektrum wichtiger Pharma-Märkte nachgewiesen werden konnte.

Wenn es mit Hilfe von Marktreaktions-Modellen möglich ist, die Markthistorie in Abhängigkeit von den zentralen strategischen Erfolgsfaktoren mit hoher Präzision zu erklären, so liegt es nahe, diese Marktreaktions-Modelle auch für die Planung künftiger Portfolio-Strategien heranzuziehen.

Zu diesem Zweck enthält die SMRA ein Computersimulations-Modul, in dem aufbauend auf die produktspezifischen Marktreaktions-Modelle verschiedene Außendienst-, Promotions- und Preis-Strategien unter verschiedenen Wettbewerbs- und Markt-Szenarien in Sekundenschnelle durchgerechnet werden können (Abb. 5 und 6).

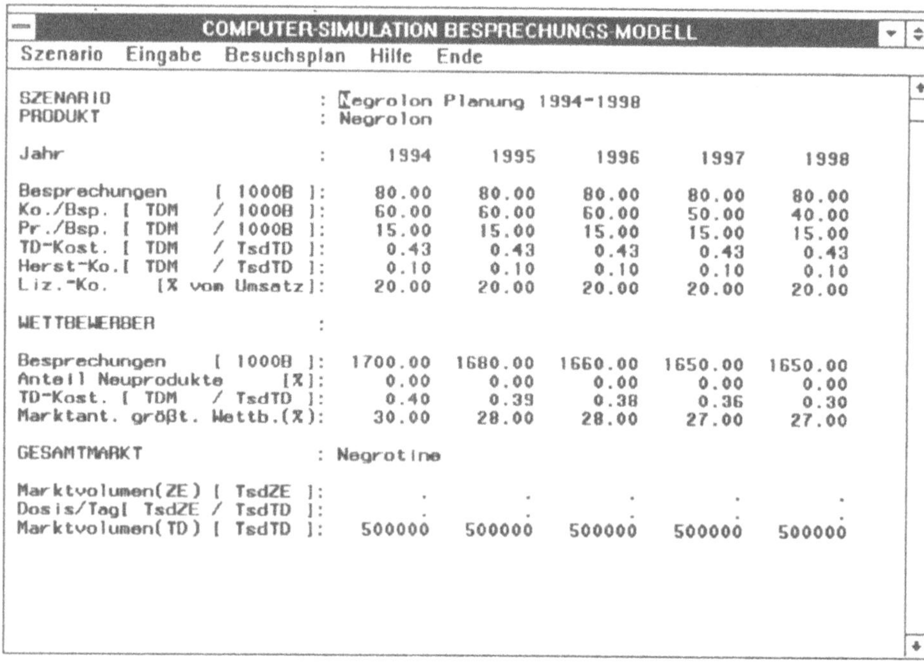
COMPUTER-SIMULATION BESPRECHUNGS-MODELL

Szenario Eingabe Besuchsplan Hilfe Ende

SZENARIO : Negrolon Planung 1994-1998
PRODUKT : Negrolon

Jahr :	1994	1995	1996	1997	1998
Besprechungen [1000B]:	80.00	80.00	80.00	80.00	80.00
Ko./Bsp. [TDM / 1000B]:	60.00	60.00	60.00	50.00	40.00
Pr./Bsp. [TDM / 1000B]:	15.00	15.00	15.00	15.00	15.00
TD-Kost. [TDM / TsdTD]:	0.43	0.43	0.43	0.43	0.43
Herst-Ko. [TDM / TsdTD]:	0.10	0.10	0.10	0.10	0.10
Liz.-Ko. [% vom Umsatz]:	20.00	20.00	20.00	20.00	20.00
WETTBEWERBER :					
Besprechungen [1000B]:	1700.00	1680.00	1660.00	1650.00	1650.00
Anteil Neuprodukte [%]:	0.00	0.00	0.00	0.00	0.00
TD-Kost. [TDM / TsdTD]:	0.40	0.39	0.38	0.36	0.30
Marktant. größt. Wettb.(%):	30.00	28.00	28.00	27.00	27.00
GESAMTMARKT : Negrotine					
Marktvolumen(ZE) [TsdZE]:	.	.	.	.	.
Dosis/Tag [TsdZE / TsdTD]:	.	.	.	.	.
Marktvolumen(TD) [TsdTD]:	500000	500000	500000	500000	500000

Abb. 5: Dateneingabe Marktsimulation

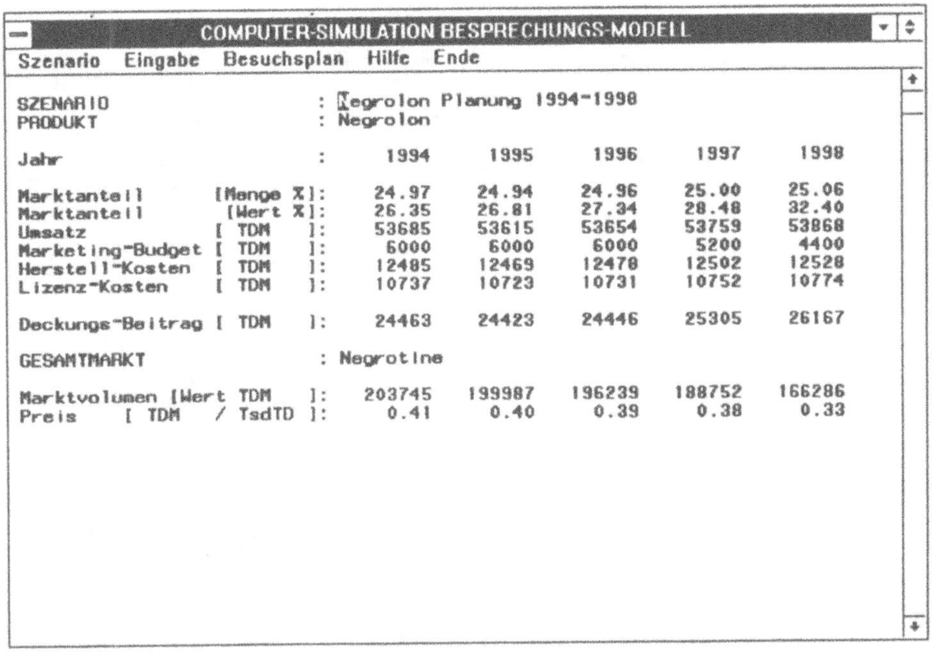

COMPUTER-SIMULATION BESPRECHUNGS-MODELL

Szenario Eingabe Besuchsplan Hilfe Ende

SZENARIO	: Negrolon Planung 1994-1998				
PRODUKT	: Negrolon				
Jahr :	1994	1995	1996	1997	1998
Marktanteil [Menge %]:	24.97	24.94	24.96	25.00	25.06
Marktanteil [Wert %]:	26.35	26.81	27.34	28.48	32.40
Umsatz [TDM]:	53685	53615	53654	53759	53868
Marketing-Budget [TDM]:	6000	6000	6000	5200	4400
Herstell-Kosten [TDM]:	12485	12469	12470	12502	12528
Lizenz-Kosten [TDM]:	10737	10723	10731	10752	10774
Deckungs-Beitrag [TDM]:	24463	24423	24446	25305	26167
GESAMTMARKT	: Negrotine				
Marktvolumen [Wert TDM]:	203745	199987	196239	188752	166286
Preis [TDM / TsdTD]:	0.41	0.40	0.39	0.38	0.33

Abb. 6: Datenausgabe Marktsimulation

Die Ergebnisse der Marktsimulation können wieder in einer Portfolio-Graphik dargestellt werden (Abb. 7). Durch "Anklicken" der Portfolio-"Bubbles" am Bildschirm wird direkt die Computersimulation aufgerufen: Strategie-, Markt- und Wettbewerbs-Daten können geändert werden und werden in ihrer Auswirkung auf das Produkt-Portfolio unmittelbar graphisch sichtbar, so daß eine Portfolio-Optimierung im Computerdialog möglich wird.

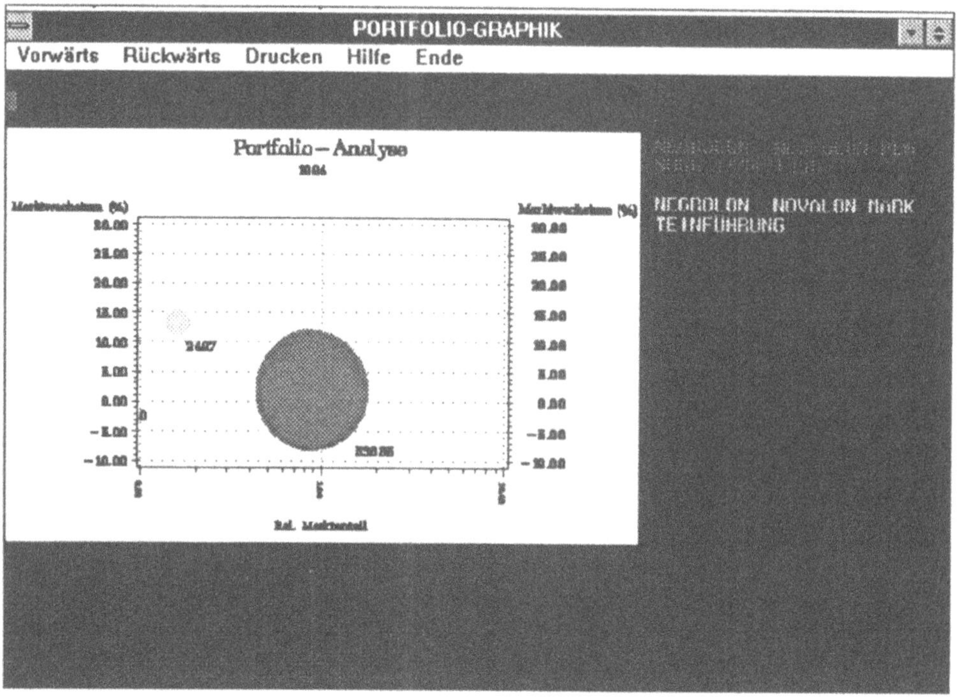

Abb. 7: Portfolio-Simulation in SMRA

2.2 MDSS im Mikro-Marketing: Kontaktfrequenz-Analyse (KFA)

Ergebnis der strategischen Portfolio-Planung sind für jedes Produkt konkrete Wachstums- und Gewinnziele unter vorgegebenen Außendienst- und Marketing-Ressourcen. Darauf aufbauend lassen sich für jedes Produkt auf der operativen Ebene konkrete Marketing-Ziele formulieren. Je nach strategischer Ziel-Vorgabe kommen grundsätzlich vier operative Marketing-Ziele in Betracht:

- Gewinnung neuer Verordner (Markteinführung)
- Intensivierung bestehender Verordner (Wachstum)
- Stabilisierung bestehender Verordner (Reife)
- Reaktivierung ehemaliger Verordner (Relaunch)

Je nachdem, welches dieser strategischen Ziele im Vordergrund steht, werden auf der Ebene des operativen Außendienst-Managements unterschiedliche Zielgruppen und Kontaktfrequenzen benötigt. So stehen bei der Gewinnung neuer Verordner in der Markteinführungsphase innovative Ärzte mit hohem Verordnungs-Volumen in der Indikation im Vordergrund, während bei der Stabilisierung bestehender Verordner in der Reifephase die Markentreue an die Stelle der Innovationsbereitschaft, und die Verordnungsintensität des betrachteten Produkts an die Stelle des Verordnungs-Volumens in der Indikation tritt. Während die Gewinnung neuer Verordner in aller Regel hohe Kontaktfrequenzen (und damit sehr enge Zielgruppen) erfordert, genügen zur Stabilisierung der bestehenden Verordner unter normalen Umständen mittlere oder niedrige Kontaktfrequenzen.

Grundsätzlich sind drei Erfolgsfaktoren für die produktspezifische Bewertung des einzelnen Arztes und damit auch für die Kontaktplanung des Außendienst-Mitarbeiters verantwortlich:

- Verordnungs-Volumen: je höher das Verordnungs-Volumen des Arztes in der betrachteten Indikation, desto größer ist auch das Umsatzpotential für das eigene Produkt.

- Reaktions-Bereitschaft: dieses Umsatzpotential kann jedoch nur erschlossen werden, wenn der Arzt grundsätzlich bereit ist, auf die Marketing-Kontakte des Unternehmens mit Änderungen seines Verordnungs-Verhaltens zu reagieren.

- Medien-Präferenz: diese Reaktions-Bereitschaft ist selbstverständlich von der Art der Ansprache über Außendienst-Besuch, Informations-Veranstaltung, Studie, Kongress oder Mailing abhängig.

Die Bestimmung der Zielgruppen-Zugehörigkeit und der benötigten Kontaktfrequenz eines Arztes setzt also die Kenntnis von Verordnungs-Volumen, Reaktions-Bereitschaft und Medien-Präferenz des Arztes voraus.

Diese Daten stehen so in dieser Form nicht unmittelbar zur Verfügung. In Arztdaten-Pools und Profiling-Daten steht jedoch eine Fülle von Einzelinformationen über jeden Arzt zur Verfügung, die wie Mosaik-Steine zu einem schlüssigen Bild des Arztes bezüglich der drei genannten Erfolgsfaktoren zusammengefügt werden können (Abb. 8).

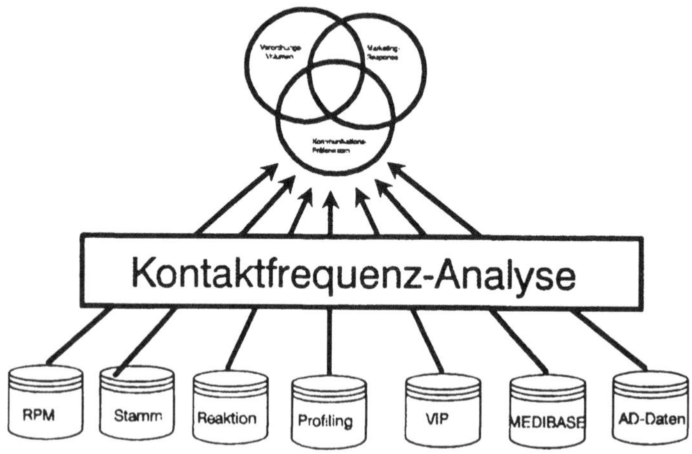

Abb. 8: Kontaktfrequenz-Analyse: entscheidungsorientierte Zusammenführung aller Arztinformationen

Zu diesem Zweck wurde als MDSS-Modul die Kontaktfrequenz-Analyse (KFA) zur Unterstützung von Außendienst-Mitarbeiter, Regionalleiter sowie Außendienst- und Marketing-Leitung bei der Zielgruppen- und Besuchsplanung auf Ärzteebene entwickelt.

Die Kontaktfrequenz-Analyse ermittelt die obengenannten Erfolgsfaktoren für jeden Arzt, für jedes Produkt unter Nutzung sämtlicher Arztinformationen, die im Unternehmen zur Verfügung stehen.

Ausgehend von einer Ärzte-Stichprobe, deren Verordnungs-Volumen für die betrachtete Indikation bekannt ist (Profiling-Daten, VIP, Medibase, Befragungen) lassen sich regressionsanalytisch Zusammenhänge zwischen Verordnungs-Volumen und anderen, breit verfügbaren Arztmerkmalen (z.B. Praxisgröße, Mail-Response, Studien- und Veranstaltungs-Teilnahme, Praxisausstattung usw.) ermitteln, die sich auf ihre Trennschärfe objektiv überprüfen lassen. Diese Zusammenhänge können zur Bewertung des Verordnungs-Volumens für alle Ärzte herangezogen werden, auch wenn keine individuellen Angaben des Arztes über sein Verordnungs-Volumen vorliegen (Abb. 9).

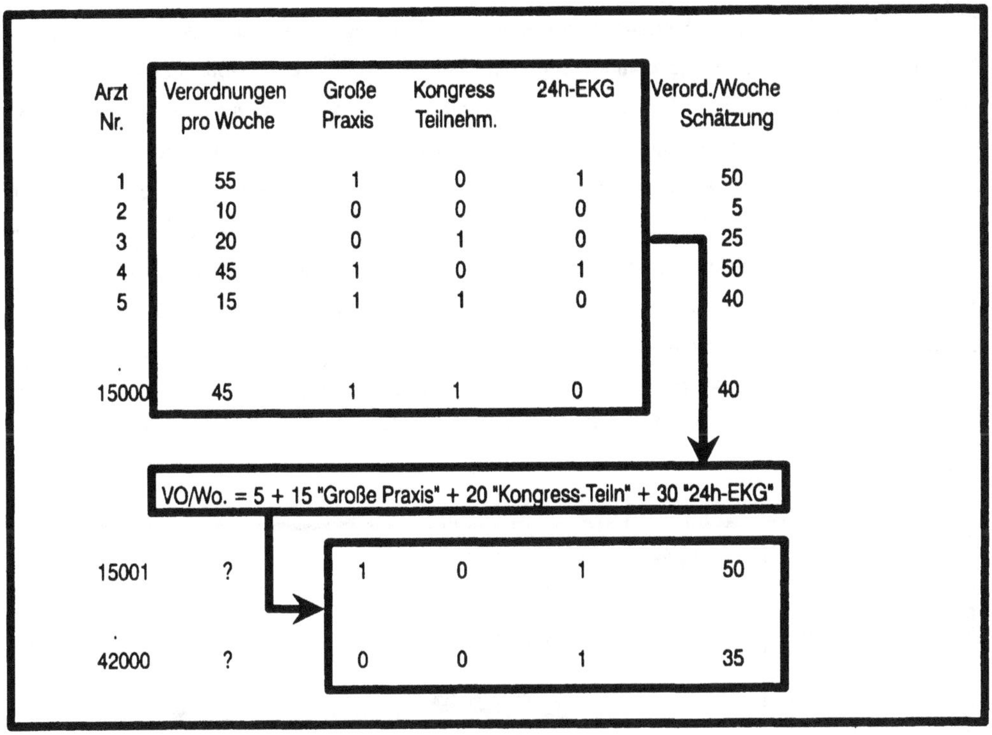

Abb. 9: Regressionsanalytische Bewertung des Erfolgsfaktors "Verordnungs-Volumen" in der KFA

Durch die Analyse der Verordnungs-Verhaltens-Änderungen bei Ärzten, deren individuelle Verordnungs-Historie bekannt ist (z.B. aus Profiling-Daten, Medibase, VIP, Befragungen) können regressionsanalytisch Ärztegruppen lokalisiert werden, die mit überdurchschnittlichem Erfolg über Besuche, Veranstaltungen oder Studien angesprochen werden können. Diese Ärzte können durch Identifikations-Merkmale beschrieben werden, die grundsätzlich für alle Ärzte verfügbar sind, auch wenn ihr individuelles Verordnungs-Verhalten nicht bekannt ist. Wie beim Verordnungs-Volumen kann damit auch die Reaktions-Bereitschaft und Medien-Präferenz aller Ärzte bewertet werden.

Durch Verknüpfung der Verordnungs-Volumens-Bewertung und der produkt- und medienspezifischen Reaktions-Bewertung des Arztes ergibt sich die Attraktivität des Arztes, gemessen auf der Grundlage des zu erwartenden besuchsbedingten Umsatz- oder Verordnungs-Zuwachses. Darauf aufbauend lassen sich wirksame Entscheidungshilfen für Außendienst und Marketing entwickeln.

Um die Attraktivität des Arztes auch dort beurteilen zu können, wo keine Profiling-Daten zum individuellen Verordnungs-Verhalten vorliegen, wird in einem weiteren Analyseschritt der besuchsbedingte Verordnungszuwachs in einem "Punktemodell" regressionsanalytisch auf eine Reihe breit verfügbarer und unternehmensindividuell definierbarer Arztmerkmale zurückgeführt. Dieses Punkte-Modell macht die Attraktivitäts-Bewertung des Arztes für den Außendienst-Mitarbeiter zugleich transparent und nachvollziehbar (Abb. 10). So erweist sich im Beispiel eine intensive Vorbearbeitung des Arztes, gemessen an den Besuchskontakten des Vorjahres und an früheren Veranstaltungs-Teilnahmen, als wichtige Voraussetzung für den Besuchserfolg im schwierigen Markt des 1. Quartals 93 (Inkrafttreten des Gesundheits-Struktur-Gesetzes). Weiterhin vorteilhaft erweisen sich mittlere und große Praxen (Verordnungs-Volumen), ältere Ärzte, die generell eine "gelassenere" Reaktion auf das GSG zeigten sowie Ärzte in lokalen "Marktanteils-Hochburgen", die trotz GSG vergleichsweise stabil geblieben waren.

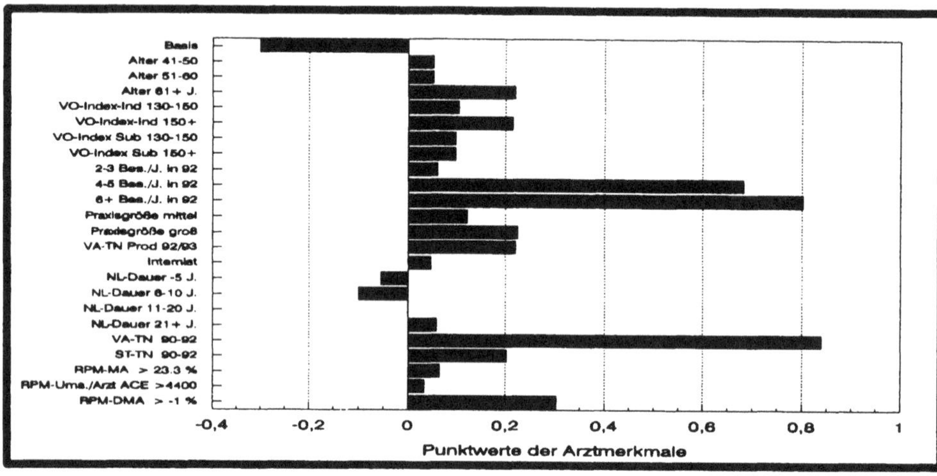

Abb. 10: Arztbewertungs-Modell

Aufbauend auf das Punktemodell zur Arztbewertung können für jeden Arzt, seinen Merkmalen entsprechend, die zu erwartenden besuchsbedingten Verordnungszuwächse und damit seine Besuchspriorität berechnet werden. Diese Besuchspriorität kann in das Außendienst-Informations-System übernommen oder in Listenform, ergänzt um die wichtigsten Bewertungs-Merkmale, an den Außendienst-Mitarbeiter als Planungshilfe übergeben werden. Damit verfügt der Außendienst-Mitarbeiter über eine objektive und solide Grundlage für seine Zielgruppenbildung vor Ort.

In "Zielgruppen-Profilen" werden darauf aufbauend die auffälligsten Merkmale der bisher besuchten Ärzte (BA93) und der attraktivsten Zielgruppen-Ärzte (ZG93) gegenübergestellt

(Abb. 11). Im Beispiel wird im Außendienst-Gebiet 104 deutlich, daß der Außendienst-Mitarbeiter seine Ärzte bisher weitgehend "repräsentativ" besucht hat. Deutlich sichtbare Defizite ergeben sich z.B. bei der Bearbeitung gut ausgestatteter, kardiologisch orientierter Praxen (24h-EKG/Blutdr.), bei der Bearbeitung seiner "Marktvolumens-Hochburgen" (RPM-IgU/A>8200), wie auch bei der Betreuung der "guten Mittelklasse-Praxen" (Rez./Wo. 201-300). Dagegen wird in großen Praxen ohne ausgeprägte kardiologische Orientierung (Rez./Wo. 301+) überinvestiert.

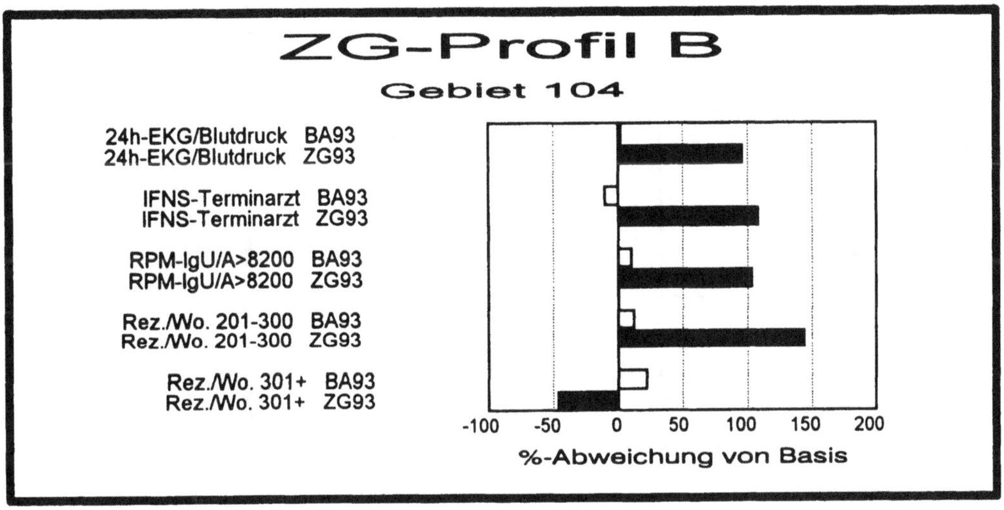

Abb. 11: Zielgruppen-Profil eines Außendienst-Gebiets

Für jeden Außendienst-Mitarbeiter werden so individuell die für ihn wichtigsten fünf Schwachstellen in seiner Besuchs-Zielgruppe graphisch dargestellt. Der Außendienst-Mitarbeiter kann daraufhin gezielt die Struktur seiner Besuchsärzte verbessern.

Gleichzeitig geben Zielgruppen-Profile dem Regionalleiter einen raschen Überblick über die Stärken und Schwächen der Zielgruppen und Besuchspläne seiner Mitarbeiter. Der Regionalleiter kann die Außendienst-Mitarbeiter gezielt ansprechen und gemeinsam mit ihnen gezielte Förder-Maßnahmen erarbeiten.

Ordnet man die Ärzte nach ihrem zu erwartenden, besuchsbedingten Verordnungs-Zuwachs und kumuliert über die attraktivsten 1000, 2000,...usw. Ärzte auf, so entsteht eine Konzentrationskurve, die zeigt, wieviel Prozent der Ärzte besucht werden müssen, um einen vorgegebenen Anteil der maximal möglichen Besuchswirkung zu realisieren (Abb. 12). Beim marktbewährten NEGROLON müssen z.B. 50 % der Ärzte (mit relativ geringen Besuchsfrequenzen) betreut werden, um 90 % der maximalen Außendienst-Wirkung auszuschöpfen.

Das im Markt noch relativ neue NOVALON muß dazu lediglich ca. 35 % der Ärzte abdecken (allerdings mit hohen Besuchsfrequenzen). Bewertet man Besuche und Verordnungs-Zuwachse mit "harten" DM-Werten, so zeigt sich unmittelbar die optimale Außendienst-Kapazität für die beiden Produkte. Eine wichtige Information für Außendienst- und Marketingleitung bei der Festlegung der Besprechungsprioritäten.

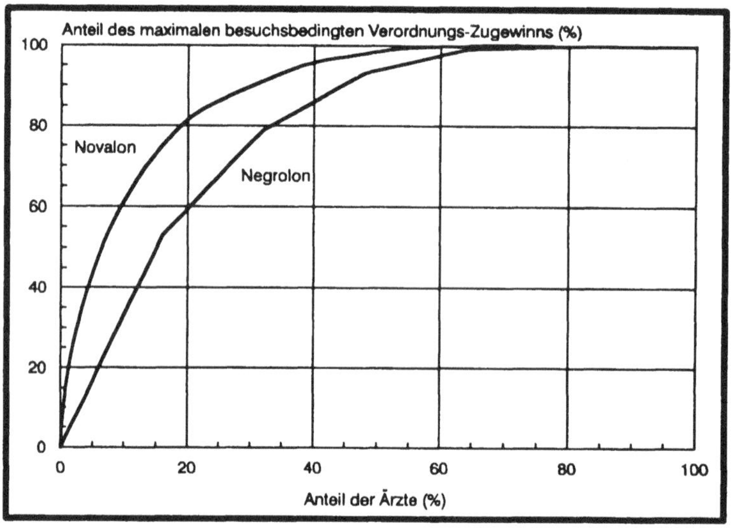

Abb. 12: Bestimmung der optimalen Zielgruppen-Größe

Die Wirksamkeit des MDSS-Einsatzes im Außendienst läßt sich objektiv anhand harter RPM-Umsatz-Daten aufzeigen. In unserem Beispiel konnte NEGROLON bei gleicher Betreuungsintensität der Ärzte (Anzahl Besuchskontakte/ Arzt) um so höhere Marktanteils-Verbesserungen im 1. Quartal 93 erzielen (bzw. Marktanteils- Einbußen verhindern), je höher die Attraktivitäts-Wertung der besuchten Ärzte war, d.h. je besser sich die Besuchsärzte im Außendienst-Gebiet mit den besuchsattraktivsten Ärzten der Kontaktfrequenz-Analyse deckten. Auch die Wirkung einer überdurchschnittlichen Kontaktfrequenz konnte sich nur in Kombination mit einer überdurchschnittlichen Zielgruppen-Abdeckung voll entfalten (Abb. 13).

Die Kontaktfrequenz-Analyse liefert damit meßbare Erfolgsdaten für alle Ebenen des Außendienst- und Marketing-Managements. Die Vielzahl der Einzelinformationen in den MAIS wird mit Bezug auf konkrete Marketing-Entscheidungen verdichtet.

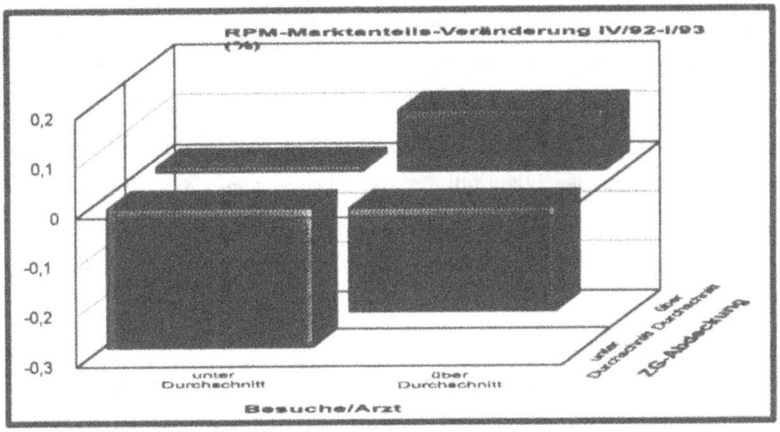

Abb. 13: Messung des Markterfolgs durch den Einsatz eines MDSS-Moduls im Außendienst

3. Künftige Entwicklungs-Schwerpunkte

Mit dem Einsatz von Marketing-Decision-Support-Systemen wie SMRA oder KFA ist auch im Marketing eine wirksame Computerunterstützung des Managements möglich. Trotz leistungsfähiger theoretischer Ansätze aus der quantitativen Marketing-Theorie sind jedoch MDSS heute in der Praxis erst in wenigen fortschrittlichen Unternehmen zu finden. Auch in diesen Unternehmen existieren zumeist erst "MDSS-Inseln", die von einer vollständigen Abdeckung aller wichtigen, zyklischen Marketing-Entscheidungen noch weit entfernt sind.

Damit stellt sich die Frage nach den künftigen Entwicklungsschwerpunkten beim Computereinsatz im Marketing-Management:

- die Architektur integrierter MDSS: ausgehend von den erstaunlichen Integrationserfolgen im Bereich des "Computer Integrated Manufacturing" werden die fragmentierten MAIS- und MDSS-Inseln der Praxis zunehmend in Frage gestellt. Andererseits lassen unkontrolliert "wuchernden" Integrationsbestrebungen, wie etwa die Forderung nach einer "unternehmensweiten Datenintegration", ein exponentielles Anwachsen von Systemkomplexität und Entwicklungskosten erwarten. Die Grenzen einer ökonomisch sinnvollen Integration sind dann - im Gegensatz zur technisch machbaren Integration - schnell erreicht. Damit stellt sich die Frage nach dem optimalen Grad der Integration und nach deren Instrumenten.

- Betriebswirtschaftliche Methoden-Konzepte für MDSS: die stark datenorientierten MAIS-Konzepte der Praxis brauchen dringend eine Ergänzung durch umfassende MDSS-Systeme. Ausgangspunkt für deren Entwicklung sind dabei primär die Methodenansätze der quantitativen Betriebswirtschaftslehre (vgl. Hanssmann (1993)). Sie sind unter Berücksichtigung der in der Praxis verfügbaren Datenbasis und informationstechnischen Infrastruktur auf ihre Anwendbarkeit zu prüfen und gegebenenfalls zu adaptieren. Viele anspruchsvolle Methoden-Ansätze der quantitativen Betriebswirtschaftslehre (vgl. Hanssmann(1990)) werden dabei überhaupt erst durch die moderne informationstechnische Infrastruktur auf breiter Basis praktisch umsetzbar und bedürfen damit noch der empirischen Validierung und Weiterentwicklung.

- Organisatorische Rahmenbedingungen für den Einsatz von MDSS: welche Anforderungen an den Aufbau von MDSS ergeben sich aus Aufbau- und Ablauforganisation, Arbeitsstil und Qualifikationsprofil des Marketing-Managements? Inwieweit können diese Rahmenbedingungen geändert werden um mit Hilfe des Computereinsatzes die Effektivität des Marketing-Managements weiter zu verbessern?

- Integration bestehender Insellösungen: die erheblichen Investitionen in die bestehenden "Insellösungen" beschränken Überlegungen zur integrierten Gestaltung von MAIS und MDSS oft von vorne herein auf Neuentwicklungen. Um die bereits getätigten Investitionen weitgehend zu erhalten, ohne die fragmentarische System-Architektur auf Dauer festzuschreiben, sind Methoden zur Integration bestehender "Insellösungen" in eine langfristig angestrebte integrierte System-Architektur zu entwickeln.

Literatur:

Ackoff, R.L.; Management Misinformation Systems, in: Management Science, Nr. 2, 1967

Bass, F.M.; Mathematical Models and Methods in Marketing, Irwin, 1961

Funke, U.H.; Mathematical Methods in Marketing, Berlin, 1976

Hammann, P.; Entscheidungsanalyse im Marketing, Berlin, 1975

Hanssmann, F.; Quantitative Betriebswirtschaftslehre, München, 1990

Hanssmann, F.; Einführung in die Systemforschung, München, 1993

Hermanns, A., Flegel, V.; (Hg.): Handbuch des Electronic Marketing, München, 1992

Mertens, P.; Integrierte Informationsverarbeitung 1+2, Wiesbaden,1993

Montgomery, D.B., Urban, G.L.; Management Science in Marketing, Prentice Hall, 1969

Scheer, A.-W.; Wirtschaftsinformatik-Informationsysteme im Industriebetrieb, Berlin, 1990

Schweiger, A., Wilde, K.D.; Database-Marketing - Aufbau und Management, in: Hilke, W., (Hg.), Direkt-Marketing, Wiesbaden, 1993

Wilde, K.D.; Portfolio-Techniken,in: Huch, B., Behme, W.,Schimmelpfeng, K., (Hg.), Controlling und EDV, Frankfurt, 1992

Stichwortverzeichnis:

www.ingramcontent.com/pod-product-compliance
Lightning Source LLC
LaVergne TN
LVHW081334011026
849161LV00013BB/2920
* 9 7 8 3 4 8 6 2 2 7 9 9 4 *